스코어 START 스타트

단기핵심공략서

START CORE

시작은 가볍게!
10+2강, 기본 개념 완성

지은이

NE능률 수학교육연구소
NE능률 수학교육연구소는 혁신적이며 효율적인 수학 교재를 개발하고
수학 학습의 질을 한 단계 높이고자 노력하는 NE능률의 연구 조직입니다.

김정배 현대고등학교 교사
이직현 중동고등학교 교사
김형균 중산고등학교 교사
권백일 양정고등학교 교사
강인우 진선여자고등학교 교사
이경진 중동고등학교 교사

검토진

강수아 (휘경여고)
김명수 (교당학원)
문두열 (조대부고)
박원용 (트리즈수학)
신수연 (김샘학원 동탄캠퍼스)
윤재필 (메가스터디 러셀)
이흥식 (흥샘수학)
정효석 (최상위학원)
편유선 (동대부고)
권승미 (한뜻학원)
나상오 (평촌다수인)
문준호 (파워영수학원)
서정민 (양지메가스터디기숙학원)
양지은 (진수학전문학원)
이봉주 (분당 성지 수학전문학원)
임용원 (산본고)
조승현 (동덕여고)
황선진 (서초메가스터디 기숙학원)
권치영 (지오학원)
나화정 (수리고)
박민경 (한얼학원)
송경섭 (성수고)
양지희 (전주한일고)
이승구 (트임학원)
임채웅 (송원고)
지현우 (이우성학원)
권혁동 (인천청탑학원)
남혁 (남혁학원)
박민식 (위더스 수학전문학원)
송혜숙 (남동정상일등수학)
엄상미 (송곳에듀)
이재영 (신도림 대성학원)
장동식 (가로수학학원)
최문채 (열린학원 운정점)
길승호 (대덕고)
류홍종 (흐름수학)
박용우 (신등용문학원)
신동식 (EM the best)
오광석 (창현고)
이한승 (탑7학원)
장우성 (사람과미래수학학원)
최정희 (세화고)

단기핵심공략서
START CORE

스코어 START

스타트

고등 수학(상)

Structure 구성과 특징

교과서 핵심 개념, 가볍게 시작하기!

교과서 대표 문제로 필수 개념 완성

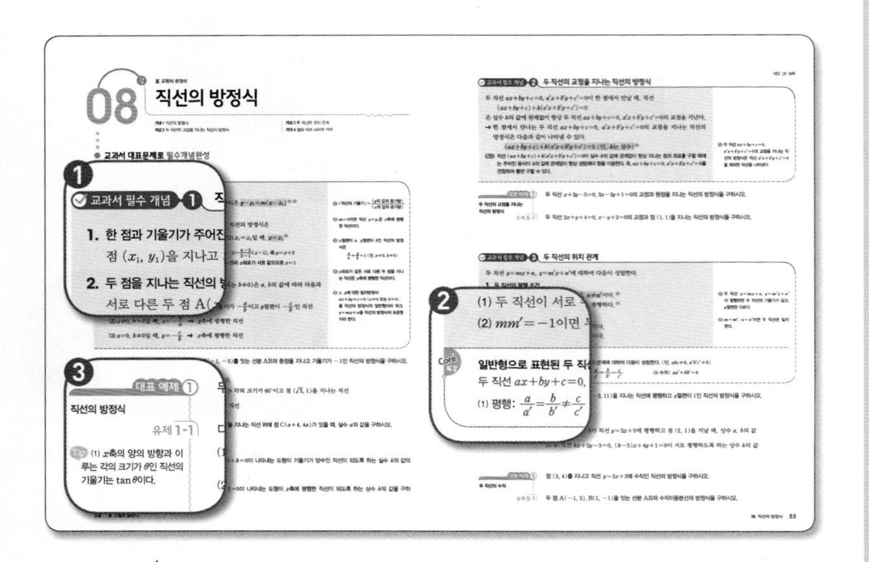

핵심 개념&공식 리뷰

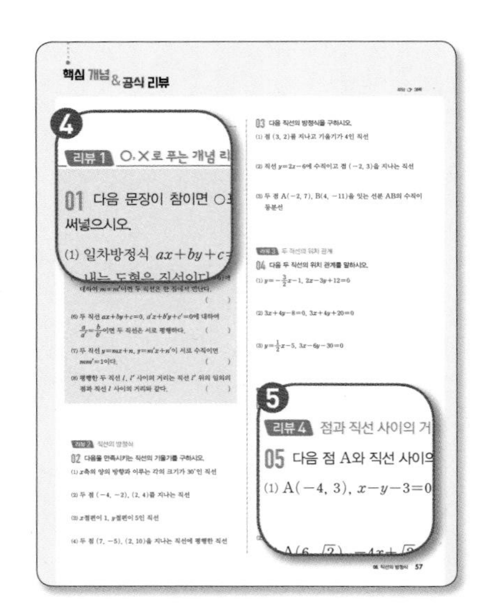

❶ **교과서 필수 개념**

꼭 알아야 할 교과서 필수 개념을 주제별로 자세히 설명하였습니다. 개념을 하나하나 쉽게 이해할 수 있습니다.

❷ **코어 특강**

개념 이해를 돕는 중요 원리, 증명 등의 보충 설명을 제시하였습니다.

❸ **대표 예제 & 유제**

꼭 풀어봐야 하는 교과서 대표 문제를 선정하여 예제와 유제로 구성하였습니다. 개념을 문제에 적용하면서 기본을 다질 수 있습니다.

❹ **O, X로 푸는 개념 리뷰**

주요 개념과 공식을 잘 이해하였는지 O, X 문제를 통해 빠르게 점검할 수 있습니다.

❺ **핵심을 점검하는 리뷰 문제**

핵심 개념을 되짚어 볼 수 있는 기본 문제를 제시하였습니다. 실전 문제를 풀기에 앞서 개념을 한 번 더 확인하고 정리할 수 있습니다.

- [10강+2강]으로 기본 개념 완성
- 교과서 대표 문제&핵심 유형 연습
- 내신 빈출 문제로 실전 대비

빈출 문제로 실전 연습

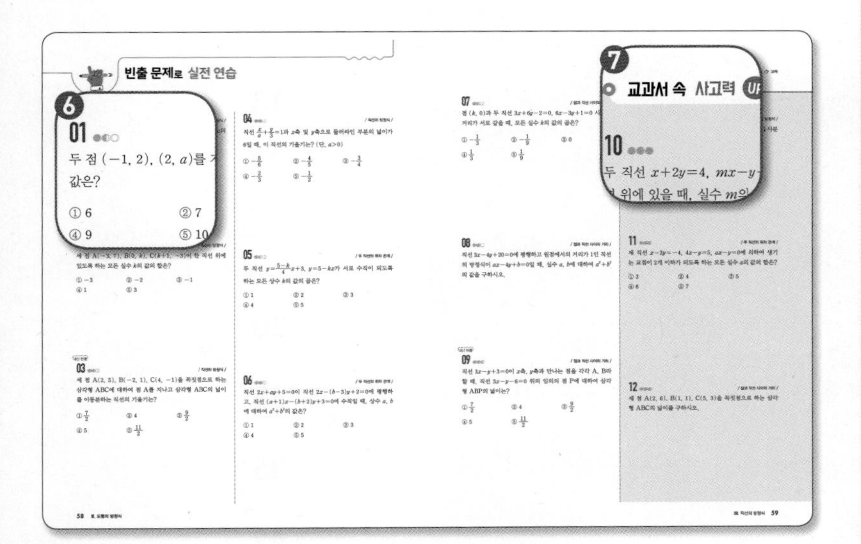

❻ 실전 연습 문제

시험에 자주 출제되는 문제들로 구성하였습니다. 출제 유형을 확실히 익히고 내신과 수능 등의 실전에 대비할 수 있습니다.

❼ 교과서 속 사고력 UP

교과서에 수록된 사고력 문제를 변형하여 제시하였습니다. 사고력을 키우고 실력을 한 단계 높일 수 있습니다.

실전 모의고사

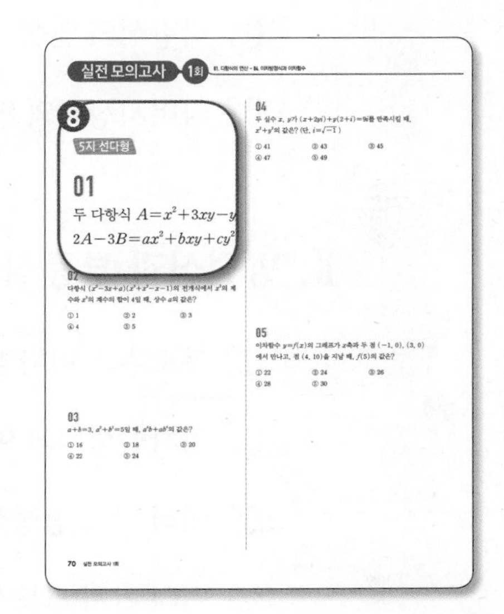

❽ 실전 모의고사

실제 시험에 가까운 문제들로 구성된 실전 모의고사를 2회 수록하였습니다. 시험 직전 실전 감각을 기를 수 있습니다.

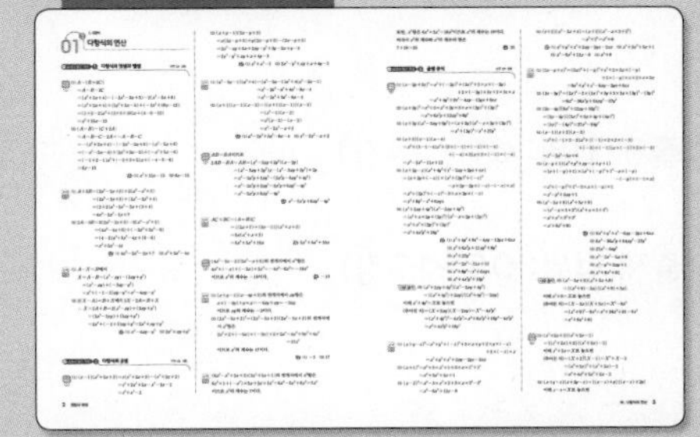

다양하고 자세한 풀이를 제시하여 이해를 도왔습니다. 또한, 코어특강, 참고, 다른 풀이 등을 통하여 해설의 깊이를 더하였습니다.

Contents 차례

Study Plan 학습계획표

※ 스스로 학습 성취도를 체크해 보고, 부족한 강은 복습을 하도록 합니다.

강명	1차 학습일	2차 학습일
01 다항식의 연산	월 일 성취도 ○ △ ×	월 일 성취도 ○ △ ×
02 나머지정리와 인수분해	월 일 성취도 ○ △ ×	월 일 성취도 ○ △ ×
03 복소수와 이차방정식	월 일 성취도 ○ △ ×	월 일 성취도 ○ △ ×
04 이차방정식과 이차함수	월 일 성취도 ○ △ ×	월 일 성취도 ○ △ ×
05 여러 가지 방정식	월 일 성취도 ○ △ ×	월 일 성취도 ○ △ ×
06 여러 가지 부등식	월 일 성취도 ○ △ ×	월 일 성취도 ○ △ ×
07 평면좌표	월 일 성취도 ○ △ ×	월 일 성취도 ○ △ ×
08 직선의 방정식	월 일 성취도 ○ △ ×	월 일 성취도 ○ △ ×
09 원의 방정식	월 일 성취도 ○ △ ×	월 일 성취도 ○ △ ×
10 도형의 이동	월 일 성취도 ○ △ ×	월 일 성취도 ○ △ ×
• 실전 모의고사 1회	월 일 성취도 ○ △ ×	월 일 성취도 ○ △ ×
• 실전 모의고사 2회	월 일 성취도 ○ △ ×	월 일 성취도 ○ △ ×

I. 다항식

다항식의 연산

개념 1 다항식의 덧셈과 뺄셈
개념 2 다항식의 곱셈
개념 3 곱셈 공식
개념 4 곱셈 공식의 변형
개념 5 다항식의 나눗셈

교과서 대표문제로 필수개념완성

교과서 필수 개념 1 다항식의 덧셈과 뺄셈

1. 다항식의 정리 ❶

다항식을 한 문자에 대하여 ← 한 개 또는 두 개 이상의 항의 합으로 이루어진 식

(1) 내림차순으로 정리: 차수가 높은 항부터 낮은 항의 순서로 나타내는 것
(2) 오름차순으로 정리: 차수가 낮은 항부터 높은 항의 순서로 나타내는 것 ❷

예 다항식 $3x^3+2xy^2-x^2y+2y^3-1$을
① x에 대하여 내림차순으로 정리하면 $3x^3-x^2y+2xy^2+2y^3-1$
② y에 대하여 오름차순으로 정리하면 $3x^3-1-x^2y+2xy^2+2y^3$

참고 특별한 언급이 없으면 다항식은 일반적으로 내림차순으로 정리한다.

2. 다항식의 덧셈과 뺄셈

(1) 다항식의 덧셈: 괄호가 있으면 괄호를 풀고, 동류항끼리 모아서 정리한다.
예 $(x^2+x)+(2x^2+4x-1)=(1+2)x^2+(1+4)x-1=3x^2+5x-1$

(2) 다항식의 뺄셈: 빼는 식의 각 항의 부호를 바꾸어 더한다. ← $A-B=A+(-B)$
예 $(3x^2+x-3)-(x^2-2x+1)=3x^2+x-3-x^2+2x-1$
$=(3-1)x^2+(1+2)x+(-3-1)=2x^2+3x-4$

3. 다항식의 덧셈에 대한 성질

세 다항식 A, B, C에 대하여
(1) 교환법칙: $A+B=B+A$ (2) 결합법칙: $(A+B)+C=A+(B+C)$

참고 $(A+B)+C$와 $A+(B+C)$는 괄호를 생략하여 $A+B+C$로 나타내기도 한다.

❶ 다항식에 대한 용어

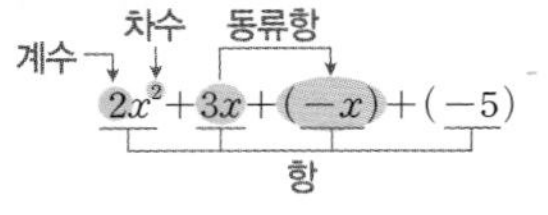

① 항: 다항식에 포함된 각각의 단항식
② 계수: 항에서 특정한 문자를 제외한 나머지 부분
③ 항의 차수: 항에서 특정한 문자가 곱해진 개수
④ 다항식의 차수: 다항식에서 차수가 가장 높은 항의 차수
⑤ 동류항: 문자와 차수가 각각 같은 항
⑥ 상수항: 문자 없이 수만으로 이루어진 항

❷ 특정한 문자에 대하여 내림차순이나 오름차순으로 정리할 때에는 나머지 문자는 상수로 생각한다.

대표 예제 ① 다항식의 덧셈과 뺄셈

Tip (2) 주어진 식을 먼저 간단히 한 후 다항식 A, B, C를 대입한다.

세 다항식 $A=x^2+2x+4$, $B=-2x^2-3x+5$, $C=x^2-5x+6$에 대하여 다음을 계산하시오.

(1) $A-(B+2C)$ (2) $(A-B)-(C+2A)$

유제 1-1 두 다항식 $A=2x^3-2x+3$, $B=x^3-x^2+2$에 대하여 다음을 계산하시오.

(1) $A+2B$ (2) $2A-3B$

유제 1-2 두 다항식 $A=x^2-xy$, $B=3xy+y^2$에 대하여 다음 등식을 만족시키는 다항식 X를 구하시오.

(1) $A-X=B$ (2) $2(X-A)=B+X$

교과서 필수 개념 2 다항식의 곱셈

1. 다항식의 곱셈

다항식의 곱셈은 다음과 같은 순서로 계산한다.

(i) 분배법칙과 지수법칙을 이용하여 식을 전개한다. ❶, ❷

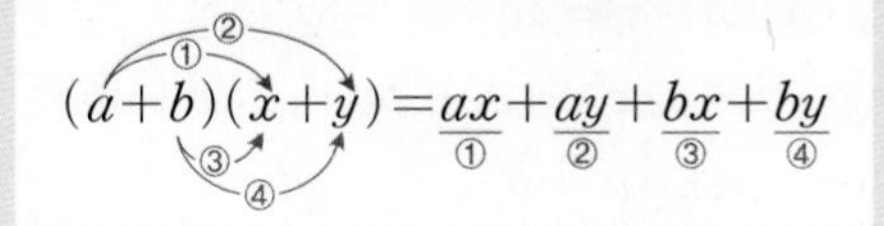

(ii) 동류항끼리 모아서 정리한다.

예 $(x-y)(x+y+2)=x(x+y+2)-y(x+y+2)$
$=x^2+xy+2x-xy-y^2-2y$
$=x^2-y^2+2x-2y$

주의 전개할 때 항을 빠뜨리지 않도록 주의한다.

2. 다항식의 곱셈에 대한 성질

세 다항식 A, B, C에 대하여

(1) 교환법칙: $AB=BA$

(2) 결합법칙: $(AB)C=A(BC)$

참고 $(AB)C$와 $A(BC)$는 괄호를 생략하여 ABC로 나타내기도 한다.

(3) 분배법칙: $A(B+C)=AB+AC$, $(A+B)C=AC+BC$

❶ 다항식의 곱셈에서 자주 이용하는 지수 법칙
a, b는 실수, m, n은 자연수일 때
① $a^m \times a^n = a^{m+n}$
② $(a^m)^n = a^{mn}$
③ $(ab)^n = a^n b^n$

❷ 몇 개의 다항식의 곱을 하나의 다항식으로 나타내는 것을 전개라 한다.

대표 예제 2 다항식의 곱셈

다음 식을 전개하시오.

(1) $(x-1)(x^2+2x+2)$　　(2) $(x+y-1)(2x-y+3)$

유제 2-1 다음 식을 전개하시오.

(1) $(a^2-2a-1)(a^2+4)$　　(2) $(x+1)(x-1)(x-2)$

대표 예제 3 다항식의 곱셈에 대한 성질

두 다항식 $A=x^2-3xy+2y^2$, $B=x-2y$에 대하여 $2AB-BA$를 계산하시오.

유제 3-1 세 다항식 $A=2x+1$, $B=3x-1$, $C=x^2+x+2$에 대하여 $AC+BC$를 계산하시오.

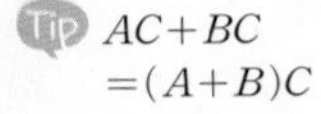

대표 예제 4 다항식의 전개식에서의 계수

다항식 $(4x^2-3x-2)(2x^2-x+5)$의 전개식에서 x^3의 계수를 구하시오.

유제 4-1 다음을 구하시오.

Tip 특정 항의 계수는 특정 항이 나오는 경우만 전개한다.

(1) 다항식 $(x+y-1)(x-4y+3)$의 전개식에서 xy의 계수

(2) 다항식 $(2x^2-3x+2)^2$의 전개식에서 x^2의 계수

유제 4-2 다항식 $(6x^3-x^2+2x+3)(3x^2+5x+1)$의 전개식에서 x^3의 계수와 x^5의 계수의 합을 구하시오.

교과서 필수 개념 3 곱셈 공식 중요

(1) $(a+b+c)^2=a^2+b^2+c^2+2ab+2bc+2ca$

(2) $(a+b)^3=a^3+3a^2b+3ab^2+b^3$, $(a-b)^3=a^3-3a^2b+3ab^2-b^3$ ❶

(3) $(a+b)(a^2-ab+b^2)=a^3+b^3$, $(a-b)(a^2+ab+b^2)=a^3-b^3$

(4) $(x+a)(x+b)(x+c)=x^3+(a+b+c)x^2+(ab+bc+ca)x+abc$

(5) $(a+b+c)(a^2+b^2+c^2-ab-bc-ca)=a^3+b^3+c^3-3abc$

(6) $(a^2+ab+b^2)(a^2-ab+b^2)=a^4+a^2b^2+b^4$

참고 중학교에서 배운 곱셈 공식

① $(a+b)^2=a^2+2ab+b^2$, $(a-b)^2=a^2-2ab+b^2$

② $(a+b)(a-b)=a^2-b^2$

③ $(x+a)(x+b)=x^2+(a+b)x+ab$

④ $(ax+b)(cx+d)=acx^2+(ad+bc)x+bd$

❶ $(a-b)^3$은 $(a+b)^3$에서 b 대신 $-b$를 대입한 것으로 생각하면 편리하다.

→ $(a-b)^3$
$=\{a+(-b)^3\}$
$=a^3+3a^2(-b)+3a(-b)^2+(-b)^3$
$=a^3-3a^2b+3ab^2-b^3$

Core 특강 곱셈 공식의 유도 과정

(1) $(a+b+c)^2=\{(a+b)+c\}^2=(a+b)^2+2(a+b)c+c^2=a^2+2ab+b^2+2ca+2bc+c^2=a^2+b^2+c^2+2ab+2bc+2ca$

(2) $(a+b)^3=(a+b)(a+b)^2=(a+b)(a^2+2ab+b^2)=a^3+2a^2b+ab^2+a^2b+2ab^2+b^3=a^3+3a^2b+3ab^2+b^3$

대표 예제 5

곱셈 공식

곱셈 공식을 이용하여 다음 식을 전개하시오.

(1) $(x-2y+3z)^2$

(2) $(x+2y)^3$

(3) $(x+3y)(x^2-3xy+9y^2)$

(4) $(x+3)(x-1)(x-4)$

(5) $(x+2y-z)(x^2+4y^2+z^2-2xy+2yz+zx)$

(6) $(x^2+2xy+4y^2)(x^2-2xy+4y^2)$

유제 5-1 곱셈 공식을 이용하여 다음 식을 전개하시오.

(1) $(x+y-z)^2$

(2) $(x+1)^3$

(3) $(x-2)^3$

(4) $(x+2)(x^2-2x+4)$

유제 5-2 곱셈 공식을 이용하여 다음 식을 전개하시오.

(1) $(3x-y+z)^2$

(2) $(2x-3y)^3$

(3) $(3x-4y)(9x^2+12xy+16y^2)$

(4) $(x-1)(x+2)(x-3)$

(5) $(x-y+1)(x^2+y^2+xy-x+y+1)$

(6) $(x^2-3x+9)(x^2+3x+9)$

대표 예제 6

공통부분이 있는 식의 전개

Tip 공통부분이 있는 식은 공통부분을 하나의 문자로 치환한 후 곱셈 공식을 이용한다.

다음 식을 전개하시오.

(1) $(x^2+2x+2)(x^2+2x-1)$

(2) $(x+y-z)(x+2y-z)$

유제 6-1 다음 식을 전개하시오.

(1) $(x+y-3)(x+y+4)$

(2) $(x^2-x-3)(x^2+2x-3)$

교과서 필수 개념 4 곱셈 공식의 변형 중요

(1) $a^2+b^2=(a+b)^2-2ab=(a-b)^2+2ab$
(2) $(a+b)^2=(a-b)^2+4ab$, $(a-b)^2=(a+b)^2-4ab$ ❶
(3) $a^3+b^3=(a+b)^3-3ab(a+b)$, $a^3-b^3=(a-b)^3+3ab(a-b)$
(4) $a^2+b^2+c^2=(a+b+c)^2-2(ab+bc+ca)$
(5) $a^3+b^3+c^3=(a+b+c)(a^2+b^2+c^2-ab-bc-ca)+3abc$

참고 ① $a^2+b^2+c^2-ab-bc-ca=\frac{1}{2}\{(a-b)^2+(b-c)^2+(c-a)^2\}$

② $a^2+b^2+c^2+ab+bc+ca=\frac{1}{2}\{(a+b)^2+(b+c)^2+(c+a)^2\}$

❶ (1), (2)는 중학교에서 배운 곱셈 공식의 변형이다.

대표 예제 7 곱셈 공식의 변형

$x+y=4$, $x^2+y^2=18$일 때, x^3+y^3의 값을 구하시오.

유제 7-1 다음을 구하시오.

(1) $a+b=3$, $ab=-5$일 때, a^3+b^3의 값

(2) $a-b=3$, $ab=10$일 때, a^3-b^3의 값

유제 7-2 $x+y+z=2$, $xy+yz+zx=-1$, $xyz=-2$일 때, 다음 식의 값을 구하시오.

(1) $x^2+y^2+z^2$

(2) $x^3+y^3+z^3$

교과서 필수 개념 5 다항식의 나눗셈

1. 다항식의 나눗셈

각 다항식을 내림차순으로 정리한 다음 자연수의 나눗셈과 같은 방법으로 계산한다.

2. 다항식 A를 다항식 $B\,(B\neq0)$로 나누었을 때의 몫을 Q, 나머지를 R라 하면

$A=BQ+R$ (단, (R의 차수)<(B의 차수))

특히, $R=0$이면 $A=BQ$이므로 A는 B로 나누어떨어진다고 한다.

참고 다항식을 n차 다항식으로 나누면 나머지는 $(n-1)$차 이하의 다항식이다. ❸

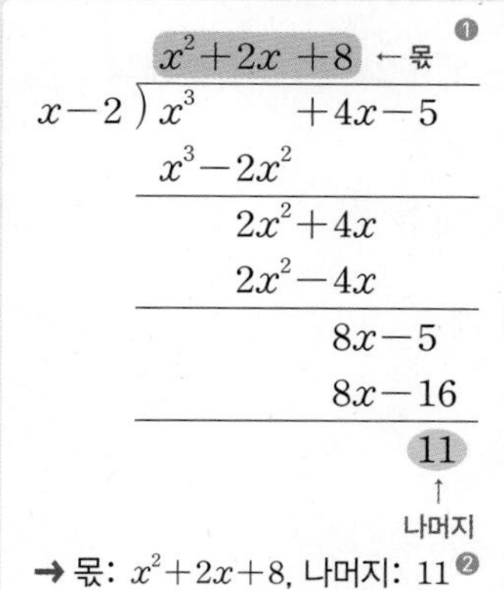

❶ 다항식의 나눗셈을 세로셈으로 할 때에는 차수를 맞춰서 계산한다. 이때 해당되는 차수의 항이 없으면 그 자리를 비워 둔다.

❷ x^3+4x-5
$=(x-2)(x^2+2x+8)+11$

❸ x에 대한 다항식을 이차식으로 나누면 나머지는 일차식 또는 상수이므로 나머지를 $ax+b$ (a, b는 상수)로 놓을 수 있다.

대표 예제 8 다항식의 나눗셈

다음 나눗셈의 몫과 나머지를 구하시오.

(1) $(x^3-3x^2-6x+1)\div(x-3)$

(2) $(3x^3-x^2+2x-1)\div(x^2-x+1)$

유제 8-1 두 다항식 $A=x^3-3x^2-1$, $B=x^2-1$에 대하여 A를 B로 나누었을 때의 몫 Q와 나머지 R를 구하고, $A=BQ+R$ 꼴로 나타내시오.

핵심 개념 & 공식 리뷰

해답 ☞ 4쪽

리뷰 1 O, ×로 푸는 개념 리뷰

01 다음 문장이 참이면 ○표, 거짓이면 ×표를 (　) 안에 써넣으시오.

(1) 다항식 x^3+2x^2+3x+4는 x에 대하여 오름차순으로 정리한 것이다. (　　)

(2) 다항식의 덧셈에 대하여 교환법칙과 결합법칙이 성립한다. (　　)

(3) 다항식 A를 다항식 B $(B\neq0)$로 나누었을 때의 몫을 Q, 나머지를 R라 하면 $B=AQ+R$이다. (　　)

(4) 다항식을 일차식으로 나누었을 때의 나머지는 상수이다. (　　)

(5) 다항식을 n차 다항식으로 나누었을 때의 나머지는 $(n-1)$차 다항식이다. (　　)

(6) 다항식의 나눗셈에서 나머지의 차수는 나누는 식의 차수보다 항상 낮다. (　　)

리뷰 2 다항식의 곱셈

02 다항식 $(4x^2+3x-5)(2x^4-x^3-x^2+2x+7)$의 전개식에서 다음 항의 계수를 구하시오.

(1) x^5의 계수　　(2) x^4의 계수

(3) x^3의 계수　　(4) x의 계수

리뷰 3 곱셈 공식

03 곱셈 공식을 이용하여 다음 식을 전개하시오.

(1) $(a+b+c)^2$

(2) $(a-b)^3$

(3) $(a+b)(a^2-ab+b^2)$

(4) $(a+b+c)(a^2+b^2+c^2-ab-bc-ca)$

(5) $(a^2+ab+b^2)(a^2-ab+b^2)$

04 곱셈 공식을 이용하여 다음 식을 전개하시오.

(1) $(x+3y)^3$

(2) $(4x-y)^3$

(3) $(x+1)(x^2-x+1)$

(4) $(x-5y)(x^2+5xy+25y^2)$

(5) $(x+y+2z)^2$

(6) $(4x-y-2)^2$

(7) $(x-y-2)(x^2+y^2+xy+2x-2y+4)$

(8) $(4x^2-6xy+9y^2)(4x^2+6xy+9y^2)$

리뷰 4 곱셈 공식의 변형

05 다음을 구하시오.

(1) $x+y=4$, $xy=2$일 때, x^3+y^3의 값

(2) $x-y=5$, $xy=-1$일 때, x^3-y^3의 값

(3) $x-\frac{1}{x}=2$일 때, $x^2+\frac{1}{x^2}$의 값

(4) $x+\frac{1}{x}=3$일 때, $x^3+\frac{1}{x^3}$의 값

(5) $x+y+z=7$, $x^2+y^2+z^2=19$일 때, $xy+yz+zx$의 값

(6) $x+y+z=4$, $x^2+y^2+z^2=10$, $xyz=-1$일 때, $x^3+y^3+z^3$의 값

리뷰 5 다항식의 나눗셈

06 다음 나눗셈의 몫과 나머지를 구하시오.

(1) $(x^3-2x^2+3)\div(x+1)$

(2) $(2x^3+x^2+7x-3)\div(2x-1)$

(3) $(6x^3-x+5)\div(2x^2+2x+1)$

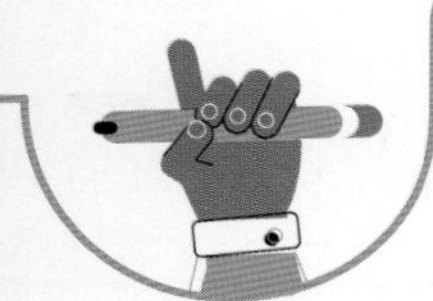

빈출 문제로 실전 연습

해답 ☞ 5쪽

01 ●◐○ / 다항식의 덧셈과 뺄셈 /

두 다항식 $A=x^2+2xy+y^2$, $B=2x^2-xy-y^2$에 대하여 $4A-2(A+B)$를 계산하였을 때, xy의 계수는?

① -6　② -4　③ -2　④ 4　⑤ 6

내신 빈출

02 ●◐○ / 다항식의 덧셈과 뺄셈 /

두 다항식 $A=x^2-2xy+y^2$, $B=3x^2-5y^2$에 대하여 $A+X=B-X$를 만족시키는 다항식 X는?

① $x^2-xy-3y^2$　② $x^2-xy+3y^2$　③ $x^2+xy-3y^2$　④ $x^2+xy-2y^2$　⑤ $x^2+xy+2y^2$

03 ●◐○ / 다항식의 곱셈 /

다항식 $(2x^2-6x+a)(x^2-3x-2)$의 전개식에서 x의 계수가 3일 때, 상수 a의 값은?

① 1　② 2　③ 3　④ 4　⑤ 5

04 ●●○ / 곱셈 공식 /

다음 중 옳지 <u>않은</u> 것은?

① $(x-1)(x^2+x+1)=x^3-1$
② $(3x-1)^3=27x^3-27x^2+9x-1$
③ $(a+b-c)(a-b+c)=a^2-b^2-c^2+2bc$
④ $(x-y-z)^2=x^2+y^2+z^2-2xy-2yz-2zx$
⑤ $(x^2+x+1)(x^2-x+1)=x^4+x^2+1$

05 ●●○ / 공통부분이 있는 식의 전개 /

$(x+1)(x+3)(x+5)(x+7)$을 전개하면?

① $x^4+16x^3+80x^2+176x+105$
② $x^4+16x^3+86x^2+170x+105$
③ $x^4+16x^3+86x^2+176x+105$
④ $x^4+15x^3+80x^2+176x+105$
⑤ $x^4+15x^3+86x^2+170x+105$

06 ●●○ / 곱셈 공식의 변형 /

$(a+b-c)^2=36$, $ab-bc-ca=11$일 때, $a^2+b^2+c^2$의 값은?

① 12　② 14　③ 16　④ 18　⑤ 20

내신 빈출

07 ●●○

/ 곱셈 공식의 변형 /

$x=1-\sqrt{2}$, $y=1+\sqrt{2}$일 때, x^3+y^3의 값은?

① 10 ② 11 ③ 12
④ 13 ⑤ 14

08 ●●◐

/ 곱셈 공식을 이용한 수의 계산 /

$\frac{2023\times(2022^2-2021)}{2021\times2022+1}$을 계산하면?

① 2020 ① 2021 ③ 2022
④ 2023 ⑤ 2024

09 ●◐○

/ 다항식의 나눗셈 /

다항식 x^3-2x^2+x를 x^2+x+1로 나누었을 때의 몫을 $Q(x)$, 나머지를 $R(x)$라 할 때, $Q(2)+R(1)$의 값을 구하시오.

10 ●●○

/ 다항식의 나눗셈 /

다항식 $3x^3-4x^2+5x+4$를 다항식 $P(x)$로 나누었을 때의 몫이 $x-1$이고 나머지가 $3x+5$일 때, 다항식 $P(x)$는?

① $3x^2-x-1$ ② $3x^2-x$ ③ $3x^2-x+1$
④ $3x^2-x+2$ ⑤ $3x^2-x+3$

교과서 속 사고력 UP

11 ●●●

/ 다항식의 곱셈과 곱셈 공식의 변형 /

두 다항식 $A=x^3+x^2+4$, $B=x^2+4$에 대하여 A^3-B^3을 간단히 한 식에서 x^5의 계수를 구하시오.

12 ●●●

/ 곱셈 공식의 변형 /

오른쪽 그림과 같은 직육면체의 모든 모서리의 길이의 합이 28이고, 대각선 AG의 길이가 $\sqrt{21}$일 때, 이 직육면체의 겉넓이는?

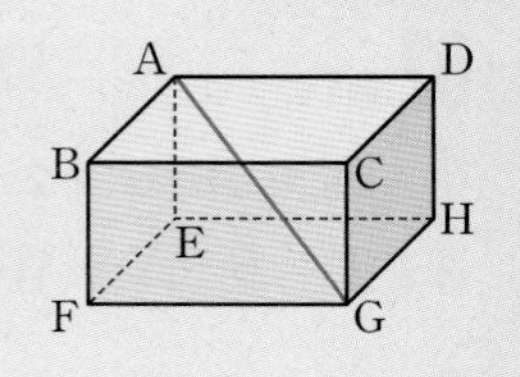

① 28 ② 30 ③ 32
④ 34 ⑤ 36

13 ●●●

/ 곱셈 공식의 변형 /

$x^2-3x+1=0$일 때, $x^3+x^2+x+\frac{1}{x}+\frac{1}{x^2}+\frac{1}{x^3}$의 값을 구하시오.

I. 다항식

나머지정리와 인수분해

교과서 대표문제로 필수개념완성

해답 ☞ 6쪽

교과서 필수 개념 1 항등식과 미정계수법

1. 항등식의 뜻: 등식의 문자에 어떤 값을 대입하여도 항상 성립하는 등식 ❶

예 등식 $2(x-1)=2x-2$는 x에 대한 항등식이고, 등식 $x-1=0$은 $x=1$일 때만 성립하므로 항등식이 아니다. (방정식)

참고 등식의 문자에 특정한 값을 대입했을 때에만 성립하는 등식을 방정식이라 한다.

2. 항등식의 성질

(1) $ax^2+bx+c=0$이 x에 대한 항등식이면 $a=b=c=0$이다. ❷

(2) $ax^2+bx+c=a'x^2+b'x+c'$이 x에 대한 항등식이면 $a=a'$, $b=b'$, $c=c'$이다.

예 다음 등식이 x에 대한 항등식이면

(1) $(a-2)x^2+(b+3)x+c-1=0 \rightarrow a=2,\ b=-3,\ c=1$

(2) $x^2+ax-3=bx^2+4x+c \rightarrow a=4,\ b=1,\ c=-3$

3. 미정계수법: 항등식의 뜻과 성질을 이용하여 등식에서 미지의 계수를 정하는 방법

4. 미정계수법의 종류 ❸

(1) 계수비교법: 등식의 양변의 동류항의 계수를 비교하여 계수를 정하는 방법

(2) 수치대입법: 등식의 문자에 적당한 수를 대입하여 계수를 정하는 방법

❶ **항등식을 나타내는 여러 가지 표현**
① 모든(임의의) x에 대하여 성립하는 등식
② x의 값에 관계없이 항상 성립하는 등식
③ x가 어떤 값을 갖더라도 항상 성립하는 등식

❷ x에 어떤 값을 대입하여도 등식이 성립하므로 $x=0$, $x=1$, $x=-1$을 각각 대입하여 풀면 $a=0$, $b=0$, $c=0$임을 알 수 있다.

❸ (1) 식을 정리하기 쉬우면
→ 계수비교법을 이용한다.
(2) 식이 길고 복잡하여 정리하기 어려우면
→ 수치대입법을 이용한다.

대표 예제 1 항등식의 성질

Tip x에 대한 항등식이면 $●x+▲=0$ 꼴로 정리한다.

등식 $kx+ax-4+2k=0$이 임의의 실수 x에 대하여 성립할 때, 상수 a, k의 값을 구하시오.

유제 1-1 등식 $(k+1)x+(3-2k)y-5=0$이 k의 값에 관계없이 항상 성립할 때, 상수 x, y의 값을 구하시오.

대표 예제 2 미정계수법

Tip (1) 계수비교법을 이용한다.
(2) 수치대입법을 이용한다.

다음 등식이 x에 대한 항등식이 되도록 상수 a, b의 값을 정하시오.

(1) $3x^2+ax-1=3x^2+b$

(2) $a(x+1)+b(x-1)=3x+2$

유제 2-1 다음 등식이 x의 값에 관계없이 항상 성립하도록 상수 a, b, c의 값을 정하시오.

(1) $x^2+x+1=a+bx+cx(x-1)$

(2) $a(x-1)^2+b(x-1)+c=x^2+2x+2$

교과서 필수 개념 2 나머지정리와 인수정리 중요

1. 나머지정리

(1) 다항식 $P(x)$를 일차식 $x-a$로 나누었을 때의 나머지를 R라 하면

$R=P(a)$ ❶

예 다항식 $P(x)=x^2+2x-1$을 $x-1$로 나누었을 때의 나머지 R는 $R=P(1)=1^2+2\times1-1=2$

(2) 다항식 $P(x)$를 일차식 $ax+b$로 나누었을 때의 나머지를 R라 하면

$$R=P\left(-\frac{b}{a}\right)$$

예 다항식 $P(x)=x^3+x^2+x+1$을 $2x-1$로 나누었을 때의 나머지 R는

$$R=P\left(\frac{1}{2}\right)=\left(\frac{1}{2}\right)^3+\left(\frac{1}{2}\right)^2+\frac{1}{2}+1=\frac{15}{8}$$

2. 인수정리

다항식 $P(x)$에 대하여

(1) $P(a)=0$이면 $P(x)$는 일차식 $x-a$로 나누어떨어진다. ❷

(2) $P(x)$가 일차식 $x-a$로 나누어떨어지면 $P(a)=0$이다.

예 다항식 $P(x)=x^3+x-2$에 대하여 $P(1)=1^3+1-2=0$이므로 $P(x)$는 일차식 $x-1$로 나누어떨어진다. 즉, $P(x)$는 $x-1$을 인수로 갖는다.

❶ 다항식 $P(x)$를 $x-a$로 나누었을 때의 몫을 $Q(x)$라 하면
$P(x)=(x-a)Q(x)+R$
이 등식은 x에 대한 항등식이므로 양변에 $x=a$를 대입하면
$R=P(a)$

❷ 다항식 $P(x)$가 일차식 $x-a$로 나누어떨어지면 $x-a$는 $P(x)$의 인수이다.

대표 예제 3 나머지정리

다항식 $P(x)$를 $x-1$로 나누었을 때의 나머지가 1이고, $x-2$로 나누었을 때의 나머지가 2이다. 다항식 $P(x)$를 $(x-1)(x-2)$로 나누었을 때의 나머지를 구하시오.

Tip 다항식 $P(x)$를 이차식으로 나누었을 때의 나머지는 일차 이하의 다항식이므로 나머지를 $ax+b$ (a, b는 상수)로 놓는다.

유제 3-1 다항식 $P(x)=4x^3-2x^2+ax-3$을 $2x+1$로 나누었을 때의 나머지가 -1이다. 상수 a의 값을 구하시오.

유제 3-2 다항식 $P(x)$를 $x+2$로 나누었을 때의 나머지가 -1이고, $x-2$로 나누었을 때의 나머지가 3이다. 다항식 $P(x)$를 x^2-4로 나누었을 때의 나머지를 구하시오.

대표 예제 4 인수정리

다항식 $P(x)=x^4+ax^2+2$가 $x+2$로 나누어떨어질 때, 상수 a의 값을 구하시오.

유제 4-1 다항식 $P(x)=x^3-5x+a$가 $x-1$을 인수로 가질 때, 상수 a의 값을 구하시오.

유제 4-2 다항식 $P(x)=x^3+ax^2+bx+1$이 $(x+2)(x-2)$로 나누어떨어질 때, 상수 a, b의 값을 구하시오.

해답 ☞ 7쪽

교과서 필수 개념 3 조립제법

다항식을 일차식으로 나눌 때, 오른쪽과 같이 계수만을 사용하여 몫과 나머지를 구하는 방법을 조립제법이라 한다.

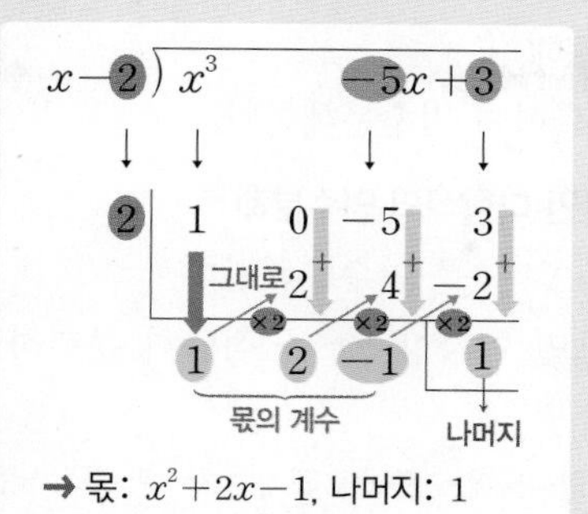

→ 몫: x^2+2x-1, 나머지: 1

주의 조립제법을 이용할 때
① 다항식을 내림차순으로 정리하고 모든 항의 계수를 빠짐없이 적는다.
② 어떤 차수의 항이 없을 때에는 그 항의 계수를 0으로 적는다.

참고 다항식 $P(x)$를 $x-\frac{b}{a}$로 나누었을 때의 몫을 $Q(x)$, 나머지를 R라 하면

$$P(x)=\left(x-\frac{b}{a}\right)Q(x)+R=(ax-b)\frac{1}{a}Q(x)+R$$ [1]

[1] 다항식 $P(x)$를 $ax-b$로 나누었을 때의
① 몫은 $x-\frac{b}{a}$로 나누었을 때의 몫에 $\frac{1}{a}$배 한 것과 같다.
② 나머지는 $x-\frac{b}{a}$로 나누었을 때의 나머지와 같다.

대표 예제 5

조립제법

조립제법을 이용하여 다음 나눗셈의 몫과 나머지를 구하시오.

(1) $(x^3+6x^2-x-29)\div(x-2)$ (2) $(9x^4-15x^3-x+3)\div(3x+1)$

Tip (2) $9x^4-15x^3-x+3$을 $x+\frac{1}{3}$로 나눈 몫과 나머지를 먼저 구한다.

유제 5-1 조립제법을 이용하여 다음 나눗셈의 몫과 나머지를 구하시오.

(1) $(x^4+2x^3-x^2+2x+1)\div(x+1)$ (2) $(2x^3+3x^2+1)\div(2x-1)$

교과서 필수 개념 4 인수분해 공식

1. 인수분해: 하나의 다항식을 두 개 이상의 다항식의 곱으로 나타내는 것

2. 인수분해 공식 [1]

인수분해는 다항식의 전개 과정을 거꾸로 생각한 것이므로 앞에서 배운 곱셈 공식으로부터 다음과 같은 인수분해 공식을 얻을 수 있다.

(1) $a^2+b^2+c^2+2ab+2bc+2ca=(a+b+c)^2$
(2) $a^3+3a^2b+3ab^2+b^3=(a+b)^3$, $a^3-3a^2b+3ab^2-b^3=(a-b)^3$
(3) $a^3+b^3=(a+b)(a^2-ab+b^2)$, $a^3-b^3=(a-b)(a^2+ab+b^2)$

[1] 중학교에서 배운 인수분해 공식
① $ma+mb+mc=m(a+b+c)$
② $a^2+2ab+b^2=(a+b)^2$, $a^2-2ab+b^2=(a-b)^2$
③ $a^2-b^2=(a+b)(a-b)$
④ $x^2+(a+b)x+ab=(x+a)(x+b)$
⑤ $acx^2+(ad+bc)x+bd=(ax+b)(cx+d)$

대표 예제 6

인수분해 공식

다음 식을 인수분해하시오.

(1) $x^2+4y^2+4z^2-4xy+8yz-4zx$ (2) a^3+3a^2+3a+1

(3) $x^3-6x^2y+12xy^2-8y^3$ (4) a^3-1

유제 6-1 다음 식을 인수분해하시오.

(1) $x^2+4y^2+9z^2-4xy-12yz+6zx$ (2) $8x^3-12x^2+6x-1$

(3) x^3+8 (4) $8x^3-27y^3$

해답 ☞ 8쪽

교과서 필수 개념 5 복잡한 식의 인수분해 중요

1. 공통부분이 있는 다항식의 인수분해

공통부분을 하나의 문자로 치환하여 인수분해한다.

2. x^4+ax^2+b (a, b는 상수) 꼴인 다항식의 인수분해 ❶

(1) $x^2=X$로 치환하여 X^2+aX+b를 인수분해한다.

(2) (1)에서 인수분해되지 않으면 이차항 ax^2을 적당히 분리하여 A^2-B^2 꼴로 변형한 후 인수분해한다.

참고 두 개 이상의 문자를 포함한 다항식을 인수분해할 때에는 차수가 가장 낮은 문자에 대하여 내림차순으로 정리한 후 인수분해한다.

3. 인수정리를 이용한 인수분해

삼차 이상의 다항식 $P(x)$에 대하여

(i) $P(\alpha)=0$을 만족시키는 상수 α의 값을 찾는다. ❷

(ii) 조립제법을 이용하여 $P(x)$를 $x-\alpha$로 나누었을 때의 몫 $Q(x)$를 구하여 $P(x)=(x-\alpha)Q(x)$로 나타낸다.

(iii) $Q(x)$가 더 이상 인수분해되지 않을 때까지 인수분해한다.

$P(x)=x^3+3x^2-2$일 때

$P(-1)=0$ → $\alpha=-1$

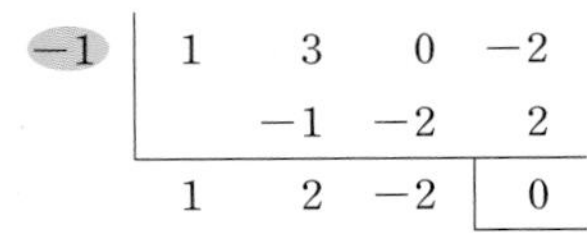

→ $P(x)=(x+1)(x^2+2x-2)$

❶ 다항식 x^4+ax^2+b (a, b는 상수)와 같이 차수가 짝수인 항과 상수항으로만 이루어진 다항식을 복이차식이라 한다.

❷ **$P(\alpha)=0$을 만족시키는 상수 α의 값**

계수가 모두 정수인 다항식 $P(x)$에 대하여 $P(\alpha)=0$을 만족시키는 α의 값은

$\pm\dfrac{(\text{상수항의 약수})}{(\text{최고차항의 계수의 약수})}$

중에서 찾을 수 있다.

대표 예제 7 복잡한 식의 인수분해

Tip 공통부분이 있는 식은 공통부분을 하나의 문자로 치환한 후 인수분해 공식을 이용한다.

다음 식을 인수분해하시오.

(1) $(x^2-2x)^2-5(x^2-2x)-6$

(2) $2x^4-3x^2+1$

유제 7-1 다음 식을 인수분해하시오.

(1) $(x^2+2x+2)(x^2+2x-4)+5$

(2) $4x^4-13x^2+3$

유제 7-2 다음 식을 인수분해하시오.

(1) x^4-8x^2+4

(2) x^4-x^2+16

대표 예제 8 인수정리를 이용한 인수분해

다음 식을 인수분해하시오.

(1) $x^3-6x^2+11x-6$

(2) $x^4-3x^3+x^2+3x-2$

유제 8-1 다음 식을 인수분해하시오.

(1) $4x^3-3x+1$

(2) $x^4+7x^3+18x^2+20x+8$

핵심 개념 & 공식 리뷰

해답 ☞ 9쪽

리뷰 1 O, X로 푸는 개념 리뷰

01 다음 문장이 참이면 ○표, 거짓이면 ×표를 (　) 안에 써넣으시오.

(1) 등식 $ax+b=0$은 x에 대한 항등식이다. (　　)

(2) 등식 $ax^2+bx+c=a'x^2+b'x+c'$이 모든 x에 대하여 성립하면 $a=a'$, $b=b'$, $c=c'$이다. (　　)

(3) 다항식 $P(x)$에 대하여 $P(\alpha)=0$이면 $x-\alpha$는 $P(x)$의 인수이다. (　　)

(4) 다항식 $P(x)$를 $x+\alpha$ $(\alpha\neq0)$로 나누었을 때의 나머지는 $P(\alpha)$이다. (　　)

(5) 다항식 $P(x)$를 $x+\frac{b}{a}$로 나누었을 때의 나머지와 $ax+b$로 나누었을 때의 나머지는 같다. (단, $a\neq0$) (　　)

(6) 다항식 $P(x)$를 $x+\frac{b}{a}$로 나누었을 때의 몫을 $Q(x)$라 하면 다항식 $P(x)$를 $ax+b$로 나누었을 때의 몫은 $\frac{1}{a}Q(x)$이다. (단, $a\neq0$) (　　)

리뷰 2 나머지정리

02 다항식 $P(x)=x^3-3x^2+2x+1$을 다음 일차식으로 나누었을 때의 나머지를 구하시오.

(1) $x-1$

(2) $x+2$

(3) $x-\frac{1}{2}$

(4) $3x+1$

리뷰 3 조립제법

03 조립제법을 이용하여 다음 나눗셈의 몫과 나머지를 구하시오.

(1) $(x^3+4x^2-1)\div(x+3)$

(2) $(2x^3+5x^2-x+3)\div(2x-1)$

리뷰 4 인수분해 공식

04 다음 식을 인수분해하시오.

(1) $a^2+b^2+c^2+2ab+2bc+2ca$

(2) $a^3+3a^2b+3ab^2+b^3$

(3) $a^3-3a^2b+3ab^2-b^3$

(4) a^3+b^3

(5) a^3-b^3

05 다음 식을 인수분해하시오.

(1) $a^2+4b^2+c^2-4ab+4bc-2ca$

(2) $x^3-9x^2+27x-27$

(3) $27a^3+27a^2+9a+1$

(4) $8a^3-36a^2b+54ab^2-27b^3$

(5) $125a^3+64b^3$

(6) $27a^3-8b^3$

리뷰 5 복잡한 식의 인수분해

06 다음 식을 인수분해하시오.

(1) $(x+y)^2+3(x+y)-10$

(2) $(x-y+2)(x-y-2)-5$

(3) $x(x+1)(x+2)(x+3)-24$

(4) $(x+1)(x+3)(x+5)(x+7)+16$

(5) x^4+x^2+1

(6) $x^4+4x^2y^2+16y^4$

(7) $x^2-4xy+3y^2+3x-7y+2$

빈출 문제로 실전 연습

01 ●◐○

/ 항등식의 성질 /

모든 실수 x, y에 대하여 등식

$$ax+b(x+5y)=5(x+3y)$$

가 성립할 때, ab의 값은? (단, a, b는 상수이다.)

① 4　② 5　③ 6
④ 7　⑤ 8

02 ●◐○

/ 미정계수법 /

등식

$$x^2+2x+3$$
$$=a(x-1)+b(x-1)(x+1)+c(x+1)(x+2)$$

가 x에 대한 항등식일 때, 상수 a, b, c에 대하여 $ab+c$의 값은?

① 1　② 2　③ 3
④ 4　⑤ 5

03 ●●○

/ 나머지정리와 인수정리 /

두 다항식 $P(x)$, $Q(x)$를 $x+1$로 나누었을 때의 나머지가 각각 2, -1일 때, $x+1$로 나누어떨어지는 다항식인 것만을 **보기**에서 있는 대로 고른 것은?

보기

ㄱ. $P(x)+2Q(x)$
ㄴ. $P(x)Q(x)-2$
ㄷ. $\{P(x)\}^2+4Q(x)$

① ㄱ　② ㄴ　③ ㄱ, ㄷ
④ ㄴ, ㄷ　⑤ ㄱ, ㄴ, ㄷ

04 ●●●

/ 나머지정리 /

다항식 $f(x)$를 $x-1$로 나누었을 때의 몫과 나머지는 각각 $Q(x)$, 3이고, $Q(x)$를 $x-2$로 나누었을 때의 나머지는 5이다. 다항식 $f(x)$를 $(x-1)(x-2)$로 나누었을 때의 나머지를 $R(x)$라 할 때, $R(2)$의 값을 구하시오.

05 ●◐○

/ 조립제법 /

다항식 $P(x)$를 $3x+1$로 나누었을 때의 몫과 나머지를 각각 $Q(x)$, R라 할 때, 다음 중 $P(x)$를 $x+\frac{1}{3}$로 나누었을 때의 몫과 나머지를 차례로 구하면?

① $Q(x)$, R　① $Q(x)$, $3R$　③ $Q(3x)$, R
④ $3Q(x)$, R　⑤ $3Q(x)$, $3R$

06 ●●○

/ 조립제법 /

오른쪽은 다항식 $2x^3-3x^2+ax+b$를 $x-c$로 나누었을 때의 몫과 나머지를 조립제법을 이용하여 구하는 과정이다. 상수 a, b, c에 대하여 $a+b+c$의 값은?

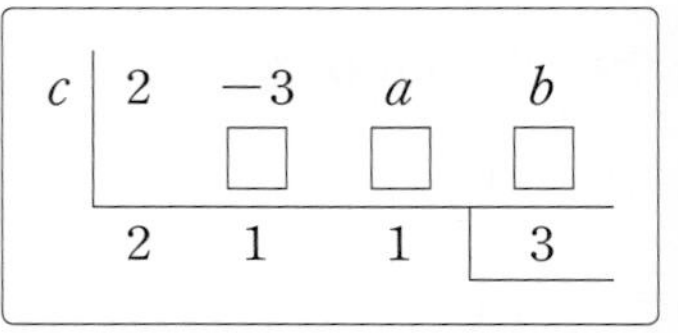

① -2　② -1　③ 0
④ 1　⑤ 2

07 ●●○
/ 복잡한 식의 인수분해 – 인수정리 /

다항식 x^3+3x^2+3x+2가 최고차항의 계수가 1인 일차식 $f(x)$와 이차식 $g(x)$의 곱으로 인수분해될 때, $f(1)+g(2)$의 값은?

① 6 ② 7 ③ 8
④ 9 ⑤ 10

내신 빈출
08 ●◐○
/ 복잡한 식의 인수분해 – 치환 /

다항식 $(3x-y)^2-8(3x-y)-20$을 인수분해하면 $(ax-y+2)(3x+by+c)$일 때, 상수 a, b, c에 대하여 $a+b+c$의 값은?

① -10 ② -9 ③ -8
④ -7 ⑤ -6

내신 빈출
09 ●●◐
/ 인수분해를 이용한 수의 계산 /

$103^3-9\times103^2+27\times103-27$의 값은?

① 1000 ② 10000 ③ 100000
④ 1000000 ⑤ 10000000

교과서 속 사고력 UP

10 ●●●
/ 미정계수법 /

모든 실수 x에 대하여 등식

$$(x^2-3x+2)^3=a_6x^6+a_5x^5+a_4x^4+\cdots+a_1x+a_0$$

이 성립할 때, $a_1+a_2+a_3+a_4+a_5$의 값은?

(단, a_0, a_1, a_2, $\cdots$, a_6은 상수이다.)

① -11 ② -9 ③ -7
④ -5 ⑤ -3

11 ●●●
/ 나머지정리 /

다항식 $f(x)$를 $(x-1)^2$으로 나누었을 때의 나머지는 $5x-3$이고 $x+2$로 나누었을 때의 나머지는 5이다. $f(x)$를 $(x-1)^2(x+2)$로 나누었을 때의 나머지를 $R(x)$라 할 때, $R(0)$의 값을 구하시오.

12 ●●●
/ 복잡한 식의 인수분해 – 내림차순 /

다항식 $xy^2-xz^2+yz^2-x^2y+x^2z-y^2z$의 인수인 것만을 **보기**에서 있는 대로 고른 것은?

보기

ㄱ. $x-y$ ㄴ. $y-z$
ㄷ. $z-x$ ㄹ. $x+y$

① ㄱ, ㄴ ② ㄱ, ㄷ ③ ㄴ, ㄹ
④ ㄱ, ㄴ, ㄷ ⑤ ㄴ, ㄷ, ㄹ

II. 방정식과 부등식

복소수와 이차방정식

개념 1 복소수의 뜻과 성질
개념 2 복소수의 사칙연산
개념 3 켤레복소수의 성질
개념 4 i의 거듭제곱
개념 5 음수의 제곱근
개념 6 이차방정식의 풀이와 근의 판별
개념 7 이차방정식의 근과 계수의 관계

교과서 대표문제로 필수개념완성

교과서 필수 개념 1 복소수의 뜻과 성질

1. 허수단위

제곱하여 -1이 되는 새로운 수를 i로 나타내고, 이때 i를 허수단위라 한다. ❶

→ $i^2=-1$, 즉 $i=\sqrt{-1}$

2. 복소수

(1) 임의의 실수 a, b에 대하여 $a+bi$ 꼴로 나타내어지는 수를 복소수라 하고, a를 실수부분, b를 허수부분이라 한다.

주의 복소수 $a+bi$ (a, b는 실수)에서 허수부분은 bi가 아니라 b임에 유의한다.

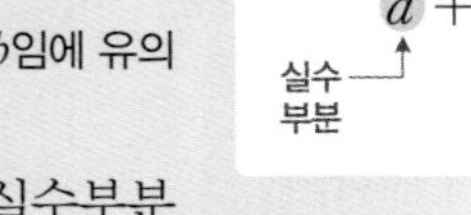

(2) 실수가 아닌 복소수 $a+bi$ $(b\neq0)$를 허수라 하고, 실수부분이 0인 허수 bi $(b\neq0)$를 순허수라 한다. ❷❸

예 ① 복소수 $3-2i$ → 실수부분: 3, 허수부분: -2
② 복소수 i → 실수부분: 0, 허수부분: 1
③ 복소수 $-1-\sqrt{2}i$ → 실수부분: -1, 허수부분: $-\sqrt{2}$

3. 복소수가 서로 같을 조건

두 복소수 $a+bi$, $c+di$ (a, b, c, d는 실수)에 대하여

(1) $a+bi=c+di$이면 $a=c$, $b=d$
(2) $a=c$, $b=d$이면 $a+bi=c+di$

예 ① $a+3i=-2+bi$이면 $a=-2$, $b=3$
② $a+bi=0$이면 $a=0$, $b=0$

4. 켤레복소수: 복소수 $a+bi$ (a, b는 실수)에 대하여 허수부분의 부호를 바꾼 복소수 $a-bi$를 $a+bi$의 켤레복소수라 한다.

기호 $\overline{a+bi}=a-bi$ ❹ ← $a+bi$와 $a-bi$는 서로 켤레복소수이다.

예 $\overline{2-7i}=2+7i$, $\overline{-9}=-9$, $\overline{-3i}=3i$

❶ 허수단위 i는 허수를 뜻하는 영어 단어 imaginary number의 첫 글자이다.

❷ 허수는 크기가 없는 수이므로 대소 비교를 할 수 없다.

❸ 복소수의 분류

복소수 $a+bi$ $\begin{cases} \text{실수 } a & (b=0) \\ \text{허수 } a+bi & (b\neq0) \end{cases}$
(단, a, b는 실수)

❹ 복소수 z의 켤레복소수 $\bar{z}$를 'z bar'라 읽는다.

대표 예제 1 복소수가 서로 같을 조건

다음 등식을 만족시키는 실수 x, y의 값을 구하시오.

(1) $(2x+1)+7i=5+(3-2y)i$
(2) $(x-2y)+(x-3)i=3i$

유제 1-1 다음 등식을 만족시키는 실수 x, y의 값을 구하시오.

(1) $1+2xi=y-4i$
(2) $(x+y)+(x+2y)i=3+5i$

유제 1-2 $(1+i)x^2+(1-i)x-6-2i=0$을 만족시키는 실수 x의 값을 구하시오.

Tip ( )+( )i 꼴로 정리한다.

해답 ☞ 11쪽

교과서 필수 개념 2 복소수의 사칙연산

a, b, c, d가 실수일 때

(1) 덧셈: $(a+bi)+(c+di)=(a+c)+(b+d)i$ ❶

(2) 뺄셈: $(a+bi)-(c+di)=(a-c)+(b-d)i$ ❶

(3) 곱셈: $(a+bi)(c+di)=(ac-bd)+(ad+bc)i$ ❷

(4) 나눗셈: $\dfrac{a+bi}{c+di}=\dfrac{(a+bi)(c-di)}{(c+di)(c-di)}$❸$=\dfrac{ac+bd}{c^2+d^2}+\dfrac{bc-ad}{c^2+d^2}i$ (단, $c+di\neq0$)

예 (1) $(2+3i)+(1-5i)=(2+1)+(3-5)i=3-2i$

(2) $(1-2i)-(5-5i)=(1-5)+(-2+5)i=-4+3i$

(3) $(1+2i)(3+i)=3+i+6i+2i^2=3+i+6i-2=1+7i$

(4) $\dfrac{2-i}{1+i}=\dfrac{(2-i)(1-i)}{(1+i)(1-i)}=\dfrac{2-2i-i+i^2}{1-i^2}=\dfrac{2-2i-i-1}{1+1}=\dfrac{1}{2}-\dfrac{3}{2}i$

❶ 복소수의 덧셈과 뺄셈은 실수부분은 실수부분끼리, 허수부분은 허수부분끼리 모아서 계산한다.

❷ 복소수의 곱셈은 i를 문자로 생각하여 분배법칙을 이용하여 전개하고, 그 과정에서 i^2이 나오면 $i^2=-1$임을 이용하여 계산한다.

❸ 복소수의 나눗셈은 분모의 켤레복소수를 분모, 분자에 각각 곱하여 분모를 실수로 고쳐서 계산한다.

대표 예제 2
복소수의 사칙연산

다음을 계산하시오.

(1) $-7i+(2-3i)$

(2) $(5+2i)-(-3-4i)$

(3) $(1-2i)^2+4i$

(4) $\dfrac{i}{2-i}+\dfrac{i}{2+i}$

유제 2-1

다음을 계산하시오.

(1) $(2-3i)+(-1+4i)$

(2) $(10-4i)-(6i-11)$

(3) $(2-3i)(1+i)$

(4) $\dfrac{1-i}{1+i}+\dfrac{1+i}{1-i}$

교과서 필수 개념 3 켤레복소수의 성질

두 복소수 z_1, z_2와 그 켤레복소수 $\overline{z_1}$, $\overline{z_2}$에 대하여 다음이 성립한다. ❶

(1) $\overline{(\overline{z_1})}=z_1$

(2) $z_1+\overline{z_1}=$(실수), $z_1\overline{z_1}=$(실수)

(3) $\overline{z_1+z_2}=\overline{z_1}+\overline{z_2}$, $\overline{z_1-z_2}=\overline{z_1}-\overline{z_2}$

(4) $\overline{z_1z_2}=\overline{z_1}\,\overline{z_2}$, $\overline{\left(\dfrac{z_1}{z_2}\right)}=\dfrac{\overline{z_1}}{\overline{z_2}}$ (단, $z_2\neq0$)

❶ $\overline{z_1}=z_1$이면 z_1은 실수이다.
또 $\overline{z_1}=-z_1$이면 z_1은 순허수 또는 0이다.

대표 예제 3
켤레복소수의 성질

0이 아닌 복소수 z에 대하여 항상 실수인 것만을 보기에서 있는 대로 고르시오. (단, $\bar{z}$는 z의 켤레복소수이다.)

보기

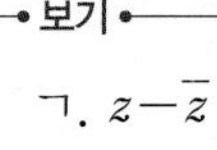
ㄱ. $z-\bar{z}$　　ㄴ. $\dfrac{\bar{z}}{z}$　　ㄷ. $\dfrac{1}{z}+\dfrac{1}{\bar{z}}$

유제 3-1

0이 아닌 복소수 $z=(2x^2-7x-15)+(x^2-6x+5)i$에 대하여 $\bar{z}=-z$가 성립할 때, 실수 x의 값을 구하시오.
(단, $\bar{z}$는 z의 켤레복소수이다.)

교과서 필수 개념 4 i의 거듭제곱 중요

자연수 n에 대하여 i^n의 값은 i, -1, $-i$, 1이 반복되어 나타나므로

$i^1=i^5=\cdots=i$, $i^2=i^6=\cdots=-1$, $i^3=i^7=\cdots=-i$, $i^4=i^8=\cdots=1$ ❶

이다. 즉, i의 거듭제곱은 다음과 같은 규칙을 갖는다.

$i^{4k-3}=i$, $i^{4k-2}=-1$, $i^{4k-1}=-i$, $i^{4k}=1$ (단, k는 자연수)

❶ 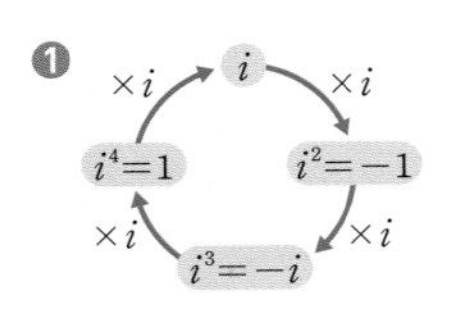

대표 예제 4

i의 거듭제곱

다음을 계산하시오.

(1) $i+i^2+i^3+\cdots+i^{101}$

(2) $\left(\dfrac{1+i}{1-i}\right)^{10}$

유제 4-1 다음을 계산하시오.

(1) $\dfrac{1}{i}+\dfrac{1}{i^2}+\dfrac{1}{i^3}+\cdots+\dfrac{1}{i^{20}}$

(2) $\left(\dfrac{1-i}{1+i}\right)^{50}+\left(\dfrac{1+i}{1-i}\right)^{50}$

교과서 필수 개념 5 음수의 제곱근

1. 음수의 제곱근

양수 a에 대하여

(1) $\sqrt{-a}=\sqrt{a}i$

(2) $-a$의 제곱근은 $\sqrt{a}i$, $-\sqrt{a}i$ ❶

예 ① -9의 제곱근은 $\pm 3i$

② $-\dfrac{5}{4}$의 제곱근은 $\pm\sqrt{\dfrac{5}{4}}i=\pm\dfrac{\sqrt{5}}{2}i$

2. 음수의 제곱근의 성질

(1) $a<0$, $b<0$이면 $\sqrt{a}\sqrt{b}=-\sqrt{ab}$ ❷

(2) $a>0$, $b<0$이면 $\dfrac{\sqrt{a}}{\sqrt{b}}=-\sqrt{\dfrac{a}{b}}$ ❸

예 ① $\sqrt{-2}\sqrt{-3}=\sqrt{2}i\sqrt{3}i=\sqrt{6}i^2=-\sqrt{6}$

② $\dfrac{\sqrt{2}}{\sqrt{-3}}=\dfrac{\sqrt{2}}{\sqrt{3}i}=\dfrac{\sqrt{2}i}{\sqrt{3}i^2}=-\sqrt{\dfrac{2}{3}}i=-\sqrt{-\dfrac{2}{3}}$

❶ $(\sqrt{a}i)^2=ai^2=-a$, $(-\sqrt{a}i)^2=ai^2=-a$ 이므로 $\sqrt{a}i$, $-\sqrt{a}i$는 $-a$의 제곱근이다.

❷ $\sqrt{a}\sqrt{b}=-\sqrt{ab}$이면 $a<0$, $b<0$ 또는 $a=0$ 또는 $b=0$

❸ $\dfrac{\sqrt{a}}{\sqrt{b}}=-\sqrt{\dfrac{a}{b}}$ $(b\neq 0)$이면 $a>0$, $b<0$ 또는 $a=0$

대표 예제 5

음수의 제곱근

Tip 음수의 제곱근을 계산할 때에는 $\sqrt{-a}=\sqrt{a}i$ $(a>0)$를 이용한다.

$\sqrt{-2}(\sqrt{2}+\sqrt{8}+\sqrt{-8})=a+bi$일 때, 실수 a, b에 대하여 $a+b$의 값을 구하시오.

유제 5-1 $\dfrac{\sqrt{6}}{\sqrt{-2}}-\dfrac{3+\sqrt{2}}{\sqrt{-3}}=a+bi$일 때, 실수 a, b에 대하여 a^2+b^2의 값을 구하시오.

유제 5-2 0이 아닌 두 실수 a, b에 대하여 $\sqrt{a}\sqrt{b}=-\sqrt{ab}$일 때, $\sqrt{a^2}-\sqrt{(a+b)^2}$을 간단히 하시오.

Tip $\sqrt{a^2}=|a|$, $\sqrt{(a+b)^2}=|a+b|$

해답 ☞ 12쪽

교과서 필수 개념 6 이차방정식의 풀이와 근의 판별

1. 이차방정식의 풀이

(1) 인수분해를 이용한 풀이

이차방정식 $(ax-b)(cx-d)=0$의 근 → $x=\frac{b}{a}$ 또는 $x=\frac{d}{c}$

(2) 근의 공식을 이용한 풀이

이차방정식 $ax^2+bx+c=0$의 근❶ → $x=\frac{-b\pm\sqrt{b^2-4ac}}{2a}$

2. 이차방정식의 실근과 허근

계수가 실수인 이차방정식은 복소수의 범위에서 반드시 두 개의 근을 갖는다.

→ 이때 실수인 근을 실근, 허수인 근을 허근이라 한다.❷

참고 두 개의 실근이 같을 때, 이 근을 중근이라 한다.

3. 이차방정식의 판별식

계수가 실수인 이차방정식 $ax^2+bx+c=0$의 근 $x=\frac{-b\pm\sqrt{b^2-4ac}}{2a}$에서 근호 안의 식 b^2-4ac를 판별식이라 하고, 기호 D로 나타낸다. 즉,

$D=b^2-4ac$ ❸

4. 이차방정식의 근의 판별 중요

계수가 실수인 이차방정식 $ax^2+bx+c=0$의 판별식을 $D=b^2-4ac$라 하면

① $D>0$이면 서로 다른 두 실근을 갖는다.

② $D=0$이면 중근(서로 같은 두 실근)을 갖는다.

(실근을 가질 조건은 $D\geq0$)

③ $D<0$이면 서로 다른 두 허근을 갖는다.

예 이차방정식 $2x^2-x+3=0$에서 판별식 $D=(-1)^2-4\times2\times3=-23<0$이므로 이 이차방정식은 서로 다른 두 허근을 갖는다.

❶ x의 계수가 짝수인 이차방정식 $ax^2+2b'x+c=0$의 근은
$x=\frac{-b'\pm\sqrt{b'^2-ac}}{a}$

❷ $x=\frac{-b\pm\sqrt{b^2-4ac}}{2a}$에서
① 실근은 $b^2-4ac\geq0$인 경우이다.
② 허근은 $b^2-4ac<0$인 경우이다.

❸ x의 계수가 짝수인 이차방정식 $ax^2+2b'x+c=0$의 판별식은
$\frac{D}{4}=b'^2-ac$

대표 예제 6 이차방정식의 근의 판별 (1)

다음 이차방정식의 근을 판별하시오.

(1) $x^2-3x+1=0$ (2) $4x^2-4x+1=0$ (3) $x^2-\sqrt{2}x+2=0$

유제 6-1 다음 이차방정식의 근을 판별하시오.

(1) $3x^2-6x+5=0$ (2) $x^2+5x-1=0$ (3) $4x^2-4\sqrt{3}x+3=0$

대표 예제 7 이차방정식의 근의 판별 (2)

이차방정식 $x^2+2(2k+1)x+4k^2=0$이 다음과 같은 근을 갖도록 하는 실수 k의 값 또는 그 범위를 구하시오.

(1) 서로 다른 두 실근 (2) 중근 (3) 서로 다른 두 허근

유제 7-1 이차방정식 $x^2+5x+k=0$이 다음과 같은 근을 갖도록 하는 실수 k의 값 또는 그 범위를 구하시오.

(1) 서로 다른 두 실근 (2) 중근 (3) 서로 다른 두 허근

유제 7-2 이차방정식 $x^2-2kx+k^2+k-8=0$이 실근을 갖도록 하는 실수 k의 값의 범위를 구하시오.

해답 ☞ 13쪽

교과서 필수 개념 7 이차방정식의 근과 계수의 관계 중요

1. 이차방정식의 근과 계수의 관계: 이차방정식 $ax^2+bx+c=0$의 두 근을 α, β라 하면

(1) 두 근의 합 : $\alpha+\beta=-\frac{b}{a}$　　(2) 두 근의 곱 : $\alpha\beta=\frac{c}{a}$ ❶

예 이차방정식 $2x^2+4x+1=0$의 두 근을 α, β라 하면 $\alpha+\beta=-\frac{4}{2}=-2$, $\alpha\beta=\frac{1}{2}$

2. 두 수를 근으로 하는 이차방정식: 두 수 α, β를 근으로 하고, x^2의 계수가 1인 이차방정식은

$(x-\alpha)(x-\beta)=0 \rightarrow x^2-(\alpha+\beta)x+\alpha\beta=0$　← x^2-(두 근의 합)$x+$(두 근의 곱)$=0$

참고 두 수 α, β를 근으로 하고 x^2의 계수가 a인 이차방정식은
$a(x-\alpha)(x-\beta)=0 \rightarrow a\{x^2-(\alpha+\beta)x+\alpha\beta\}=0$

3. 이차식의 인수분해: 계수가 실수인 이차방정식 $ax^2+bx+c=0$의 두 근을 α, β라 하면

$ax^2+bx+c=a(x-\alpha)(x-\beta)$

와 같이 인수분해된다. ❷

예 이차방정식 $x^2-4x+6=0$의 근이 $x=2\pm\sqrt{2}i$이므로 이차식 x^2-4x+6을 복소수 범위에서 인수분해하면
$x^2-4x+6=\{x-(2+\sqrt{2}i)\}\{x-(2-\sqrt{2}i)\}=(x-2-\sqrt{2}i)(x-2+\sqrt{2}i)$

4. 이차방정식의 켤레근: 이차방정식 $ax^2+bx+c=0$에서

(1) a, b, c가 유리수일 때,
$p+q\sqrt{m}$이 근이면 $p-q\sqrt{m}$도 근이다. ❸ (단, p, q는 유리수, $q\neq0$, $\sqrt{m}$은 무리수)

(2) a, b, c가 실수일 때,
$p+qi$가 근이면 $p-qi$도 근이다. (단, p, q는 실수, $q\neq0$, $i=\sqrt{-1}$)

주의 켤레근을 이용할 때, 이차방정식의 계수와 상수항의 수의 범위에 유의한다.

❶ 근과 계수의 관계를 이용하면 두 근을 직접 구하지 않아도 두 근의 합과 곱을 구할 수 있다.

❷ 계수가 실수인 이차식은 복소수 범위에서 항상 두 일차식의 곱으로 인수분해된다.

❸ $p+q\sqrt{m}$과 $p-q\sqrt{m}$, $p+qi$와 $p-qi$를 각각 켤레근이라 한다.

대표 예제 8 이차방정식의 근과 계수의 관계

이차방정식 $x^2+5x+5=0$의 두 근을 α, β라 할 때, 다음 식의 값을 구하시오.

(1) $\alpha^2+\beta^2$　　(2) $(\alpha-\beta)^2$

유제 8-1 이차방정식 $x^2-3x-2=0$의 두 근을 α, β라 할 때, 다음 식의 값을 구하시오.

(1) $\alpha^3+\beta^3$　　(2) $\frac{\beta}{\alpha}+\frac{\alpha}{\beta}$

대표 예제 9 두 수를 근으로 하는 이차방정식

이차방정식 $2x^2-3x+3=0$의 두 근을 α, β라 할 때, 두 수 $\frac{1}{\alpha}$, $\frac{1}{\beta}$을 두 근으로 하고 x^2의 계수가 3인 이차방정식을 구하시오.

유제 9-1 이차방정식 $x^2-2x+4=0$의 두 근을 α, β라 할 때, 두 수 $\alpha+1$, $\beta+1$을 두 근으로 하고 x^2의 계수가 1인 이차방정식을 구하시오.

유제 9-2 이차방정식 $x^2+ax+b=0$의 한 근이 $2+i$일 때, 실수 a, b에 대하여 $a+b$의 값을 구하시오.

핵심 개념 & 공식 리뷰

해답 ☞ 14쪽

리뷰 1 O, X로 푸는 개념 리뷰

01 다음 문장이 참이면 ○표, 거짓이면 ×표를 ( ) 안에 써넣으시오.

(1) 방정식 $x^2=-1$은 실수의 범위에서 해를 갖지 않는다. ( )

(2) 복소수 $a-bi$ (a, b는 실수)의 허수부분은 b이다. ( )

(3) 실수 a, b에 대하여 $a>b$이면 $ai>bi$이다. ( )

(4) 복소수 $-a-bi$ (a, b는 실수)의 켤레복소수는 $a-bi$이다. ( )

(5) 복소수 z_1과 그 켤레복소수 $\overline{z_1}$에 대하여 $\overline{(\overline{z_1})}=z_1$이다. ( )

(6) 복소수 z_1과 그 켤레복소수 $\overline{z_1}$에 대하여 $z_1\overline{z_1}$는 항상 실수이다. ( )

(7) $a>0$일 때, $\sqrt{-a}=\sqrt{a}i$이다. ( )

(8) $a<0$, $b<0$일 때, $\sqrt{a}\sqrt{b}=\sqrt{ab}$이다. ( )

(9) 이차방정식 $ax^2+bx+c=0$의 두 근을 α, β라 하면 $\alpha+\beta=\frac{b}{a}$, $\alpha\beta=-\frac{c}{a}$이다. ( )

(10) 이차방정식 $ax^2+bx+c=0$에서 a, b, c가 실수일 때, $p+qi$가 근이면 $p-qi$도 근이다.
(단, p, q는 실수, $q\neq0$, $i=\sqrt{-1}$) ( )

리뷰 2 복소수의 사칙연산

02 다음을 계산하시오.

(1) $(-1+7i)+(3-4i)$

(2) $(-5-9i)-(4-13i)$

(3) $(3-4i)(4-5i)$

(4) $(2+9i)(2-9i)$

(5) $\dfrac{1-2i}{2+3i}$

(6) $\dfrac{3+i}{1-3i}$

리뷰 3 켤레복소수의 성질

03 다음을 구하시오. (단, $\overline{z}$는 z의 켤레복소수이다.)

(1) $z=1+i$일 때, $\dfrac{1}{\overline{z}}$의 값

(2) $z=2-5i$일 때, $\overline{z+\overline{z}}$의 값

(3) $z=\dfrac{3+4i}{3-i}$일 때, $z\overline{z}$의 값

(4) $z=-4+i$일 때, $\overline{\left(\dfrac{\overline{z}}{z}\right)}$의 값

리뷰 4 i의 거듭제곱

04 다음을 계산하시오.

(1) i^{2022}

(2) $-(-i)^{99}$

(3) $\left(\dfrac{1}{i}\right)^{30}+\left(-\dfrac{1}{i}\right)^{30}$

(4) $\left(\dfrac{1+i}{\sqrt{2}}\right)^{10}$

리뷰 5 이차방정식의 근의 판별, 근과 계수의 관계

05 다음 이차방정식의 두 근을 α, β라 할 때, 표를 완성하시오.

이차방정식	근의 판별	$\alpha+\beta$	$\alpha\beta$
(1) $2x^2-3x-6=0$			
(2) $x^2-5x+7=0$			
(3) $3x^2+7x-10=0$			
(4) $4x^2-12x+9=0$			

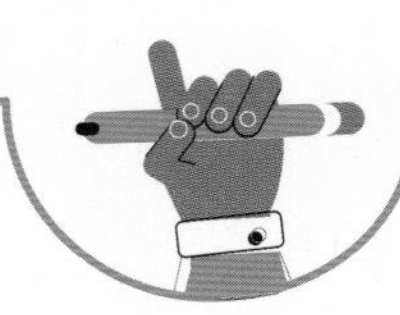

빈출 문제로 실전 연습

내신 빈출

01 ●○○ / 복소수가 서로 같을 조건 /

등식 $(x-y-1)+(x-2y)i=1$을 만족시키는 실수 x, y에 대하여 $x+y$의 값은?

① 2 ② 4 ③ 6
④ 8 ⑤ 10

02 ●◐○ / 복소수의 사칙연산 /

등식 $(1+2i)z+(4-i)\bar{z}=12$를 만족시키는 복소수 z에 대하여 $z\bar{z}$의 값은? (단, $\bar{z}$는 z의 켤레복소수이다.)

① 2 ② 4 ③ 6
④ 8 ⑤ 10

03 ●●◐ / 복소수의 사칙연산 /

복소수 $z=(2x+3)-(x-2)i$에 대하여 z^2이 실수가 되도록 하는 모든 실수 x의 값의 곱을 구하시오.

04 ●●○ / 켤레복소수의 성질 /

두 복소수 $\alpha=4-3i$, $\beta=-2+i$에 대하여
$\alpha\bar{\alpha}+\bar{\alpha}\beta+\alpha\bar{\beta}+\beta\bar{\beta}$의 값은?
(단, $\bar{\alpha}$, $\bar{\beta}$는 각각 α, β의 켤레복소수이다.)

① -8 ② $-8-i$ ③ 4
④ 8 ⑤ $8+i$

내신 빈출

05 ●●○ / 음수의 제곱근 /

등식 $(1+2i)x+(1-i)y=6i$를 만족시키는 실수 x, y에 대하여 $\sqrt{-x}\sqrt{4y}+\dfrac{\sqrt{4x}}{\sqrt{y}}$의 값은?

① $-4-2i$ ② $-4-i$ ③ -4
④ $-4+i$ ⑤ $-4+2i$

06 ●●◐ / 음수의 제곱근 /

0이 아닌 두 실수 a, b에 대하여 $\dfrac{\sqrt{a}}{\sqrt{b}}=-\sqrt{\dfrac{a}{b}}$일 때,
$\sqrt{ab}-\sqrt{a}\sqrt{b}+\dfrac{\sqrt{a-b}}{\sqrt{b-a}}+\dfrac{|a-b|}{a-b}$를 간단히 하면?

① $1-2i$ ② $1-i$ ③ 0
④ $1+i$ ⑤ $1+2i$

07 ●●○ / 이차방정식의 풀이와 근의 판별 /

x에 대한 이차방정식

$$x^2+2(2k+a)x+4k^2+k+b=0$$

이 실수 k의 값에 관계없이 항상 중근을 가질 때, 상수 a, b에 대하여 $\dfrac{a}{b}$의 값은?

① $\dfrac{1}{4}$ ② $\dfrac{1}{2}$ ③ 1
④ 2 ⑤ 4

08 ●●○

/ 이차방정식의 근과 계수의 관계 /

이차방정식 $2x^2-kx+k+1=0$의 두 근을 α, β라 하자. $\alpha^2+\beta^2=0$일 때, 모든 실수 k의 값의 합은?

① 2 ② 3 ③ 4
④ 5 ⑤ 6

내신 빈출

09 ●●◐

/ 이차방정식의 근과 계수의 관계 /

이차방정식 $x^2-x+4=0$의 두 근을 α, β라 할 때,

$\dfrac{1}{\alpha^2-2\alpha+2}+\dfrac{1}{\beta^2-2\beta+2}$의 값은?

① $-\frac{1}{3}$ ② $-\frac{1}{2}$ ③ $\frac{1}{2}$
④ 2 ⑤ 3

10 ●●◐

/ 이차방정식의 근과 계수의 관계 /

이차방정식 $3x^2+ax+b=0$의 두 근이 1, α이고, 이차방정식 $4x^2+2(a-1)x+b+1=0$의 두 근이 $-\frac{1}{2}$, β일 때, 두 수 $\alpha-\beta$, $\alpha\beta$를 근으로 하고 x^2의 계수가 1인 이차방정식은 $x^2+px+q=0$이다. 상수 p, q에 대하여 pq의 값은?

(단, a, b는 상수이다.)

① 2 ② 4 ③ 6
④ 8 ⑤ 10

교과서 속 사고력 UP

11 ●●●

/ 켤레복소수의 성질 /

실수가 아닌 두 복소수 α, β가 $\alpha+\overline{\beta}=0$을 만족시킬 때, 항상 실수인 것만을 **보기**에서 있는 대로 고르면?

(단, $\overline{\alpha}$, $\overline{\beta}$는 각각 α, β의 켤레복소수이다.)

보기

ㄱ. $\beta-\alpha$ ㄴ. $\dfrac{\alpha\beta}{i}$ ㄷ. $\dfrac{\overline{\alpha}}{\beta}$

① ㄱ ② ㄷ ③ ㄱ, ㄷ
④ ㄴ, ㄷ ⑤ ㄱ, ㄴ, ㄷ

12 ●●●

/ i의 거듭제곱 /

복소수 $z=\dfrac{1-i}{1+i}$에 대하여 $z+z^2+z^3+\cdots+z^n=-1$을 만족시키는 100 이하의 자연수 n의 최댓값은?

① 96 ② 97 ③ 98
④ 99 ⑤ 100

13 ●●●

/ 이차방정식의 근과 계수의 관계 /

x에 대한 이차방정식

$$x^2+(k^2-4k+3)x+k-2=0$$

의 두 실근의 절댓값이 같고 부호가 서로 다를 때, 실수 k의 값을 구하시오.

이차방정식과 이차함수

개념 1 이차방정식과 이차함수의 관계
개념 2 이차함수의 그래프와 직선의 위치 관계
개념 3 이차함수의 최대, 최소
개념 4 제한된 범위에서 이차함수의 최대, 최소

교과서 대표문제로 필수개념완성

교과서 필수 개념 1 이차방정식과 이차함수의 관계

1. 이차함수의 그래프와 이차방정식의 해의 관계

이차함수 $y=ax^2+bx+c$의 그래프와 x축의 교점의 x좌표는 이차방정식 $ax^2+bx+c=0$의 실근과 같다. ❶

2. 이차함수의 그래프와 x축의 위치 관계

이차함수 $y=ax^2+bx+c$의 그래프와 x축의 위치 관계는 이차방정식 $ax^2+bx+c=0$의 판별식 $D=b^2-4ac$의 부호에 따라 다음과 같이 결정된다.

		$D>0$	$D=0$	$D<0$
$ax^2+bx+c=0$의 해		서로 다른 두 실근 ($x=\alpha$ 또는 $x=\beta$)	중근 ($x=\alpha$)	서로 다른 두 허근
$ax^2+bx+c=0$의 서로 다른 실근의 개수		2	1	0
$y=ax^2+bx+c$의 그래프	$a>0$			
	$a<0$			
$y=ax^2+bx+c$의 그래프와 x축	위치 관계 ❷	서로 다른 두 점에서 만난다.	한 점에서 만난다.(접한다.) ❸	만나지 않는다.
	교점의 개수 ❹	2	1	0

예 이차방정식 $x^2-3x+1=0$의 판별식 D가 $D=(-3)^2-4\times1\times1=5>0$이므로 이차함수 $y=x^2-3x+1$의 그래프와 x축의 교점의 개수는 2이다.

❶ 이차함수 $y=ax^2+bx+c$의 그래프와 x축의 교점의 y좌표가 0이므로 교점의 x좌표는 이차방정식 $ax^2+bx+c=0$의 실근과 같다.

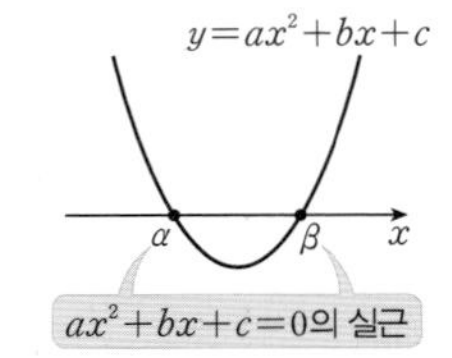

❷ $D\geq0$이면 이차함수의 그래프는 x축과 만난다.

❸ 이차함수 $y=ax^2+bx+c$의 그래프와 x축이 한 점에서 만날 때, 이차함수의 그래프는 x축에 접한다고 한다.

❹ 이차함수 $y=ax^2+bx+c$의 그래프와 x축의 교점의 개수는 이차방정식 $ax^2+bx+c=0$의 서로 다른 실근의 개수와 같다.

대표 예제 1 이차방정식과 이차함수의 관계

이차함수 $y=x^2+3x+2-k$의 그래프와 x축이 서로 다른 두 점에서 만나도록 하는 실수 k의 값의 범위를 구하시오.

유제 1-1 이차함수 $y=x^2+4x+k-5$의 그래프와 x축의 위치 관계가 다음과 같을 때, 실수 k의 값 또는 범위를 구하시오.

(1) 서로 다른 두 점에서 만난다.
(2) 한 점에서 만난다.
(3) 만나지 않는다.

교과서 필수 개념 2 이차함수의 그래프와 직선의 위치 관계 중요

이차함수 $y=ax^2+bx+c$의 그래프와 직선 $y=mx+n$의 교점의 x좌표는 이차방정식

$$ax^2+bx+c=mx+n,\ \text{즉}\ ax^2+(b-m)x+(c-n)=0 \quad \cdots\cdots ㉠$$

의 실근과 같다. ❶

따라서 이차함수 $y=ax^2+bx+c$의 그래프와 직선 $y=mx+n$의 위치 관계는 이차방정식 ㉠의 판별식 $D=(b-m)^2-4a(c-n)$의 부호에 따라 다음과 같이 결정된다.

		$D>0$	$D=0$	$D<0$
이차방정식 ㉠의 해		서로 다른 두 실근	중근	서로 다른 두 허근
이차방정식 ㉠의 서로 다른 실근의 개수		2	1	0
이차함수 $y=ax^2+bx+c$의 그래프와 직선 $y=mx+n$ $(a>0,\ m>0)$	위치 관계 ❷			
		서로 다른 두 점에서 만난다.	한 점에서 만난다.(접한다.) ❸	만나지 않는다.
	교점의 개수 ❹	2	1	0

예 이차함수 $y=x^2$의 그래프와 직선 $y=2x-1$은 이차방정식 $x^2=2x-1$, 즉 $x^2-2x+1=0$의 판별식 D가 $\frac{D}{4}=(-1)^2-1\times1=0$이므로 한 점에서 만난다.

참고 이차함수의 그래프와 x축의 위치 관계는 이차함수의 그래프와 직선의 위치 관계에서 직선의 방정식이 $y=0$인 경우이다.

❶

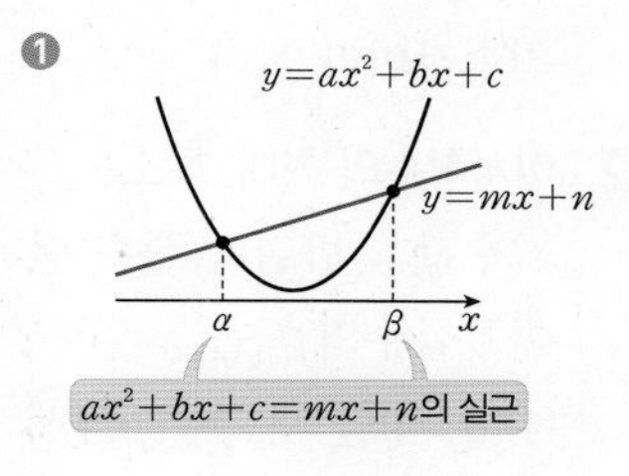

❷ $D\geq0$이면 이차함수의 그래프와 직선이 만난다.

❸ 이차함수의 그래프와 y축에 평행하지 않은 직선이 한 점에서 만날 때, 이차함수의 그래프와 직선은 접한다고 한다.

❹ 이차함수 $y=ax^2+bx+c$의 그래프와 직선 $y=mx+n$의 교점의 개수는 이차방정식 $ax^2+bx+c=mx+n$의 서로 다른 실근의 개수와 같다.

대표 예제 2 이차함수의 그래프와 직선의 위치 관계

이차함수 $y=-x^2+5x+k$의 그래프와 직선 $y=-x+1$이 만나도록 하는 실수 k의 값의 범위를 구하시오.

유제 2-1 이차함수 $y=x^2-6x+12$의 그래프와 직선 $y=2x+k$의 위치 관계가 다음과 같을 때, 실수 k의 값 또는 범위를 구하시오.

(1) 서로 다른 두 점에서 만난다.

(2) 한 점에서 만난다.

(3) 만나지 않는다.

유제 2-2 직선 $y=2x-k$는 이차함수 $y=2x^2+6x-3$의 그래프와 서로 다른 두 점에서 만나고, 이차함수 $y=x^2-x+2$의 그래프와 만나지 않는다. 이때 정수 k의 개수를 구하시오.

교과서 필수 개념 3 이차함수의 최대, 최소

1. 최댓값과 최솟값

어떤 함수의 함숫값 중에서 가장 큰 값을 그 함수의 최댓값, 가장 작은 값을 그 함수의 최솟값이라 한다.

2. 이차함수의 최대, 최소

x의 값의 범위가 실수 전체일 때, 이차함수 $y=ax^2+bx+c$의 최댓값과 최솟값은 이차함수의 식을 $y=a(x-p)^2+q$ 꼴로 변형하여 다음과 같이 구한다.

(1) $a>0$일 때, $x=p$에서 최솟값 q를 갖고, 최댓값은 없다. ❶

(2) $a<0$일 때, $x=p$에서 최댓값 q를 갖고, 최솟값은 없다.

(1) $a>0$

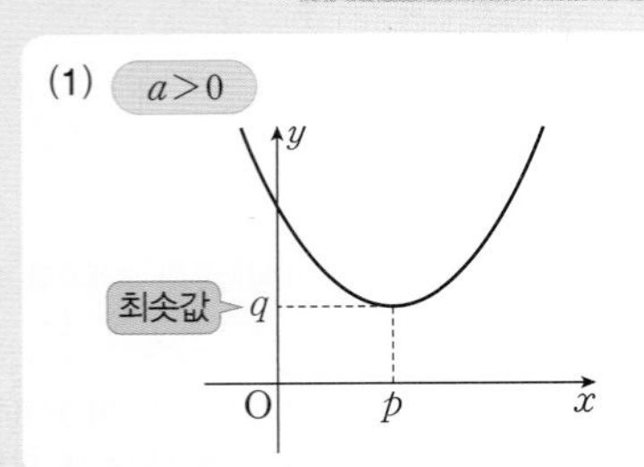

(2) $a<0$

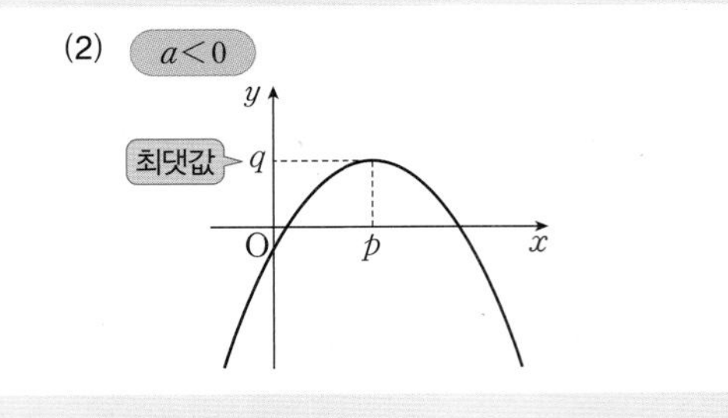

예 (1) 이차함수 $y=x^2+4$는 $x=0$에서 최솟값 4를 갖고, 최댓값은 없다.
(2) 이차함수 $y=-(x-2)^2$은 $x=2$에서 최댓값 0을 갖고, 최솟값은 없다.

❶ x의 값의 범위가 실수 전체일 때, 이차함수의 그래프의 꼭짓점의 x좌표에서 최댓값 또는 최솟값을 갖는다.
$y=a(x-p)^2+q$에서 y의 값의 범위는
(i) $a>0$이면 $y\ge q$ ← 최솟값
(ii) $a<0$이면 $y\le q$ ← 최댓값

대표 예제 3 이차함수의 최대, 최소 (1)

Tip 이차함수 $y=ax^2+bx+c$의 최댓값과 최솟값은 $y=a(x-p)^2+q$ 꼴로 변형하여 구한다.

다음 이차함수의 최댓값과 최솟값을 구하시오.

(1) $y=2x^2-4x+5$ (2) $y=-x^2-6x+9$

유제 3-1 다음 이차함수의 최댓값과 최솟값을 구하시오.

(1) $y=x^2+4x+3$ (2) $y=-3x^2+6x+2$

유제 3-2 이차함수 $y=-2x^2-6x+k$의 최댓값이 10일 때, 실수 k의 값을 구하시오.

대표 예제 4 이차함수의 최대, 최소 (2)

이차함수 $y=3x^2-ax+b$의 그래프의 축의 방정식은 $x=1$이고, 최솟값이 $a-7$일 때, 상수 a, b에 대하여 $a-b$의 값을 구하시오.

유제 4-1 이차함수 $y=x^2+px+q$가 $x=-3$에서 최솟값 8을 가질 때, 실수 p, q에 대하여 $p+q$의 값을 구하시오.

해답 ☞ 17쪽

교과서 필수 개념 4 제한된 범위에서 이차함수의 최대, 최소

x의 값의 범위가 $\alpha \le x \le \beta$일 때, 이차함수 $f(x)=a(x-p)^2+q$의 최댓값과 최솟값은❶ $y=f(x)$의 그래프의 꼭짓점의 x좌표인 p의 값에 따라 다음과 같다.

(1) p가 x의 값의 범위에 속하는 경우, 즉 $\alpha \le p \le \beta$일 때

→ $f(\alpha)$, $f(\beta)$, $f(p)$의 값 중 가장 큰 값이 최댓값이고, 가장 작은 값이 최솟값이다.❷

$a>0$

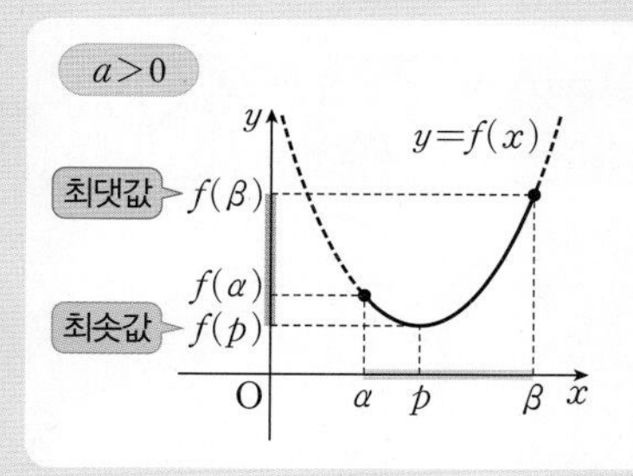

$a<0$

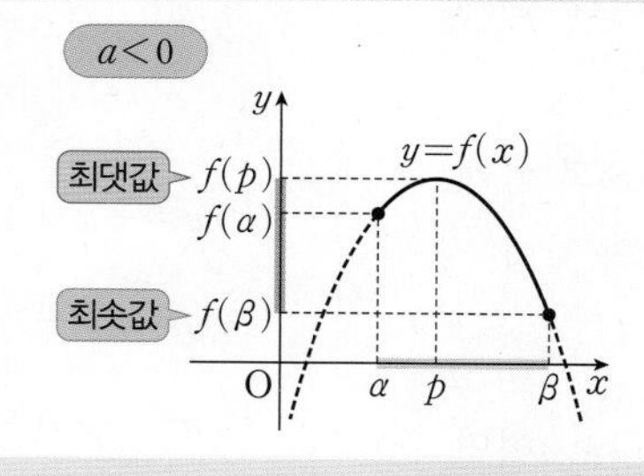

(2) p가 x의 값의 범위에 속하지 않는 경우, 즉 $p<\alpha$ 또는 $p>\beta$일 때❸

→ $f(\alpha)$, $f(\beta)$의 값 중 큰 값이 최댓값이고, 작은 값이 최솟값이다.

$a>0$

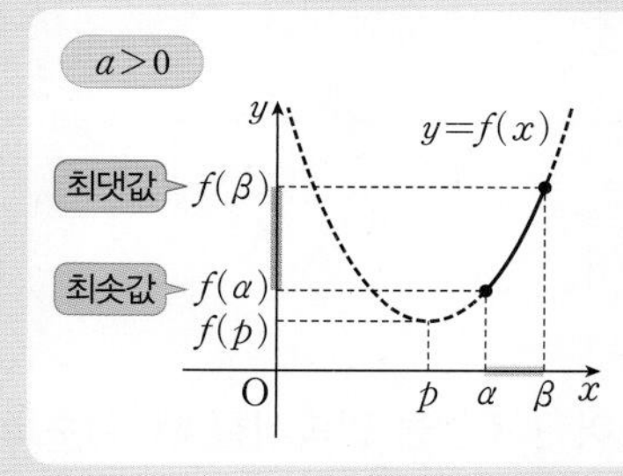

$a<0$

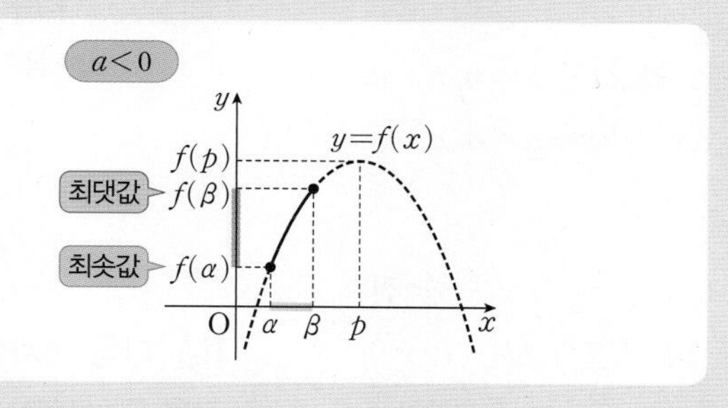

예 이차함수 $y=-x^2+2x+2=-(x-1)^2+3$의 그래프의 꼭짓점의 x좌표는 1이다.

(1) $0 \le x \le 4$일 때, 꼭짓점의 x좌표 1은 주어진 범위에 속하므로 최댓값은 3, 최솟값은 -6이다.

(2) $-2 \le x \le -1$일 때, 꼭짓점의 x좌표 1은 주어진 범위에 속하지 않으므로 최댓값은 -1, 최솟값은 -6이다.

(1) (2)

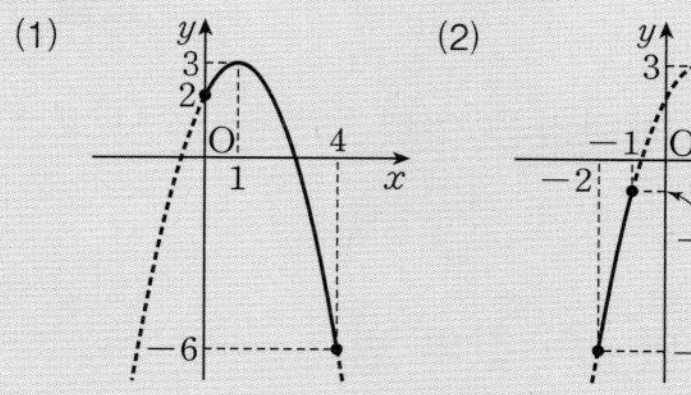

❶ x의 값의 범위가 $\alpha \le x \le \beta$와 같이 제한되어 있을 때, 이차함수는 최댓값과 최솟값을 모두 갖는다.

❷ 이차함수 $y=a(x-p)^2+q$에서 p가 x의 값의 범위에 속하는 경우
(ⅰ) $a>0$일 때, 최솟값은 q이고, 축 $x=p$에서 가장 멀리 떨어진 x의 값에서 최댓값을 갖는다.
(ⅱ) $a<0$일 때, 최댓값은 q이고, 축 $x=p$에서 가장 멀리 떨어진 x의 값에서 최솟값을 갖는다.

❸ x의 값의 범위가 제한되어 있고 p가 x의 값의 범위에 속하지 않으면 x의 값의 범위의 양 끝 값에서 최댓값과 최솟값을 갖는다.

대표 예제 5

제한된 범위에서 이차함수의 최대, 최소

$1 \le x \le 4$에서 이차함수 $y=2x^2-4x+k$의 최댓값이 5일 때, 실수 k의 값과 이 이차함수의 최솟값을 구하시오.

유제 5-1 $2 \le x \le 5$에서 이차함수 $y=-x^2+6x+k$의 최댓값이 7일 때, 실수 k의 값과 이 이차함수의 최솟값을 구하시오.

대표 예제 6

이차함수의 최대, 최소의 활용

Tip 구하는 것을 변수로 정하여 식을 세운 후 변수의 범위에 따른 이차함수의 최댓값을 구한다.

길이가 8 m인 나무 막대기를 사용하여 직사각형 모양의 창문틀을 만들 때, 만들 수 있는 창문의 최대 넓이를 구하시오. (단, 창문틀의 두께는 무시한다.)

유제 6-1 직각을 낀 두 변의 길이의 합이 8인 직각삼각형의 넓이의 최댓값을 구하시오.

핵심 개념 & 공식 리뷰

해답 ☞ 18쪽

리뷰 1 O, X로 푸는 개념 리뷰

01 다음 문장이 참이면 ○표, 거짓이면 ×표를 ( ) 안에 써넣으시오.

(1) 이차함수 $y=ax^2+bx+c$의 그래프와 x축의 교점의 개수는 이차방정식 $ax^2+bx+c=0$의 근의 개수와 같다. ( )

(2) 이차방정식 $ax^2+bx+c=0$의 판별식 D가 $D\geq0$이면 이차함수 $y=ax^2+bx+c$의 그래프는 x축과 만난다. ( )

(3) 이차함수 $y=ax^2+bx+c$의 그래프와 직선 $y=mx+n$의 교점의 x좌표는 이차방정식 $ax^2+bx+c=mx+n$의 실근과 같다. ( )

(4) 이차함수 $y=f(x)$의 그래프와 직선 $y=g(x)$가 한 점에서 만나면 방정식 $f(x)=g(x)$의 판별식 D는 $D=0$이다. ( )

(5) $a<0$일 때, 이차함수 $y=ax^2+bx+c$의 최댓값은 없다. ( )

(6) $a>0$일 때, 이차함수 $y=a(x-p)^2+q$의 y의 값의 범위는 $y\geq q$이다. ( )

(7) 이차함수 $y=ax^2+bx+c$는 x의 값의 범위에 관계없이 최댓값과 최솟값을 모두 갖는다. ( )

(8) $a<0$이고 $\alpha\leq x\leq\beta$일 때, 이차함수 $y=a(x-p)^2+q$의 최댓값은 q이다. ( )

리뷰 2 이차함수의 그래프와 직선의 위치 관계

02 다음 이차함수의 그래프와 x축 또는 직선의 교점의 개수를 구하시오.

(1) $y=x^2-4$, x축

(2) $y=-2x^2+12x-18$, x축

(3) $y=(x+2)^2$, $y=3x-1$

(4) $y=-x^2+8x-25$, $y=-4x-5$

리뷰 3 이차함수의 최대, 최소

03 다음 이차함수에 대하여 표를 완성하시오.

이차함수	꼭짓점의 좌표	축의 방정식	최댓값	최솟값
(1) $y=-x^2+1$				
(2) $y=2(x-1)^2+3$				
(3) $y=-x^2+8x-14$				
(4) $y=3x^2+6x+1$				
(5) $y=ax^2+bx+c$ (a, b, c는 상수, $a>0$)				

04 다음 이차함수가 주어진 조건을 만족시킬 때, 상수 a, b의 값을 구하시오.

(1) $y=2x^2+ax+b$ ➜ $x=-2$일 때, 최솟값 5

(2) $y=-x^2+ax+b$ ➜ $x=4$일 때, 최댓값 2

(3) $y=x^2+ax-2$ ➜ $x=-1$일 때, 최솟값 b

(4) $y=-3x^2-12x+a$ ➜ $x=b$일 때, 최댓값 1

리뷰 4 제한된 범위에서 이차함수의 최대, 최소

05 다음 이차함수의 최댓값 M, 최솟값 m을 주어진 x의 값의 범위에서 구하시오.

(1) $y=x^2+6x+10$

① $-4\leq x\leq-1$일 때

② $-2\leq x\leq1$일 때

(2) $y=-2x^2+4x-7$

① $-2\leq x\leq3$일 때

② $-3\leq x\leq0$일 때

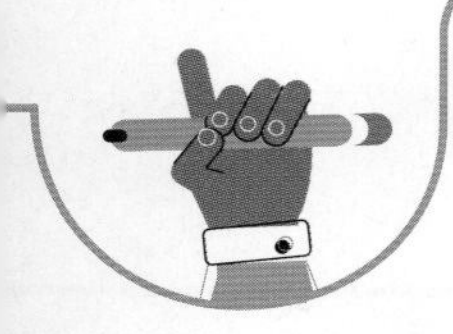

빈출 문제로 실전 연습

해답 ☞ 19쪽

01 ●○○

/ 이차방정식과 이차함수의 관계 /

이차함수 $y=4x^2-3x-7$의 그래프가 x축과 만나는 두 점을 A, B라 할 때, 선분 AB의 길이는?

① $\frac{5}{2}$ ② $\frac{11}{4}$ ③ 3
④ $\frac{13}{4}$ ⑤ $\frac{7}{2}$

02 ●●○

/ 이차방정식과 이차함수의 관계 /

이차함수 $y=x^2+2(a+3)x+a^2-2a+2$의 그래프가 x축과 한 점에서 만나도록 하는 실수 a의 값을 구하시오.

내신 빈출

03 ●●◐

/ 이차방정식과 이차함수의 관계 /

이차함수 $y=x^2-6x+k$의 그래프와 x축이 서로 다른 두 점 $(\alpha,\ 0)$, $(\beta,\ 0)$에서 만날 때, $1<\alpha<\beta$를 만족시키는 모든 정수 k의 값의 합은?

① 21 ② 22 ③ 23
④ 24 ⑤ 25

04 ●●○

/ 이차함수의 그래프와 직선의 위치 관계 /

이차함수 $y=2x^2-5x+k$의 그래프가 직선 $y=x-4$보다 항상 위쪽에 있도록 하는 정수 k의 최솟값을 구하시오.

05 ●●◐

/ 이차함수의 그래프와 직선의 위치 관계 /

점 $(-1,\ 2)$를 지나고, 이차함수 $y=2x^2-4x+5$의 그래프와 접하는 두 직선의 기울기의 곱은?

① -24 ② -20 ③ -16
④ -12 ⑤ -8

06 ●●○

/ 이차함수의 최대, 최소 /

이차함수 $y=x^2-2ax+4a-3$의 최솟값을 $f(a)$라 할 때, $f(a)$의 최댓값은? (단, a는 실수이다.)

① -2 ② -1 ③ 0
④ 1 ⑤ 2

07 ●●○

/ 이차함수의 최대, 최소 /

이차함수 $y=x^2-5x+k$의 그래프와 직선 $y=x-3$의 한 교점의 x좌표가 2일 때, 이차함수 $y=x^2-5x+k$의 최솟값은? (단, k는 실수이다.)

① $-\frac{5}{4}$ ② -1 ③ $-\frac{3}{4}$
④ $-\frac{1}{2}$ ⑤ $-\frac{1}{4}$

08 ●●○

/ 제한된 범위에서 이차함수의 최대, 최소 /

$-2\le x\le 2$에서 이차함수 $y=x^2-x+k$의 최댓값과 최솟값의 합이 $\frac{31}{4}$일 때, 실수 k의 값은?

① -1 ② 1 ③ 3
④ 5 ⑤ 7

09 ●●○

/ 제한된 범위에서 이차함수의 최대, 최소 /

지면에서 초속 10 m로 똑바로 위로 쏘아 올린 공의 x초 후 지면으로부터의 높이를 y m라 하면 x와 y 사이에는 $y=-5x^2+10x$인 관계가 성립한다고 한다. 이 공을 쏘아 올린 후 2초 동안 공의 높이를 측정할 때, 최고 높이는?

① 3.5 m ② 4 m ③ 4.5 m
④ 5 m ⑤ 5.5 m

내신 빈출

10 ●●●

/ 제한된 범위에서 이차함수의 최대, 최소 /

$-1\le x\le 2$에서 함수 $y=(x^2-2x)^2-4(x^2-2x)+5$의 최댓값을 M, 최솟값을 m이라 할 때, $M-m$의 값은?

① 3 ② 5 ③ 7
④ 9 ⑤ 11

교과서 속 사고력 UP

11 ●●●

/ 이차함수의 그래프와 직선의 위치 관계 /

함수 $f(x)=\begin{cases} x^2-9 & (x<-3 \text{ 또는 } x>3) \\ -x^2+9 & (-3\le x\le 3) \end{cases}$에 대하여 함수 $y=f(x)$의 그래프와 직선 $y=-2x+k$가 서로 다른 네 점에서 만나도록 하는 모든 자연수 k의 값의 합은?

① 20 ② 22 ③ 24
④ 26 ⑤ 28

12 ●●◐

/ 이차함수의 최대, 최소 /

이차항의 계수가 1인 이차함수 $y=f(x)$가 다음 조건을 모두 만족시킬 때, 이차함수 $y=f(x)$의 최솟값을 구하시오.

(가) 함수 $y=f(x)$는 $x=1$일 때 최솟값을 갖는다.
(나) 방정식 $f(x)+5=0$의 두 근의 곱은 4이다.

13 ●●●

/ 제한된 범위에서 이차함수의 최대, 최소 /

오른쪽 그림과 같이 이차함수 $y=-2x^2+8x$의 그래프 위의 두 점 A, B와 x축 위의 두 점 C, D를 꼭짓점으로 하는 직사각형 ACDB가 있다. 직사각형 ACDB의 둘레의 길이가 최대일 때, 이 직사각형의 넓이를 구하시오.
(단, 두 점 A, B는 제1사분면 위의 점이다.)

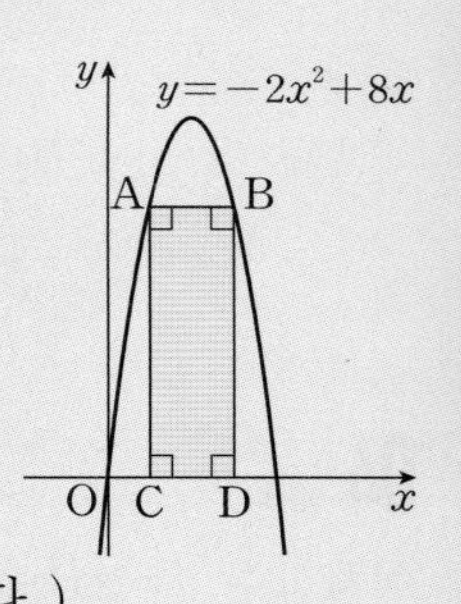

여러 가지 방정식

교과서 대표문제로 필수개념완성

해답 ☞ 21쪽

교과서 필수 개념 1 삼차방정식과 사차방정식의 풀이

1. 삼차방정식과 사차방정식의 풀이 ❶, ❷

방정식 $P(x)=0$에서 $P(x)$를 인수분해한 후 다음을 이용하여 해를 구한다.

> $ABC=0$이면 $A=0$ 또는 $B=0$ 또는 $C=0$
> $ABCD=0$이면 $A=0$ 또는 $B=0$ 또는 $C=0$ 또는 $D=0$

2. 삼차방정식과 사차방정식에서 인수분해하는 방법 중요

(1) 인수분해 공식 이용 ❸

(2) 치환 이용: 공통부분이 있는 방정식은 공통부분을 한 문자로 치환하여 그 문자에 대한 방정식으로 변형한 후 인수분해한다.

참고 $x^4+ax^2+b=0\,(a\neq0)$ 꼴의 방정식은 $x^2=X$로 치환하여 좌변을 인수분해하거나 이차항 ax^2을 적당히 분리하여 $(x^2+A)^2-(Bx)^2=0$ 꼴로 변형한 후 좌변을 인수분해한다.

(3) 인수정리와 조립제법 이용: 방정식 $P(x)=0$에서 인수정리를 이용하여 $P(\alpha)=0$을 만족시키는 α의 값을 찾아 조립제법을 이용하여 $P(x)$를 인수분해한다. ❹

❶ 다항식 $P(x)$가 x에 대한 삼차식, 사차식일 때, 방정식 $P(x)=0$을 각각 x에 대한 삼차방정식, 사차방정식이라 한다.

❷ 계수가 실수인 삼차방정식과 사차방정식은 복소수의 범위에서 각각 3개, 4개의 근을 갖는다.

❸ 인수분해 공식
$a^3+3a^2b+3ab^2+b^3=(a+b)^3$
$a^3-3a^2b+3ab^2-b^3=(a-b)^3$
$a^3+b^3=(a+b)(a^2-ab+b^2)$
$a^3-b^3=(a-b)(a^2+ab+b^2)$

❹ 다항식 $P(x)$에 대하여 $P(\alpha)=0$이면 $P(x)$는 $x-\alpha$를 인수로 갖는다.

대표 예제 1 치환을 이용한 풀이

Tip (1) $x^2=X$로 치환한다.
(2) $(x^2+A)^2-(Bx)^2=0$ 꼴로 변형한다.

다음 방정식을 푸시오.

(1) $x^4-x^2-2=0$ (2) $x^4-12x^2+16=0$

유제 1-1 다음 방정식을 푸시오.

(1) $x^4-2x^2-3=0$ (2) $(x^2+4x)^2+2(x^2+4x)-8=0$

(3) $x^4+x^2+1=0$ (4) $x^4+4=0$

대표 예제 2 인수정리와 조립제법을 이용한 풀이

다음 방정식을 푸시오.

(1) $x^3-2x^2-5x+6=0$ (2) $x^4-x^3-x^2-x-2=0$

유제 2-1 다음 방정식을 푸시오.

(1) $x^3+x-10=0$ (2) $x^4+x^2-6x-8=0$

유제 2-2 삼차방정식 $x^3-6x^2+(3a-2)x-21=0$의 한 근이 3일 때, 나머지 두 근과 실수 a의 값의 합을 구하시오.

교과서 필수 개념 2 삼차방정식의 근과 계수의 관계

1. 삼차방정식의 근과 계수의 관계

삼차방정식 $ax^3+bx^2+cx+d=0$의 세 근을 α, β, γ라 하면

$$\alpha+\beta+\gamma=-\frac{b}{a},\ \alpha\beta+\beta\gamma+\gamma\alpha=\frac{c}{a},\ \alpha\beta\gamma=-\frac{d}{a}$$ ❶

예 삼차방정식 $x^3-2x^2+2x-1=0$의 세 근을 α, β, γ라 할 때

$$\alpha+\beta+\gamma=-\frac{-2}{1}=2,\ \alpha\beta+\beta\gamma+\gamma\alpha=\frac{2}{1}=2,\ \alpha\beta\gamma=-\frac{-1}{1}=1$$

2. 세 수를 근으로 하는 삼차방정식

세 수 α, β, γ를 근으로 하고 x^3의 계수가 1인 삼차방정식은 ❷

$$x^3-\underbrace{(\alpha+\beta+\gamma)}_{\text{세 근의 합}}x^2+\underbrace{(\alpha\beta+\beta\gamma+\gamma\alpha)}_{\text{두 근끼리의 곱의 합}}x-\underbrace{\alpha\beta\gamma}_{\text{세 근의 곱}}=0$$

예 세 수 -1, 1, 2를 근으로 하고 x^3의 계수가 1인 삼차방정식은

$x^3-\{(-1)+1+2\}x^2+\{(-1)\times1+1\times2+2\times(-1)\}x-(-1)\times1\times2=0$

$\therefore x^3-2x^2-x+2=0$

❶ $f(x)=ax^3+bx^2+cx+d$로 놓으면 $f(\alpha)=0$, $f(\beta)=0$, $f(\gamma)=0$이므로 $f(x)$는 $x-\alpha$, $x-\beta$, $x-\gamma$를 인수로 갖는다. 즉, $f(x)=a(x-\alpha)(x-\beta)(x-\gamma)$에서

ax^3+bx^2+cx+d
$=a\{x^3-(\alpha+\beta+\gamma)x^2+(\alpha\beta+\beta\gamma+\gamma\alpha)x-\alpha\beta\gamma\}$

위의 식은 x에 대한 항등식이므로

$\alpha+\beta+\gamma=-\frac{b}{a}$,

$\alpha\beta+\beta\gamma+\gamma\alpha=\frac{c}{a}$, $\alpha\beta\gamma=-\frac{d}{a}$

❷ 세 수 α, β, γ를 근으로 하고 x^3의 계수가 1인 삼차방정식은

$(x-\alpha)(x-\beta)(x-\gamma)=0$

대표 예제 3 삼차방정식의 근과 계수의 관계

삼차방정식 $x^3-2x^2-5x-2=0$의 세 근을 α, β, γ라 할 때, 다음 식의 값을 구하시오.

(1) $\frac{1}{\alpha}+\frac{1}{\beta}+\frac{1}{\gamma}$　　(2) $\alpha^2+\beta^2+\gamma^2$

유제 3-1 삼차방정식 $x^3-2x+1=0$의 세 근을 α, β, γ라 할 때, 다음 식의 값을 구하시오.

(1) $(\alpha+1)(\beta+1)(\gamma+1)$　　(2) $(\alpha+\beta)(\beta+\gamma)(\gamma+\alpha)$

대표 예제 4 세 수를 근으로 하는 삼차방정식

삼차방정식 $x^3-4x^2-2x-1=0$의 세 근을 α, β, γ라 할 때, 세 수 $\frac{1}{\alpha}$, $\frac{1}{\beta}$, $\frac{1}{\gamma}$을 근으로 하고 x^3의 계수가 1인 삼차방정식을 구하시오.

유제 4-1 삼차방정식 $x^3+x^2+x+1=0$의 세 근을 α, β, γ라 할 때, 세 수 $-\alpha$, $-\beta$, $-\gamma$를 근으로 하고 x^3의 계수가 1인 삼차방정식을 구하시오.

교과서 필수 개념 3 삼차방정식의 켤레근의 성질

(1) 모든 계수가 유리수인 삼차방정식에서 $p+q\sqrt{m}$이 근이면 $p-q\sqrt{m}$도 근이다. ❶
(단, p, q는 유리수, $q\neq0$, $\sqrt{m}$은 무리수)

(2) 모든 계수가 실수인 삼차방정식에서 $p+qi$가 근이면 $p-qi$도 근이다. ❷
(단, p, q는 실수, $q\neq0$, $i=\sqrt{-1}$)

❶ 계수가 유리수인 삼차방정식의 한 근이 무리수이면 켤레근의 성질을 이용한다.

❷ 계수가 실수인 삼차방정식의 한 근이 허수이면 켤레근의 성질을 이용한다.

대표 예제 5 삼차방정식의 켤레근의 성질

삼차방정식 $x^3+x^2+ax+b=0$의 한 근이 $1+\sqrt{2}$일 때, 유리수 a, b의 값과 나머지 두 근을 구하시오.

유제 5-1 삼차방정식 $x^3-ax^2+bx-2=0$의 한 근이 i일 때, 실수 a, b의 값과 나머지 두 근을 구하시오.

해답 ☞ 22쪽

교과서 필수 개념 4 방정식 $x^3=1$, $x^3=-1$의 허근의 성질 중요

1. 방정식 $x^3=1$의 허근의 성질

방정식 $x^3=1$의 한 허근을 ω[1]라 하면 다음이 성립한다. (단, $\overline{\omega}$는 ω의 켤레복소수)

(1) $\omega^3=1$, $\omega^2+\omega+1=0$ (2) $\omega+\overline{\omega}=-1$, $\omega\overline{\omega}=1$ (3) $\omega^2=\overline{\omega}=\frac{1}{\omega}$

예 $x^3=1$의 한 허근을 ω라 할 때, $\omega^3=1$이므로 $\omega^{15}=(\omega^3)^5=1^5=1$

2. 방정식 $x^3=-1$의 허근의 성질

방정식 $x^3=-1$의 한 허근을 ω라 하면 다음이 성립한다. (단, $\overline{\omega}$는 ω의 켤레복소수)

(1) $\omega^3=-1$, $\omega^2-\omega+1=0$ (2) $\omega+\overline{\omega}=1$, $\omega\overline{\omega}=1$ (3) $\omega^2=-\overline{\omega}=-\frac{1}{\omega}$

예 $x^3=-1$의 한 허근을 ω라 할 때, $\omega^2-\omega+1=0$이므로 $\omega^2-\omega=-1$

[1] ω는 그리스 문자 Ω의 소문자로, 오메가(omega)라 읽는다.

Core 특강

방정식 $x^3=1$의 허근의 성질 유도 과정

(1) $x^3=1$의 한 허근을 ω라 하면 $\omega^3=1$

$x^3=1$에서 $x^3-1=0$이므로 좌변을 인수분해하면

$(x-1)(x^2+x+1)=0$ $\therefore x=1$ 또는 $x^2+x+1=0$

이때 ω는 허근이므로 방정식 $x^2+x+1=0$의 근이다.

$\therefore \omega^2+\omega+1=0$ …… ㉠

(2) 켤레근의 성질에 의하여 방정식 $x^2+x+1=0$의 한 허근이 ω이면 다른 한 근은 $\overline{\omega}$이므로 이차방정식의 근과 계수의 관계에 의하여

$\omega+\overline{\omega}=-1$, $\omega\overline{\omega}=1$ …… ㉡

(3) ㉠에서 $\omega^2=-\omega-1$, ㉡에서 $\overline{\omega}=-\omega-1$, $\overline{\omega}=\frac{1}{\omega}$이므로 $\omega^2=\overline{\omega}=\frac{1}{\omega}$

대표 예제 6 방정식 $x^3=1$의 허근의 성질

방정식 $x^3=1$의 한 허근을 ω라 할 때, 다음 식의 값을 구하시오. (단, $\overline{\omega}$는 ω의 켤레복소수이다.)

(1) $\omega^4+\omega^2+1$ (2) $\omega^2+\overline{\omega}^2$

유제 6-1 방정식 $x^3-1=0$의 한 허근을 ω라 할 때, 다음 식의 값을 구하시오. (단, $\overline{\omega}$는 ω의 켤레복소수이다.)

(1) $\omega^{14}+\omega^7+1$ (2) $\frac{\omega^2+1}{\overline{\omega}+1}$

유제 6-2 방정식 $x^3=1$의 한 허근을 ω라 할 때, $\frac{\omega^2+1}{\omega}+\frac{\omega+1}{\omega^2}$의 값을 구하시오.

대표 예제 7 방정식 $x^3=-1$의 허근의 성질

방정식 $x^3+1=0$의 한 허근을 ω라 할 때, 다음 식의 값을 구하시오.

(1) $\omega^{101}-\omega^{100}$ (2) $\omega^2+\frac{1}{\omega^2}$

유제 7-1 방정식 $x^3=-1$의 한 허근을 ω라 할 때, 다음 식의 값을 구하시오.

(1) $\omega^{104}+\omega^{106}+\omega^{108}$ (2) $\omega+\frac{1}{\omega}$

해답 ☞ 23쪽

교과서 필수 개념 5 연립이차방정식의 풀이

1. 연립이차방정식[1]

미지수가 2개인 연립방정식에서 차수가 가장 높은 방정식이 이차방정식인 연립방정식

예 $\begin{cases} x+y=2 \\ x^2+y^2=2 \end{cases}$, $\begin{cases} x^2-y^2=0 \\ x^2+xy+y^2=4 \end{cases}$

2. 연립이차방정식의 풀이

(1) 일차방정식과 이차방정식으로 이루어진 연립이차방정식의 풀이

(i) 일차방정식을 한 미지수에 대하여 정리한다.

(ii) (i)에서 구한 식을 이차방정식에 대입하여 미지수가 1개인 이차방정식으로 만들어 푼다.

예 연립방정식 $\begin{cases} x-y=0 & \cdots\cdots ㉠ \\ x^2+xy=8 & \cdots\cdots ㉡ \end{cases}$ 을 풀어 보자.

㉠에서 $y=x$ ⋯⋯ ㉢

㉢을 ㉡에 대입하면 $2x^2=8$, $x^2=4$ $\therefore x=-2$ 또는 $x=2$

따라서 주어진 연립방정식의 해는 $\begin{cases} x=-2 \\ y=-2 \end{cases}$ 또는 $\begin{cases} x=2 \\ y=2 \end{cases}$

(2) 두 이차방정식으로 이루어진 연립이차방정식의 풀이[2]

(i) 한 이차방정식에서 이차식을 두 일차식의 곱으로 인수분해한다.

(ii) 일차방정식과 이차방정식으로 이루어진 연립이차방정식으로 만들어 푼다.

[1] 연립이차방정식은 다음과 같은 두 가지의 꼴이 있다.
$\begin{cases} (\text{일차식})=0 \\ (\text{이차식})=0 \end{cases}$, $\begin{cases} (\text{이차식})=0 \\ (\text{이차식})=0 \end{cases}$

[2] (i) 한 이차방정식을 $AB=0$(A, B는 일차식) 꼴로 나타낸다.
(ii) 두 일차방정식 $A=0$, $B=0$을 각각 다른 이차방정식과 연립하여 푼다.

대표 예제 8 연립이차방정식의 풀이(1)

Tip 일차방정식을 x 또는 y에 대하여 정리한 후 이차방정식에 대입한다.

다음 연립방정식을 푸시오.

(1) $\begin{cases} x+2y=5 \\ x^2+y^2=25 \end{cases}$ (2) $\begin{cases} 3x-y=4 \\ x^2+(y+4)^2=40 \end{cases}$

유제 8-1 다음 연립방정식을 푸시오.

(1) $\begin{cases} x-y=2 \\ x^2-2y^2=7 \end{cases}$ (2) $\begin{cases} x-y=3 \\ x^2+xy-y^2=-5 \end{cases}$

유제 8-2 연립방정식 $\begin{cases} 2x-y=k \\ x^2-3y=-7 \end{cases}$이 오직 한 쌍의 해를 갖도록 하는 실수 k의 값을 구하시오.

대표 예제 9 연립이차방정식의 풀이(2)

다음 연립방정식을 푸시오.

(1) $\begin{cases} x^2-y^2=0 \\ xy=9 \end{cases}$ (2) $\begin{cases} x^2-xy-2y^2=0 \\ x^2+y^2=10 \end{cases}$

유제 9-1 다음 연립방정식을 푸시오.

(1) $\begin{cases} x^2-xy=0 \\ 2xy+y^2=3 \end{cases}$ (2) $\begin{cases} 2x^2+2y^2=5xy \\ x^2+xy=12 \end{cases}$

핵심 개념 & 공식 리뷰

해답 ☞ 24쪽

리뷰 1 O, X로 푸는 개념 리뷰

01 다음 문장이 참이면 ○표, 거짓이면 ×표를 ( ) 안에 써넣으시오.

(1) 세 수 α, β, γ를 근으로 하고 x^3의 계수가 1인 삼차방정식은 $x^3+(\alpha+\beta+\gamma)x^2-(\alpha\beta+\beta\gamma+\gamma\alpha)x+\alpha\beta\gamma=0$이다. ( )

(2) 모든 계수가 유리수인 삼차방정식에서 $-1+2\sqrt{3}$이 근이면 $1-2\sqrt{3}$도 근이다. ( )

(3) 모든 계수가 실수인 삼차방정식에서 $4-5i$가 근이면 $4+5i$도 근이다. ( )

(4) 방정식 $x^3=1$의 한 허근을 ω라 하면 $\omega^2+\omega=1$이다. ( )

(5) 방정식 $x^3=1$의 한 허근을 ω라 하면 $\omega+\overline{\omega}=-1$이다. (단, $\overline{\omega}$는 ω의 켤레복소수이다.) ( )

(6) 방정식 $x^3=-1$의 한 허근을 ω라 하면 $\omega\overline{\omega}=1$이다. (단, $\overline{\omega}$는 ω의 켤레복소수이다.) ( )

(7) 방정식 $x^3=-1$의 한 허근을 ω라 하면 $\omega^2=\frac{1}{\omega}$이다. ( )

리뷰 2 삼차방정식과 사차방정식의 풀이

02 다음 방정식을 푸시오.

(1) $x^3-6x^2+12x-8=0$

(2) $2x^3+3x^2-5x-6=0$

(3) $x^4-10x^2+9=0$

(4) $x^4-x^3-2x^2+6x-4=0$

리뷰 3 삼차방정식의 근과 계수의 관계

03 다음 삼차방정식의 세 근을 α, β, γ라 할 때, 주어진 식의 값을 구하시오.

(1) $x^3+x^2+2x-3=0$

① $\alpha+\beta+\gamma$ ② $\alpha\beta+\beta\gamma+\gamma\alpha$ ③ $\alpha\beta\gamma$

(2) $x^3+2x^2-5x+4=0$

① $\alpha+\beta+\gamma$ ② $\alpha\beta+\beta\gamma+\gamma\alpha$ ③ $\alpha\beta\gamma$

리뷰 4 삼차방정식의 켤레근의 성질

04 주어진 삼차방정식의 한 근이 다음과 같을 때, 상수 a, b의 값을 구하시오.

(1) $x^3+ax^2+bx+2=0$ (a, b는 유리수) → 한 근이 $1+\sqrt{3}$

(2) $x^3+ax^2+bx+3=0$ (a, b는 실수) → 한 근이 $1-\sqrt{2}i$

리뷰 5 방정식 $x^3=1$, $x^3=-1$의 허근의 성질

05 방정식 $x^3-1=0$의 한 허근을 ω라 할 때, 다음 식의 값을 구하시오. (단, $\overline{\omega}$는 ω의 켤레복소수이다.)

(1) $(1+\omega)(1+\omega^2)$

(2) $\frac{\omega^5}{\omega+1}$

(3) $-\omega-\frac{1}{\omega}$

(4) $\frac{1}{1-\omega}+\frac{1}{1-\overline{\omega}}$

리뷰 6 연립이차방정식의 풀이

06 다음 연립방정식을 푸시오.

(1) $\begin{cases} x-y=-2 \\ x^2-y^2=12 \end{cases}$

(2) $\begin{cases} x-2y=-1 \\ x^2-3y^2=-2 \end{cases}$

(3) $\begin{cases} x^2-xy-2y^2=0 \\ 2x^2+y^2=9 \end{cases}$

(4) $\begin{cases} x^2-4xy+3y^2=0 \\ x^2-xy+2y^2=8 \end{cases}$

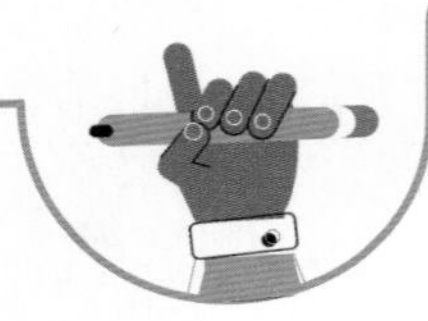

빈출 문제로 실전 연습

내신 빈출

01 ●◐○

/ 삼차방정식과 사차방정식의 풀이 /

삼차방정식 $x^3-7x^2+7x+15=0$의 서로 다른 세 실근 중에서 가장 큰 수를 a, 가장 작은 수를 b라 할 때, $a+b$의 값은?

① 1 ② 2 ③ 3 ④ 4 ⑤ 5

02 ●◐○

/ 삼차방정식과 사차방정식의 풀이 /

사차방정식 $(x^2-4x+4)(x^2-4x-2)=-5$의 근 중에서 무리수인 두 근의 곱은?

① -2 ② -1 ③ 0 ④ 1 ⑤ 2

03 ●●○

/ 삼차방정식과 사차방정식의 풀이 /

사차방정식 $x^4+ax^3-x^2+5x+b=0$의 두 근이 -1, 2일 때, 나머지 두 근 α, β에 대하여 $\alpha^2+\beta^2$의 값을 구하시오.

(단, a, b는 상수이다.)

04 ●●○

/ 삼차방정식의 근과 계수의 관계 /

삼차방정식 $x^3+x^2-2x-2=0$의 세 근을 α, β, γ라 할 때, $\frac{\beta+\gamma}{\alpha}+\frac{\gamma+\alpha}{\beta}+\frac{\alpha+\beta}{\gamma}$의 값을 구하시오.

내신 빈출

05 ●●○

/ 삼차방정식의 켤레근의 성질 /

삼차방정식 $x^3+ax^2+9x+b=0$의 한 근이 $2+i$일 때, 실수 a, b에 대하여 $a+b$의 값은?

① -12 ② -10 ③ -8 ④ -6 ⑤ -4

06 ●●○

/ 삼차방정식의 켤레근의 성질 /

삼차식 $f(x)=x^3+ax^2+bx+c$에 대하여 방정식 $f(x)=0$의 두 근이 -2, $1-\sqrt{3}$일 때, $f(2)$의 값은?

(단, a, b, c는 유리수이다.)

① -8 ② -4 ③ 0 ④ 4 ⑤ 8

07 ●◐○

/ 방정식 $x^3=1$, $x^3=-1$의 허근의 성질 /

방정식 $x^3=1$의 한 허근을 ω라 할 때, $\frac{2}{\omega^3+2\omega+1}$의 값은?

① 1 ② ω ③ $-\omega$ ④ $\frac{1}{\omega}$ ⑤ $-\frac{1}{\omega}$

08 ●◐○

/ 방정식 $x^3=1$, $x^3=-1$의 허근의 성질 /

방정식 $x^3+1=0$의 한 허근을 ω라 할 때, $\omega^{10}-\omega^5+1$의 값은?

① $-\omega$ ② ω ③ 0
④ -1 ⑤ 1

09 ●●○

/ 연립이차방정식의 풀이 /

연립방정식 $\begin{cases} 3x^2+2xy-y^2=0 \\ x^2+y^2=20 \end{cases}$ 을 만족시키는 실수 x, y에 대하여 xy의 최댓값은?

① -10 ② -6 ③ -2
④ 2 ⑤ 6

10 ●●◐

/ 연립이차방정식의 풀이 /

연립방정식 $\begin{cases} x+y=k \\ x^2+y^2=18 \end{cases}$ 이 오직 한 쌍의 해를 가질 때, 모든 실수 k의 값의 곱은?

① -36 ② -6 ③ 0
④ 6 ⑤ 36

교과서 속 사고력 UP

11 ●●◐

/ 삼차방정식과 사차방정식의 풀이 /

사차방정식 $x^4-mx^2+36=0$이 서로 다른 네 실근을 가질 때, 두 양의 실근을 α, β라 하자. $\alpha : \beta=1 : 3$일 때, 실수 m의 값을 구하시오.

12 ●●●

/ 방정식 $x^3=1$, $x^3=-1$의 허근의 성질 /

삼차방정식 $x^3+2x^2+2x+1=0$의 한 허근을 ω라 할 때,

$$1+\omega+\omega^2+\cdots+\omega^{30}$$

의 값을 구하시오.

13 ●●●

/ 연립이차방정식의 풀이 /

오른쪽 그림과 같이 넓이가 2000 m^2인 직사각형 모양의 수영장이 있다. 이 수영장의 대각선의 길이가 $10\sqrt{41}\text{ m}$일 때, 수영장의 가로의 길이를 구하시오. (단, 가로의 길이가 세로의 길이보다 더 길다.)

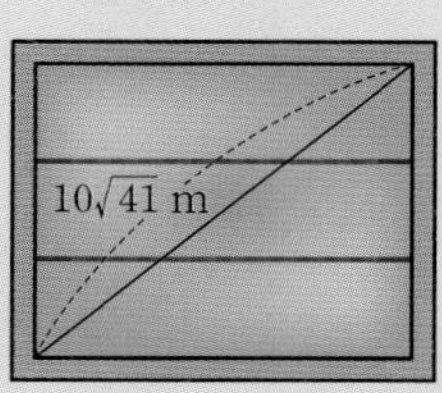

Ⅱ. 방정식과 부등식

여러 가지 부등식

개념 1 연립일차부등식의 풀이
개념 2 절댓값 기호를 포함한 일차부등식의 풀이
개념 3 이차부등식의 풀이
개념 4 연립이차부등식의 풀이

● 교과서 대표문제로 필수개념완성

교과서 필수 개념 1 연립일차부등식의 풀이

1. 연립일차부등식의 풀이[1]

(i) 연립부등식을 이루는 각 일차부등식의 해를 구한다. [2],[3]

(ii) (i)에서 구한 해를 하나의 수직선 위에 나타낸 후 공통부분을 구한다.

참고 (1) $a<b$일 때, 다음 연립일차부등식의 해는

① $\begin{cases} x>a \\ x<b \end{cases} \rightarrow a<x<b$ ② $\begin{cases} x>a \\ x>b \end{cases} \rightarrow x>b$ ③ $\begin{cases} x<a \\ x<b \end{cases} \rightarrow x<a$ ④ $\begin{cases} x\le a \\ x\ge a \end{cases} \rightarrow x=a$

(2) 연립부등식을 이루는 각 부등식의 해의 공통부분이 없으면 연립부등식의 해는 없다.

2. $A<B<C$ 꼴의 부등식의 풀이

$A<B<C$ 꼴의 부등식은 두 부등식 $A<B$와 $B<C$를 하나의 식으로 나타낸 것이므로 연립부등식 $\begin{cases} A<B \\ B<C \end{cases}$ 꼴로 바꾸어 푼다.

주의 $A<B<C$ 꼴의 부등식을 $\begin{cases} A<B \\ A<C \end{cases}$ 또는 $\begin{cases} A<C \\ B<C \end{cases}$ 꼴로 풀지 않도록 주의한다.

[1] 두 개 이상의 부등식을 한 쌍으로 묶어서 나타낸 것을 연립부등식이라 하고, 미지수가 1개인 일차부등식 두 개를 한 쌍으로 묶어 나타낸 연립부등식을 연립일차부등식이라 한다.

[2] **부등식의 기본 성질**
실수 a, b, c에 대하여
① $a>b$, $b>c$이면 $a>c$
② $a>b$이면 $a+c>b+c$, $a-c>b-c$
③ $a>b$, $c>0$이면 $ac>bc$, $\frac{a}{c}>\frac{b}{c}$
④ $a>b$, $c<0$이면 $ac<bc$, $\frac{a}{c}<\frac{b}{c}$

[3] **일차부등식 $ax>b$의 해**
① $a>0$일 때, $x>\frac{b}{a}$
② $a<0$일 때, $x<\frac{b}{a}$

대표 예제 1 연립일차부등식의 풀이

다음 연립부등식을 푸시오.

(1) $\begin{cases} 4x-5\le 2x+1 \\ 3x+4>x \end{cases}$ (2) $\begin{cases} 2x-5\le -x+1 \\ x-2\ge -x+2 \end{cases}$ (3) $\begin{cases} 3x<2(2x+1) \\ 3(2x+3)\le 4x+5 \end{cases}$

유제 1-1 다음 연립부등식을 푸시오.

(1) $\begin{cases} x-1\le 2x \\ 3x\ge x+4 \end{cases}$ (2) $\begin{cases} x-1\le -x+1 \\ 3x-2\ge x \end{cases}$ (3) $\begin{cases} x+2\le -x \\ 3x-6\ge x \end{cases}$

유제 1-2 연립부등식 $\begin{cases} 5x+2>3(2x-1) \\ -3(x+2)\le 4x+1 \end{cases}$을 만족시키는 정수 x의 개수를 구하시오.

대표 예제 2 $A<B<C$ 꼴의 부등식의 풀이

부등식 $5x-3\le 2x+3<4x+5$를 푸시오.

유제 2-1 부등식 $x-4<4-3x\le 16$을 푸시오.

해답 ☞ 27쪽

교과서 필수 개념 2 절댓값 기호를 포함한 일차부등식의 풀이

1. 절댓값 기호를 포함한 일차부등식

$a>0$일 때, 절댓값❶의 뜻에 의하여 다음이 성립한다.

(1) $|x|<a$의 해 ➜ $-a<x<a$

(2) $|x|>a$의 해 ➜ $x<-a$ 또는 $x>a$

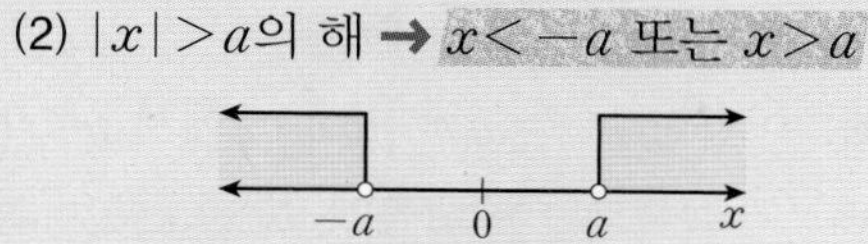

예 (1) 부등식 $|x|<1$의 해는 $-1<x<1$　　(2) $|x|\ge 2$의 해는 $x\le -2$ 또는 $x\ge 2$

❶ $|x|$는 수직선 위에서 x를 나타내는 점과 원점 사이의 거리를 뜻한다.

➜ $|x|=\begin{cases} x & (x\ge 0) \\ -x & (x<0) \end{cases}$

2. 절댓값 기호를 포함한 일차부등식의 풀이

(i) 절댓값 기호 안의 식의 값이 0이 되는 미지수의 값을 기준으로 범위를 나눈다.

(ii) 각 범위에서 절댓값 기호를 없앤 후 식을 정리하여 해를 구한다.

이때 $|x-a|=\begin{cases} x-a & (x\ge a) \\ -(x-a) & (x<a) \end{cases}$임을 이용한다.

(iii) (ii)에서 구한 해를 합친 범위를 구한다.

예 부등식 $|x-3|<2x$를 풀어 보자.

절댓값 기호 안의 식의 값이 0이 되는 $x=3$을 기준으로 범위를 나누면

(i) $x<3$일 때, $|x-3|=-(x-3)$이므로 $-(x-3)<2x$, $-3x<-3$　$\therefore x>1$

그런데 $x<3$이므로 $1<x<3$

(ii) $x\ge 3$일 때, $|x-3|=x-3$이므로 $x-3<2x$　$\therefore x>-3$

그런데 $x\ge 3$이므로 $x\ge 3$

(i), (ii)에 의하여 $x>1$

Core 특강　절댓값 기호를 여러 개 포함한 부등식의 풀이

$|x-a|+|x-b|<c\ (a<b)$ 꼴의 부등식은 절댓값 기호 안의 식의 값이 0이 되는 x의 값, 즉 $x=a$, $x=b$를 기준으로 다음과 같이 x의 값의 범위를 나누어 해를 구한다.

(i) $x<a$　　(ii) $a\le x<b$　　(iii) $x\ge b$

이때 주어진 부등식의 해는 (i), (ii), (iii)에서 구한 해를 모두 합친 것이다.

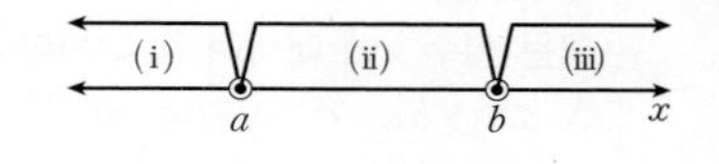

대표 예제 3 절댓값 기호를 포함한 일차부등식의 풀이 (1)

다음 부등식을 푸시오.

(1) $|x-2|\le 5$　　(2) $|3x+2|\ge 4$

유제 3-1 다음 부등식을 푸시오.

(1) $|2x-1|<3$　　(2) $|3-x|>1$

유제 3-2 부등식 $|2x-a|\le 4$의 해가 $-3\le x\le b$일 때, 상수 a, b에 대하여 $a+b$의 값을 구하시오.

대표 예제 4 절댓값 기호를 포함한 일차부등식의 풀이 (2)

다음 부등식을 푸시오.

(1) $|2x-1|<x+4$　　(2) $|x|+|x-1|\le 3$

유제 4-1 다음 부등식을 푸시오.

(1) $|x-4|<5x$　　(2) $2x+3\ge |3-x|$

(3) $|x+1|+|x-2|<5$　　(4) $|x-1|-|x-3|<1$

교과서 필수 개념 3 이차부등식의 풀이 중요

1. 이차함수의 그래프와 이차부등식의 관계 ❶

(1) 이차부등식 $ax^2+bx+c>0$의 해: 이차함수 $y=ax^2+bx+c$에서 $y>0$인 x의 값의 범위, 즉 $y=ax^2+bx+c$의 그래프가 x축보다 위쪽에 있는 부분의 x의 값의 범위 ❷

(2) 이차부등식 $ax^2+bx+c<0$의 해: 이차함수 $y=ax^2+bx+c$에서 $y<0$인 x의 값의 범위, 즉 $y=ax^2+bx+c$의 그래프가 x축보다 아래쪽에 있는 부분의 x의 값의 범위 ❸

2. 이차부등식의 해

이차방정식 $ax^2+bx+c=0$ $(a>0)$의 판별식 D의 부호에 따라 이차부등식의 해는 다음과 같다.

	$D>0$	$D=0$	$D<0$
$ax^2+bx+c=0$의 해	서로 다른 두 실근 α, β ❹	중근 α	서로 다른 두 허근
$y=ax^2+bx+c$의 그래프	α β x	α x	x
$ax^2+bx+c>0$의 해	$x<\alpha$ 또는 $x>\beta$	$x\neq\alpha$인 모든 실수	모든 실수
$ax^2+bx+c\geq0$의 해	$x\leq\alpha$ 또는 $x\geq\beta$	모든 실수	모든 실수
$ax^2+bx+c<0$의 해	$\alpha<x<\beta$	없다.	없다.
$ax^2+bx+c\leq0$의 해	$\alpha\leq x\leq\beta$	$x=\alpha$	없다.

❶ 부등식의 모든 항을 좌변으로 이항하여 정리하였을 때, 좌변이 x에 대한 이차식인 부등식을 x에 대한 이차부등식이라 한다.

❷ $y=ax^2+bx+c$ $(a>0)$

❸ $y=ax^2+bx+c$ $(a>0)$

❹ $a>0$이고 $\alpha<\beta$일 때, 각 부등식의 해는 다음과 같다.
① $a(x-\alpha)(x-\beta)>0$
→ $x<\alpha$ 또는 $x>\beta$
② $a(x-\alpha)(x-\beta)<0$
→ $\alpha<x<\beta$
③ $a(x-\alpha)(x-\beta)\geq0$
→ $x\leq\alpha$ 또는 $x\geq\beta$
④ $a(x-\alpha)(x-\beta)\leq0$
→ $\alpha\leq x\leq\beta$

Core 특강 이차부등식이 항상 성립할 조건

모든 실수 x에 대하여 각 이차부등식이 항상 성립할 조건은 다음과 같다. (단, $D=b^2-4ac$)

① $ax^2+bx+c>0$ → $a>0$, $D<0$
② $ax^2+bx+c\geq0$ → $a>0$, $D\leq0$
③ $ax^2+bx+c<0$ → $a<0$, $D<0$
④ $ax^2+bx+c\leq0$ → $a<0$, $D\leq0$

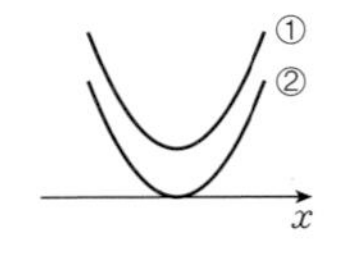

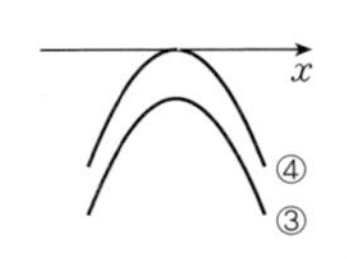

대표 예제 5

이차부등식의 풀이

Tip 이차함수의 그래프와 이차부등식의 관계를 이용한다.

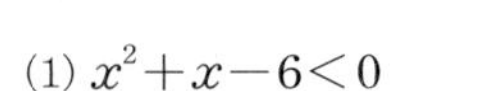

다음 이차부등식을 푸시오.

(1) $x^2+x-6<0$
(2) $x^2+6x+9\geq0$
(3) $x^2-2x+2>0$
(4) $-4x^2+4x-1>0$
(5) $-x^2\geq8x+16$
(6) $x^2-3x>10$

유제 5-1 다음 이차부등식을 푸시오.

(1) $x^2-4x+3\geq0$
(2) $-x^2+4x-4<0$
(3) $7x-4\geq3x^2$
(4) $-x^2\geq-x+2$

대표 예제 6

이차부등식이 항상 성립할 조건

이차부등식 $x^2+kx+k-1\geq0$이 모든 실수 x에 대하여 성립하도록 실수 k의 값을 정하시오.

유제 6-1 이차부등식 $-x^2+(a+4)x+4-5a<0$이 모든 실수 x에 대하여 성립하도록 하는 실수 a의 값의 범위는 $\alpha<a<\beta$이다. 이때 $\alpha+\beta$의 값을 구하시오.

해답 ☞ 29쪽

교과서 필수 개념 4 연립이차부등식의 풀이

연립이차부등식은 다음과 같은 순서로 푼다. ❶

(i) 연립부등식을 이루는 각 부등식의 해를 구한다.

(ii) (i)에서 구한 해를 하나의 수직선 위에 나타낸 후 공통부분을 구한다.

참고 연립부등식을 이루는 각 부등식의 해의 공통부분이 없으면 연립부등식의 해는 없다.

예 연립부등식 $\begin{cases} x-3>0 & \cdots\cdots ㉠ \\ (x+1)(x-5)<0 & \cdots\cdots ㉡ \end{cases}$ 을 풀어 보자.

㉠을 풀면 $x>3$ ⋯⋯ ㉢

㉡을 풀면 $-1<x<5$ ⋯⋯ ㉣

㉢, ㉣을 수직선 위에 나타내면 오른쪽 그림과 같다.

따라서 ㉠, ㉡을 동시에 만족시키는 연립부등식의 해는 $3<x<5$

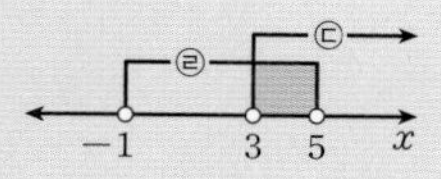

❶ 연립부등식에서 차수가 가장 높은 부등식이 이차부등식일 때, 이 연립부등식을 연립이차부등식이라 한다.
연립이차부등식은 다음과 같은 두 가지의 꼴이 있다.
{일차부등식 / 이차부등식}, {이차부등식 / 이차부등식}

대표 예제 7 연립이차부등식의 풀이(1)

연립부등식 $\begin{cases} 3x-2>x+4 \\ x^2-3x-4\le 0 \end{cases}$ 을 푸시오.

유제 7-1 다음 연립부등식을 푸시오.

(1) $\begin{cases} x>1 \\ x(x-2)<0 \end{cases}$

(2) $\begin{cases} x\le 1 \\ x(x-2)\ge 0 \end{cases}$

(3) $\begin{cases} 2x\ge x+2 \\ x^2-x-12<0 \end{cases}$

(4) $\begin{cases} 5x-3<7 \\ x^2-2x\le 3 \end{cases}$

대표 예제 8 연립이차부등식의 풀이(2)

연립부등식 $\begin{cases} x^2+8\le 6x \\ x^2+x\ge 2(x^2-3) \end{cases}$ 을 푸시오.

유제 8-1 다음 연립부등식을 푸시오.

(1) $\begin{cases} x^2-1\ge 0 \\ x^2+2x<8 \end{cases}$

(2) $\begin{cases} 2x^2-x-3<0 \\ -x^2-x+2>0 \end{cases}$

유제 8-2 연립부등식 $\begin{cases} x^2+4x-12\le 0 \\ x^2-3x>0 \end{cases}$ 을 만족시키는 정수 x의 개수를 구하시오.

대표 예제 9 $A<B<C$ 꼴의 부등식의 풀이

Tip $A<B<C$ 꼴은 $\begin{cases} A<B \\ B<C \end{cases}$ 꼴로 바꾸어 푼다.

부등식 $3x+3<x^2+x<-x+15$를 푸시오.

유제 9-1 부등식 $x+2<x^2<4x+5$를 푸시오.

핵심 개념 & 공식 리뷰

해답 ☞ 30쪽

리뷰 1 ○, ×로 푸는 개념 리뷰

01 다음 문장이 참이면 ○표, 거짓이면 ×표를 ( ) 안에 써넣으시오.

(1) 연립부등식을 이루는 각 부등식의 해의 공통부분이 없으면 연립부등식의 해는 없다. ( )

(2) 부등식 $A<B<C$의 해는 부등식 $\begin{cases} A<B \\ A<C \end{cases}$의 해와 같다. ( )

(3) $a>0$일 때, 부등식 $|x|<a$의 해는 $x<-a$ 또는 $x>a$이다. ( )

(4) $x\geq-1$일 때, $|x+1|=-(x+1)$이다. ( )

(5) 부등식 $|x|+|x-1|<2$는 $x<0$, $0\leq x<1$, $x\geq1$로 범위를 나눈 후, 각 범위에 따른 해를 구한다. ( )

(6) $a>0$이고 $\alpha<\beta$일 때, 이차부등식 $a(x-\alpha)(x-\beta)\leq0$의 해는 $\alpha\leq x\leq\beta$이다. ( )

(7) $a<0$이고 $\alpha<\beta$일 때, 이차부등식 $a(x-\alpha)(x-\beta)<0$의 해는 $\alpha<x<\beta$이다. ( )

(8) 모든 실수 x에 대하여 이차부등식 $ax^2+bx+c\leq0$이 항상 성립하려면 $a<0$, $b^2-4ac\leq0$이어야 한다. ( )

리뷰 2 연립일차부등식의 풀이

02 다음 부등식을 푸시오.

(1) $\begin{cases} x+3>4x \\ -2x+3\leq x-9 \end{cases}$

(2) $\begin{cases} \dfrac{2x+1}{3}\leq\dfrac{x-2}{4} \\ 2x+1\leq-3x-14 \end{cases}$

(3) $-2<x+7<-x+3$

(4) $7x-8\leq4x+1<6x-1$

리뷰 3 절댓값 기호를 포함한 일차부등식의 풀이

03 다음 부등식을 푸시오.

(1) $|-x+5|>7$

(2) $|2x-3|\leq3$

(3) $|x|+|x-1|<2$

(4) $|x+3|\leq7-|x+2|$

리뷰 4 이차부등식의 풀이

04 이차함수 $y=f(x)$의 그래프 또는 이차식 $f(x)$가 다음과 같을 때, 주어진 부등식의 해를 구하시오.

(1)

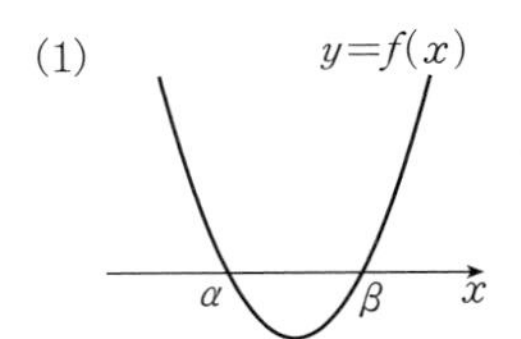

→ ① $f(x)<0$ ② $f(x)\geq0$

(2)

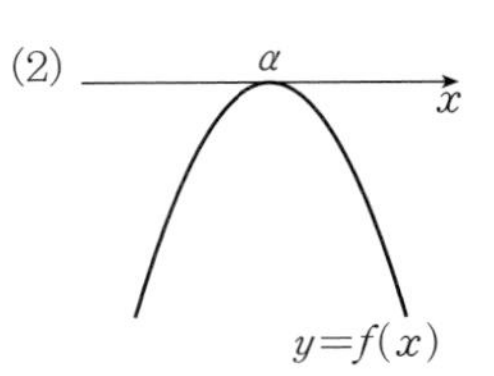

→ ① $f(x)\geq0$ ② $f(x)<0$

(3) $f(x)=x^2-5x+4$ → $f(x)\leq0$

(4) $f(x)=-x^2+2x-1$ → $f(x)>0$

(5) $f(x)=x^2-8x+20$ → $f(x)>0$

(6) $f(x)=1-2x-3x^2$ → $f(x)\leq0$

리뷰 5 연립이차부등식의 풀이

05 다음 부등식을 푸시오.

(1) $\begin{cases} -x+1>-5 \\ 2x^2+9x+2>7 \end{cases}$

(2) $\begin{cases} 5x+2\geq-3 \\ -2x^2+x<-6 \end{cases}$

(3) $\begin{cases} x^2-7x-18\leq0 \\ 4x^2-2x-9>3 \end{cases}$

(4) $\begin{cases} x^2+5x\leq2(x+14) \\ 5x^2-3x>-5x+7 \end{cases}$

(5) $8(x-1)<10x-x^2\leq13x$

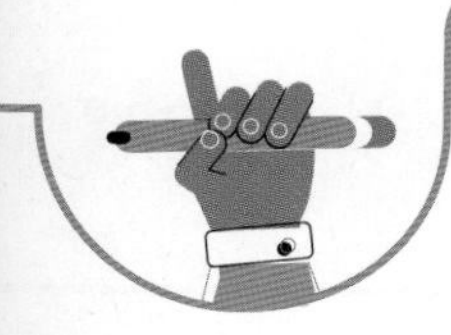

빈출 문제로 실전 연습

해답  32쪽

01 ●◐○ / 연립일차부등식의 풀이 /

연립부등식 $\begin{cases} 4x-1<2x+9 \\ -x+2\geq -3x+6 \end{cases}$ 을 만족시키는 정수 x의 개수는?

① 2　② 3　③ 4　④ 5　⑤ 6

02 ●●○ / 연립일차부등식의 풀이 /

연립부등식 $\begin{cases} 4x-5>2x+1 \\ 2x+7<x+2a \end{cases}$ 의 해가 존재하도록 하는 정수 a의 최솟값은?

① 2　② 4　③ 6　④ 8　⑤ 10

03 ●●○ / 절댓값 기호를 포함한 일차부등식의 풀이 /

부등식 $|x+2|+|x-4|\leq 10$을 만족시키는 모든 정수 x의 값의 합은?

① 7　② 9　③ 11　④ 12　⑤ 13

04 ●●◐ / 절댓값 기호를 포함한 일차부등식의 풀이 /

부등식 $|x|+|x-3|<a$의 해가 $-1<x<4$일 때, 실수 a의 값은?

① 3　② 5　③ 7　④ 9　⑤ 11

05 ●◐○ / 이차부등식의 풀이 /

이차부등식 $x^2-ax<4$의 해가 $b<x<4$일 때, $a+b$의 값은? (단, a는 상수이다.)

① -2　② -1　③ 0　④ 1　⑤ 2

내신 빈출

06 ●●○ / 이차부등식의 풀이 /

이차부등식 $x^2+4x-12<0$과 부등식 $|x-a|<b$의 해가 같을 때, 상수 a, b에 대하여 ab의 값은? (단, $b>0$)

① -8　② -4　③ 0　④ 4　⑤ 8

내신 빈출

07 ●●○ / 이차부등식의 풀이 /

이차부등식 $x^2+(a-1)x+4\leq 0$의 해가 존재하지 않도록 하는 정수 a의 개수를 구하시오.

08 ●●◐

/ 이차부등식의 풀이 /

이차부등식 $x^2-4x-2a>0$의 해가 $x\neq k$인 모든 실수가 되도록 하는 상수 a에 대하여 $a+k$의 값은?

① -2 ② -1 ③ 0
④ 1 ⑤ 2

내신 빈출

09 ●◐○

/ 연립이차부등식의 풀이 /

연립부등식 $\begin{cases} |2x-3|<5 \\ x^2-7x+10\geq 0 \end{cases}$ 을 만족시키는 정수 x의 개수는?

① 0 ② 1 ③ 2
④ 3 ⑤ 4

10 ●●◐

/ 연립이차부등식의 풀이 /

연립부등식 $\begin{cases} x^2-4x-5\leq 0 \\ x^2-(2+a)x+2a<0 \end{cases}$ 의 해가 $-1\leq x<2$가 되도록 하는 정수 a의 최댓값은?

① -2 ② -1 ③ 0
④ 1 ⑤ 2

교과서 속 사고력 UP

11 ●●●

/ 연립일차부등식의 풀이 /

단체 관람을 위해 공연장을 찾은 학생들이 긴 의자에 앉으려고 한다. 의자 1개에 6명씩 앉으면 학생이 7명 남고, 7명씩 앉으면 의자가 1개 남을 때, 공연장을 찾은 학생 수의 최댓값은?

① 121 ② 123 ③ 125
④ 127 ⑤ 129

12 ●●●

/ 이차부등식의 풀이 /

이차함수 $y=ax^2+bx+c$의 그래프가 오른쪽 그림과 같을 때, 이차부등식 $ax^2-bx+c\leq 0$을 만족시키는 모든 정수 x의 값의 합을 구하시오.

(단, a, b, c는 상수이다.)

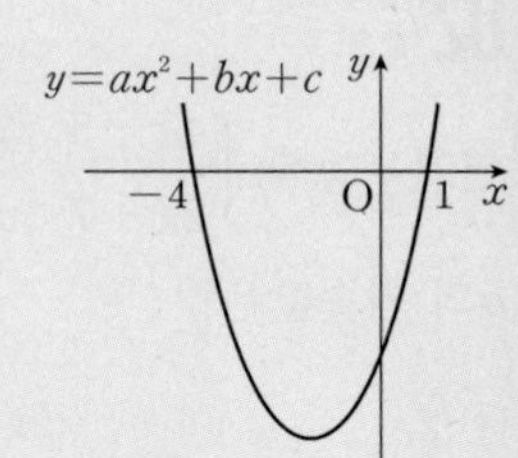

13 ●●●

/ 연립이차부등식의 풀이 /

오른쪽 그림과 같이 $\overline{AC}=\overline{BC}=4$인 직각이등변삼각형 ABC가 있다. 빗변 AB 위의 점 P에서 변 BC와 변 AC에 내린 수선의 발을 각각 Q, R라 할 때, 삼각형 APR와 삼각형 PBQ의 넓이는 각각 직사각형 PQCR의 넓이보다 작다. $\overline{BQ}=x$일 때, x의 값의 범위를 구하시오.

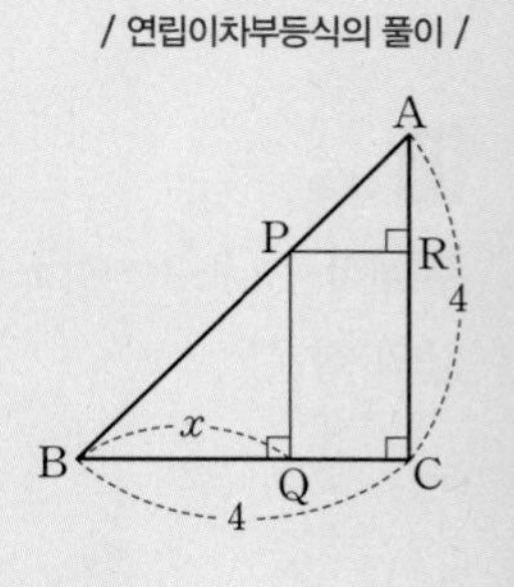

Ⅲ. 도형의 방정식

평면좌표

교과서 대표문제로 필수개념완성

해답 ☞ 33쪽

교과서 필수 개념 1 두 점 사이의 거리

1. 수직선 위의 두 점 사이의 거리

수직선 위의 두 점 $A(x_1)$, $B(x_2)$ 사이의 거리는 $\overline{AB}=|x_2-x_1|$ ❶

참고 원점 O와 점 $A(x_1)$ 사이의 거리는 $\overline{OA}=|x_1|$이다.

예 ① 두 점 $A(1)$, $B(5)$ 사이의 거리는 $\overline{AB}=|5-1|=4$

② 원점 $O(0)$와 점 $A(-2)$ 사이의 거리는 $\overline{OA}=|-2|=2$

2. 좌표평면 위의 두 점 사이의 거리

좌표평면 위의 두 점 $A(x_1, y_1)$, $B(x_2, y_2)$ 사이의 거리는

$$\overline{AB}=\sqrt{(x_2-x_1)^2+(y_2-y_1)^2}$$

특히, 원점 O와 점 $A(x_1, y_1)$ 사이의 거리는

$$\overline{OA}=\sqrt{x_1^2+y_1^2}$$

예 ① 두 점 $A(0, 1)$, $B(3, 5)$ 사이의 거리는

$\overline{AB}=\sqrt{(3-0)^2+(5-1)^2}=5$

② 원점 $O(0, 0)$와 점 $A(3, 2)$ 사이의 거리는 $\overline{OA}=\sqrt{3^2+2^2}=\sqrt{13}$

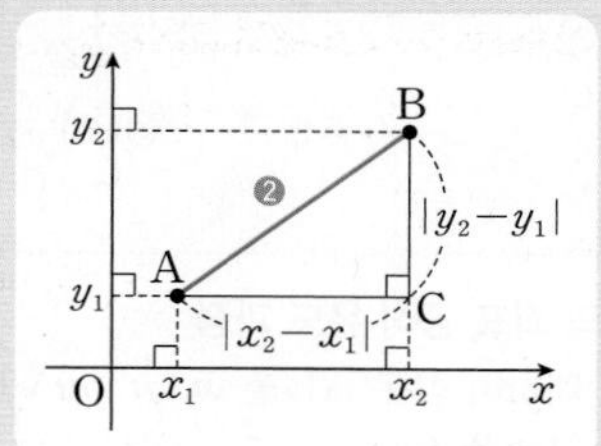

❶ 수직선 위의 두 점 $A(x_1)$, $B(x_2)$에 대하여

① $x_1 \le x_2$일 때, $\overline{AB}=x_2-x_1$

(A x_1 —— x_2-x_1 —— B x_2 x)

② $x_1 > x_2$일 때, $\overline{AB}=x_1-x_2$

(B x_2 —— x_1-x_2 —— A x_1 x)

→ $\overline{AB}=|x_2-x_1|$

❷ 직각삼각형 ACB에서 피타고라스 정리에 의하여

$$\overline{AB}^2=\overline{AC}^2+\overline{BC}^2 =|x_2-x_1|^2+|y_2-y_1|^2 =(x_2-x_1)^2+(y_2-y_1)^2$$

→ $\overline{AB}=\sqrt{(x_2-x_1)^2+(y_2-y_1)^2}$

대표 예제 1 두 점 사이의 거리

다음 두 점 사이의 거리를 구하시오.

(1) $A(1, -3)$, $B(4, 2)$ (2) $A(-2, -5)$, $B(3, 7)$ (3) $O(0, 0)$, $A(3, 4)$

유제 1-1 두 점 $A(1, a)$, $B(3, -2)$ 사이의 거리가 $2\sqrt{5}$일 때, a의 값을 모두 구하시오.

대표 예제 2 세 변의 길이와 삼각형의 모양

Tip 삼각형의 세 변의 길이 사이의 관계를 알아본다.

세 점 $O(0, 0)$, $A(-2, 3)$, $B(1, 1)$을 꼭짓점으로 하는 삼각형 OAB는 어떤 삼각형인지 말하시오.

유제 2-1 세 점 $A(1, 1)$, $B(-1, 5)$, $C(3, 2)$를 꼭짓점으로 하는 삼각형 ABC는 어떤 삼각형인지 말하시오.

대표 예제 3 같은 거리에 있는 점

Tip x축 위의 점의 y좌표는 0이다.

두 점 $A(0, 4)$, $B(6, 2)$에서 같은 거리에 있는 x축 위의 점 P의 좌표를 구하시오.

유제 3-1 두 점 $A(-3, 3)$, $B(1, 5)$에서 같은 거리에 있는 y축 위의 점 P의 좌표를 구하시오.

교과서 필수 개념 2 수직선 위의 선분의 내분점과 외분점

1. 선분의 내분점과 외분점

(1) 내분점: 선분 AB 위의 점 P에 대하여 $\overline{AP}:\overline{PB}=m:n$ $(m>0,\ n>0)$일 때, 점 P는 선분 AB를 $m:n$으로 내분한다고 하고, 점 P를 선분 AB의 내분점이라 한다. ❶

참고 선분 AB의 중점은 선분 AB를 1 : 1로 내분하는 점이다.

주의 $m\neq n$일 때, 선분 AB를 $m:n$으로 내분하는 점과 선분 BA를 $m:n$으로 내분하는 점은 같지 않다.

(2) 외분점: 선분 AB의 연장선 위의 점 Q에 대하여 $\overline{AQ}:\overline{QB}=m:n$ $(m>0,\ n>0,\ m\neq n)$일 때, 점 Q는 선분 AB를 $m:n$으로 외분한다고 하고, 점 Q를 선분 AB의 외분점이라 한다. ❷

2. 수직선 위의 선분의 내분점과 외분점

수직선 위의 두 점 $A(x_1)$, $B(x_2)$에 대하여 선분 AB를 $m:n$ $(m>0,\ n>0)$으로 내분하는 점 P와 외분하는 점 Q의 좌표는 각각

$$P\left(\frac{mx_2+nx_1}{m+n}\right),\ Q\left(\frac{mx_2-nx_1}{m-n}\right)\ (\text{단, } m\neq n)$$ ❸

참고 선분 AB의 중점 M의 좌표는 $M\left(\frac{x_1+x_2}{2}\right)$

예 두 점 $A(-1)$, $B(2)$에 대하여 선분 AB를 2 : 1로

① 내분하는 점 P의 좌표는 $\frac{2\times2+1\times(-1)}{2+1}=1$ $\quad\therefore P(1)$

② 외분하는 점 Q의 좌표는 $\frac{2\times2-1\times(-1)}{2-1}=5$ $\quad\therefore Q(5)$

❶ 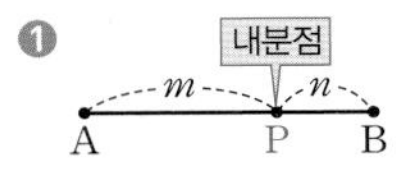

❷ 선분 AB의 외분점 Q의 위치는 m, n의 대소에 따라 다르다.

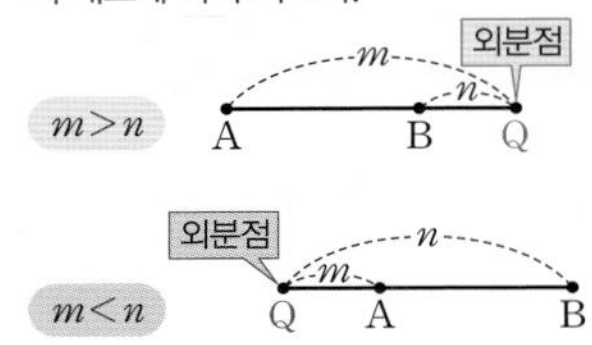

❸ 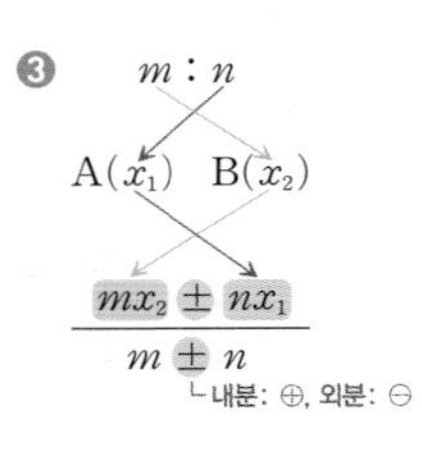

Core 특강

수직선 위의 선분의 내분점과 외분점의 좌표 공식 유도 과정

수직선 위의 두 점 $A(x_1)$, $B(x_2)$에 대하여 선분 AB를 $m:n$ $(m>0,\ n>0)$으로 내분하는 점 $P(x)$와 $m:n$ $(m>0,\ n>0,\ m\neq n)$으로 외분하는 점 $Q(x)$의 좌표는 다음과 같이 구할 수 있다.

(1) 내분점 $P(x)$의 좌표: $x_1<x_2$일 때, $x_1<x<x_2$이므로

$\overline{AP}=x-x_1$, $\overline{PB}=x_2-x$

이때 $\overline{AP}:\overline{PB}=m:n$이므로

$(x-x_1):(x_2-x)=m:n$

$\therefore x=\frac{mx_2+nx_1}{m+n}$

$x_1>x_2$일 때도 같은 방법으로 위의 결과를 얻는다.

$\therefore P\left(\frac{mx_2+nx_1}{m+n}\right)$

(2) 외분점 $Q(x)$의 좌표: $x_1<x_2$이고 $m>n$일 때, $x_1<x_2<x$이므로

$\overline{AQ}=x-x_1$, $\overline{QB}=x-x_2$

이때 $\overline{AQ}:\overline{QB}=m:n$이므로

$(x-x_1):(x-x_2)=m:n$

$\therefore x=\frac{mx_2-nx_1}{m-n}$

$x_1<x_2$이고 $m<n$일 때, $x_1>x_2$이고 $m>n$일 때, $x_1>x_2$이고 $m<n$일 때에도 같은 방법으로 위의 결과를 얻는다.

$\therefore Q\left(\frac{mx_2-nx_1}{m-n}\right)$

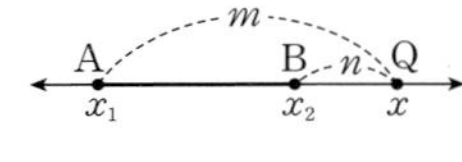

대표 예제 4 수직선 위의 선분의 내분점과 외분점

다음을 만족시키는 a의 값을 구하시오.

(1) 두 점 $A(a)$, $B(27)$에 대하여 선분 AB를 3 : 1로 내분하는 점은 $P(21)$이다.

(2) 두 점 $A(-9)$, $B(a)$에 대하여 선분 AB를 2 : 3으로 외분하는 점은 $Q(3)$이다.

유제 4-1 두 점 $A(1)$, $B(5)$에 대하여 선분 AB를 3 : 1로 내분하는 점을 P, 1 : 2로 외분하는 점을 Q라 할 때, 선분 PQ의 길이를 구하시오.

유제 4-2 두 점 $A(10)$, $B(-2)$에 대하여 점 $P(x)$가 $\overline{AP}:\overline{BP}=2:1$을 만족시킬 때, 모든 실수 x의 값의 합을 구하시오.

교과서 필수 개념 3 좌표평면 위의 선분의 내분점과 외분점

1. 좌표평면 위의 선분의 내분점과 외분점 중요

좌표평면 위의 두 점 $A(x_1, y_1)$, $B(x_2, y_2)$에 대하여 선분 AB를 $m:n$ $(m>0, n>0)$으로 내분하는 점 P와 외분하는 점 Q의 좌표는 각각

$$P\left(\frac{mx_2+nx_1}{m+n}, \frac{my_2+ny_1}{m+n}\right), Q\left(\frac{mx_2-nx_1}{m-n}, \frac{my_2-ny_1}{m-n}\right) \text{ (단, } m\neq n)$$ [1]

참고 선분 AB의 중점 M의 좌표는 $M\left(\frac{x_1+x_2}{2}, \frac{y_1+y_2}{2}\right)$

예 두 점 $A(-2, 2)$, $B(4, 8)$에 대하여

① 선분 AB를 $2:1$로 내분하는 점 P의 좌표는 $P\left(\frac{2\times4+1\times(-2)}{2+1}, \frac{2\times8+1\times2}{2+1}\right)$, 즉 $P(2, 6)$

② 선분 AB의 중점 M의 좌표는 $M\left(\frac{-2+4}{2}, \frac{2+8}{2}\right)$ $\quad\therefore M(1, 5)$

③ 선분 AB를 $2:1$로 외분하는 점 Q의 좌표는 $Q\left(\frac{2\times4-1\times(-2)}{2-1}, \frac{2\times8-1\times2}{2-1}\right)$, 즉 $Q(10, 14)$

[1] 좌표평면 위의 선분의 내분점과 외분점을 구하는 공식은 수직선 위의 선분의 내분점과 외분점을 구하는 공식에서 x좌표, y좌표로 각각 확장된 것이다.

2. 삼각형의 무게중심 [2]

세 점 $A(x_1, y_1)$, $B(x_2, y_2)$, $C(x_3, y_3)$을 꼭짓점으로 하는 삼각형 ABC의 무게중심 G의 좌표는

$$G\left(\frac{x_1+x_2+x_3}{3}, \frac{y_1+y_2+y_3}{3}\right)$$

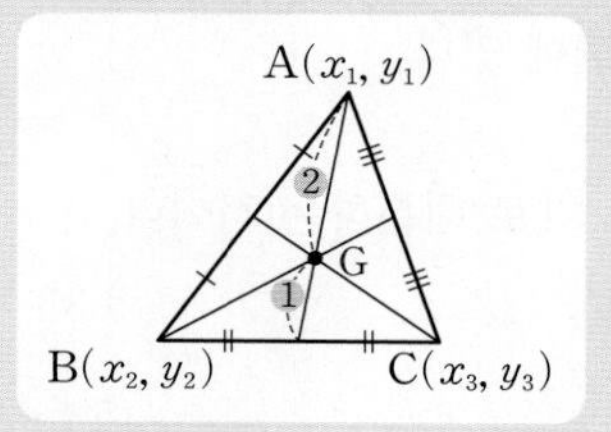

[2] 삼각형의 세 중선이 만나는 점을 무게중심이라 하고, 이 점은 세 중선을 각 꼭짓점으로부터 $2:1$로 내분한다.

Core 특강 삼각형의 무게중심의 좌표 공식 유도 과정

오른쪽 그림과 같이 선분 BC의 중점을 M이라 하면 $M\left(\frac{x_2+x_3}{2}, \frac{y_2+y_3}{2}\right)$

무게중심 G의 좌표를 (x, y)라 하면 점 G가 선분 AM을 $2:1$로 내분하므로

$$x=\frac{2\times\frac{x_2+x_3}{2}+x_1}{2+1}=\frac{x_1+x_2+x_3}{3}, \quad y=\frac{2\times\frac{y_2+y_3}{2}+y_1}{2+1}=\frac{y_1+y_2+y_3}{3}$$

$$\therefore G\left(\frac{x_1+x_2+x_3}{3}, \frac{y_1+y_2+y_3}{3}\right)$$

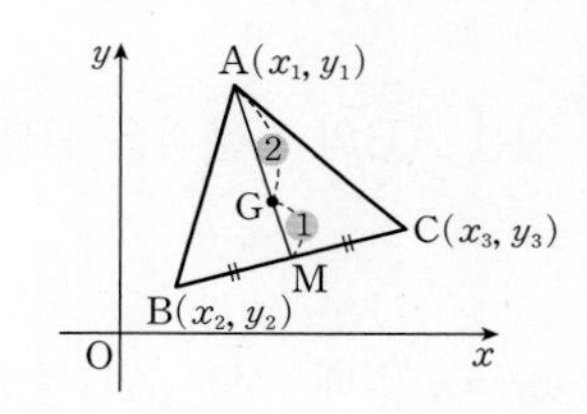

대표 예제 5 좌표평면 위의 선분의 내분점과 외분점

두 점 $A(2, 4)$, $B(10, -4)$에 대하여 선분 AB를 $1:3$으로 내분하는 점을 P, $2:3$으로 외분하는 점을 Q라 할 때, 선분 PQ의 중점의 좌표를 구하시오.

유제 5-1 두 점 $A(-1, 4)$, $B(4, -6)$에 대하여 선분 AB를 $3:2$로 내분하는 점을 P, $2:1$로 외분하는 점을 Q라 할 때, 선분 PQ의 길이를 구하시오.

유제 5-2 두 점 $A(5, -4)$, $B(-1, a)$에 대하여 선분 AB를 $1:2$로 내분하는 점 P의 좌표가 $(3, -2)$일 때, 선분 AB를 $4:1$로 외분하는 점 Q의 좌표를 구하시오.

대표 예제 6 삼각형의 무게중심

세 점 $A(9, 0)$, $B(-4, 4)$, $C(a, 8)$을 꼭짓점으로 하는 삼각형 ABC의 무게중심 G의 좌표가 $(1, b)$일 때, a, b의 값을 구하시오.

유제 6-1 세 점 $A(1-a, 2b)$, $B(3, a)$, $C(3b, -2)$를 꼭짓점으로 하는 삼각형 ABC의 무게중심 G의 좌표가 $(3, -4)$일 때, $a+b$의 값을 구하시오.

핵심 개념 & 공식 리뷰

해답 ☞ 35쪽

리뷰 1 ○, ×로 푸는 개념 리뷰

01 다음 문장이 참이면 ○표, 거짓이면 ×표를 ( ) 안에 써넣으시오.

(1) 수직선 위의 두 점 $A(a)$, $B(b)$ 사이의 거리는 $\overline{AB}=|a+b|$이다. ( )

(2) 좌표평면 위의 두 점 $A(x_1, y_1)$, $B(x_2, y_2)$ 사이의 거리는 $\overline{AB}=\sqrt{(x_2-x_1)^2+(y_2-y_1)^2}$이다. ( )

(3) 선분 AB의 내분점은 선분 AB 위에 있다. ( )

(4) 선분 AB의 중점은 선분 AB를 1 : 1로 내분하는 점이다. ( )

(5) $m \neq n$일 때, 선분 AB를 $m : n$으로 내분하는 점과 선분 AB를 $n : m$으로 내분하는 점은 같다. ( )

(6) 선분 AB의 외분점은 선분 AB의 연장선 위에 있다. ( )

(7) $m=n$일 때, 선분 AB를 $m : n$으로 외분하는 점은 존재하지 않는다. ( )

(8) 삼각형의 무게중심은 삼각형의 세 중선을 각 꼭짓점으로부터 2 : 1로 외분한다. ( )

리뷰 2 좌표평면 위의 두 점 사이의 거리

02 다음 두 점 사이의 거리를 구하시오.

(1) $O(0, 0)$, $A(6, -8)$

(2) $A(-2, 1)$, $B(1, 4)$

(3) $A(3, -5)$, $B(7, -4)$

(4) $A(-4, -1)$, $B(-2, 6)$

리뷰 3 수직선 위의 선분의 내분점과 외분점

03 수직선 위의 점 A, B, C, D, E, F에 대하여 다음을 구하시오.

(1) 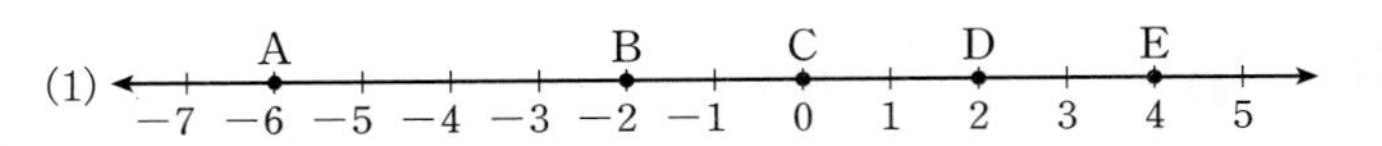

① 선분 AC를 2 : 1로 내분하는 점

② 선분 AE를 2 : 3으로 내분하는 점

③ 선분 BD의 중점

(2) A B C D E F
−4 −3 −2 −1 0 1 2 3 4 5

① 선분 BD를 5 : 2로 외분하는 점

② 선분 BD를 2 : 5로 외분하는 점

③ 선분 DE를 1 : 2로 외분하는 점

④ 선분 DE를 2 : 1로 외분하는 점

리뷰 4 좌표평면 위의 선분의 내분점과 외분점

04 두 점 $A(-4, 8)$, $B(-1, -4)$에 대하여 다음을 구하시오.

(1) 선분 AB를 1 : 2로 내분하는 점 P의 좌표

(2) 선분 AB를 3 : 2로 내분하는 점 Q의 좌표

(3) 선분 AB를 1 : 2로 외분하는 점 R의 좌표

(4) 선분 AB를 3 : 2로 외분하는 점 S의 좌표

리뷰 5 삼각형의 무게중심

05 다음 세 점 A, B, C를 꼭짓점으로 하는 삼각형 ABC의 무게중심 G의 좌표를 구하시오.

(1) $A(-10, 7)$, $B(8, -3)$, $C(-4, -1)$

(2) $A(2, -1)$, $B(1, -3)$, $C(-6, -5)$

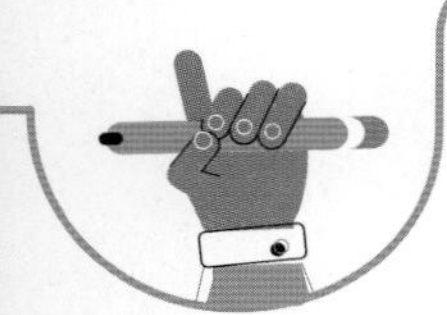

빈출 문제로 실전 연습

해답 ☞ 35쪽

01 ●◐○ / 두 점 사이의 거리 /

두 점 P(2, 1), Q(6, a) 사이의 거리가 5이고 점 Q가 제1사분면 위의 점일 때, a의 값은?

① 2 ② 3 ③ 4
④ 5 ⑤ 6

내신 빈출

02 ●●○ / 두 점 사이의 거리 /

네 점 A(1, 2), B(−1, −1), C(3, 2), P(a, b)에 대하여 $\overline{AP}^2+\overline{BP}^2+\overline{CP}^2$의 최솟값을 구하시오.

03 ●◐○ / 선분의 내분점과 외분점 /

두 점 A(0, −2), B(6, a)에 대하여 선분 AB를 2 : 1로 내분하는 점 P의 좌표가 (b, 0)일 때, $a+b$의 값은?

① 1 ② 2 ③ 3
④ 4 ⑤ 5

04 ●●○ / 선분의 내분점과 외분점 /

두 점 A(−2, −3), B(2, 9)에 대하여 선분 AB 위의 점 C(a, b)가 $\overline{AB}=4\overline{BC}$를 만족시킬 때, a^2+b^2의 값을 구하시오.

05 ●●○ / 삼각형의 무게중심 /

점 A(2, 8)을 한 꼭짓점으로 하는 삼각형 ABC에 대하여 선분 BC의 중점이 M(−2, 2), 삼각형 ABC의 무게중심이 G(a, b)일 때, $3ab$의 값은?

① −12 ② −10 ③ −8
④ −6 ⑤ −4

교과서 속 사고력 UP

06 ●●● / 두 점 사이의 거리 /

오른쪽 그림과 같이 지점 O에서 수직으로 만나는 직선 도로가 있다. 수지는 지점 O에서 출발하여 북쪽으로 시속 8 km로 가고, 지민이는 지점 O로부터 동쪽으로 10 km만큼 떨어진 지점에서 출발하여 서쪽으로 시속 6 km로 간다. 두 사람이 동시에 출발하여 갈 때, 두 사람 사이의 거리가 가장 가까워지는 것은 출발한 지 몇 시간 후인지 구하시오.

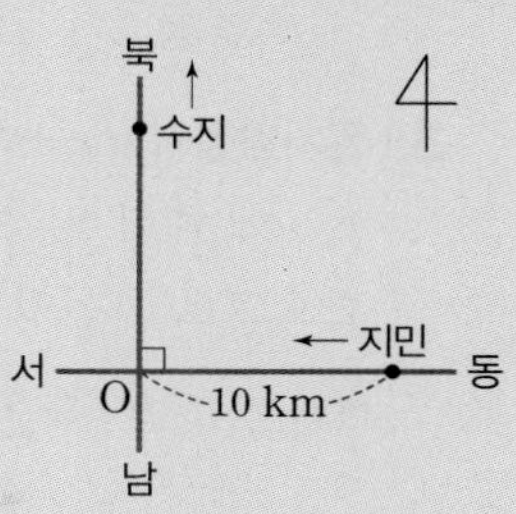

07 ●●● / 선분의 내분점과 외분점 /

오른쪽 그림과 같이 좌표평면 위의 두 점 P(3, 4), Q(8, −6)에 대하여 ∠POQ의 이등분선과 선분 PQ의 교점을 R라 할 때, 점 R의 좌표를 구하시오. (단, O는 원점이다.)

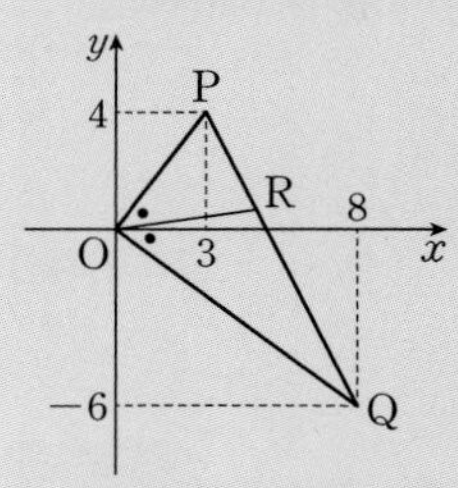

Ⅲ. 도형의 방정식

직선의 방정식

개념 1 직선의 방정식
개념 2 두 직선의 교점을 지나는 직선의 방정식
개념 3 두 직선의 위치 관계
개념 4 점과 직선 사이의 거리

교과서 대표문제로 필수개념완성

교과서 필수 개념 1 직선의 방정식

1. 한 점과 기울기가 주어진 직선의 방정식

점 (x_1, y_1)을 지나고 기울기가 m인 직선의 방정식은 $y-y_1=m(x-x_1)$ ❶, ❷

2. 두 점을 지나는 직선의 방정식

서로 다른 두 점 $\mathrm{A}(x_1, y_1)$, $\mathrm{B}(x_2, y_2)$를 지나는 직선의 방정식은

(1) $x_1 \neq x_2$일 때, $y-y_1=\dfrac{y_2-y_1}{x_2-x_1}(x-x_1)$ ❸ (2) $x_1=x_2$일 때, $x=x_1$ ❹

예 (1) 두 점 $\mathrm{A}(1, 3)$, $\mathrm{B}(2, 4)$를 지나는 직선의 방정식은 $y-3=\dfrac{4-3}{2-1}(x-1)$, 즉 $y=x+2$

(2) 두 점 $\mathrm{A}(1, 3)$, $\mathrm{B}(1, 4)$를 지나는 직선의 방정식은 두 점의 x좌표가 서로 같으므로 $x=1$

3. 일차방정식 $ax+by+c=0$이 나타내는 도형 ❺

x, y에 대한 일차방정식 $ax+by+c=0$ ($a\neq0$ 또는 $b\neq0$)은 a, b의 값에 따라 다음과 같으므로 직선의 방정식이다.

(1) $a\neq0$, $b\neq0$일 때, $y=-\dfrac{a}{b}x-\dfrac{c}{b}$ ➜ 기울기가 $-\dfrac{a}{b}$이고 y절편이 $-\dfrac{c}{b}$인 직선

(2) $a\neq0$, $b=0$일 때, $x=-\dfrac{c}{a}$ ➜ y축에 평행한 직선

(3) $a=0$, $b\neq0$일 때, $y=-\dfrac{c}{b}$ ➜ x축에 평행한 직선

❶ (직선의 기울기)$=\dfrac{(y\text{의 값의 증가량})}{(x\text{의 값의 증가량})}$

❷ $m=0$이면 직선 $y=y_1$은 x축에 평행한 직선이다.

❸ x절편이 a, y절편이 b인 직선의 방정식은
$\dfrac{x}{a}+\dfrac{y}{b}=1$ (단, $a\neq0$, $b\neq0$)

❹ x좌표가 같은 서로 다른 두 점을 지나는 직선은 y축에 평행한 직선이다.

❺ x, y에 대한 일차방정식 $ax+by+c=0$ ($a\neq0$ 또는 $b\neq0$)을 직선의 방정식의 일반형이라 하고, $y=mx+n$을 직선의 방정식의 표준형이라 한다.

대표 예제 1 직선의 방정식

두 점 $\mathrm{A}(5, -3)$, $\mathrm{B}(-1, -5)$를 잇는 선분 AB의 중점을 지나고 기울기가 -1인 직선의 방정식을 구하시오.

유제 1-1

Tip (1) x축의 양의 방향과 이루는 각의 크기가 θ인 직선의 기울기는 $\tan\theta$이다.

다음 직선의 방정식을 구하시오.

(1) x축의 양의 방향과 이루는 각의 크기가 $60°$이고 점 $(\sqrt{3}, 1)$을 지나는 직선

(2) x절편이 3, y절편이 6인 직선

유제 1-2

두 점 $\mathrm{A}(2, -2)$, $\mathrm{B}(4, -6)$을 지나는 직선 위에 점 $\mathrm{C}(a+4, 4a)$가 있을 때, 실수 a의 값을 구하시오.

대표 예제 2 일차방정식 $ax+by+c=0$이 나타내는 도형

일차방정식 $kx+(k-4)y+3+k=0$이 나타내는 도형이 기울기가 양수인 직선이 되도록 하는 실수 k의 값의 범위를 구하시오.

유제 2-1

일차방정식 $(k-1)x+ky-2=0$이 나타내는 도형이 x축에 평행한 직선이 되도록 하는 상수 k의 값을 구하시오.

해답 ☞ 36쪽

교과서 필수 개념 2 두 직선의 교점을 지나는 직선의 방정식

두 직선 $ax+by+c=0$, $a'x+b'y+c'=0$이 한 점에서 만날 때, 직선

$$(ax+by+c)+k(a'x+b'y+c')=0$$

은 실수 k의 값에 관계없이 항상 두 직선 $ax+by+c=0$, $a'x+b'y+c'=0$의 교점을 지난다.

→ 한 점에서 만나는 두 직선 $ax+by+c=0$, $a'x+b'y+c'=0$의 교점을 지나는 직선의 방정식은 다음과 같이 나타낼 수 있다.

$$(ax+by+c)+k(a'x+b'y+c')=0 \text{ (단, } k\text{는 실수)}$$ [1]

참고 직선 $(ax+by+c)+k(a'x+b'y+c')=0$이 실수 k의 값에 관계없이 항상 지나는 점의 좌표를 구할 때에는 주어진 등식이 k의 값에 관계없이 항상 성립해야 함을 이용한다. 즉, $ax+by+c=0$, $a'x+b'y+c'=0$을 연립하여 풀면 구할 수 있다.

[1] 두 직선 $ax+by+c=0$, $a'x+b'y+c'=0$의 교점을 지나는 직선의 방정식은 직선 $a'x+b'y+c'=0$을 제외한 직선을 나타낸다.

대표 예제 3 두 직선의 교점을 지나는 직선의 방정식

두 직선 $x+2y-5=0$, $3x-2y+1=0$의 교점과 원점을 지나는 직선의 방정식을 구하시오.

유제 3-1 두 직선 $2x+y+4=0$, $x-y+2=0$의 교점과 점 $(1, 1)$을 지나는 직선의 방정식을 구하시오.

교과서 필수 개념 3 두 직선의 위치 관계

두 직선 $y=mx+n$, $y=m'x+n'$에 대하여 다음이 성립한다.

1. 두 직선의 평행 조건

(1) 두 직선이 서로 평행하면 $m=m'$, $n\neq n'$이다. [1]

(2) $m=m'$, $n\neq n'$이면 두 직선은 서로 평행하다. [2]

2. 두 직선의 수직 조건

(1) 두 직선이 서로 수직이면 $mm'=-1$이다.

(2) $mm'=-1$이면 두 직선은 서로 수직이다.

[1] 두 직선 $y=mx+n$, $y=m'x+n'$이 평행하면 두 직선의 기울기가 같고, y절편은 다르다.

[2] $m=m'$, $n=n'$이면 두 직선은 일치한다.

Core 특강 일반형으로 표현된 두 직선의 위치 관계

두 직선 $ax+by+c=0$, $a'x+b'y+c'=0$의 위치 관계에 대하여 다음이 성립한다. (단, $abc\neq0$, $a'b'c'\neq0$)

(1) 평행: $\frac{a}{a'}=\frac{b}{b'}\neq\frac{c}{c'}$ (2) 일치: $\frac{a}{a'}=\frac{b}{b'}=\frac{c}{c'}$ (3) 수직: $aa'+bb'=0$

대표 예제 4 두 직선의 평행

두 점 $(-1, -7)$, $(-3, 11)$을 지나는 직선에 평행하고 x절편이 1인 직선의 방정식을 구하시오.

유제 4-1 다음을 구하시오.

(1) 직선 $y=ax+b$가 직선 $y=3x+5$에 평행하고 점 $(2, 1)$을 지날 때, 상수 a, b의 값

(2) 두 직선 $kx+2y-3=0$, $(k-5)x+4y+1=0$이 서로 평행하도록 하는 상수 k의 값

대표 예제 5 두 직선의 수직

점 $(2, 4)$를 지나고 직선 $y=3x+2$에 수직인 직선의 방정식을 구하시오.

유제 5-1 두 점 $A(-1, 3)$, $B(1, -1)$을 잇는 선분 AB의 수직이등분선의 방정식을 구하시오.

해답 ☞ 37쪽

교과서 필수 개념 4 점과 직선 사이의 거리 중요

1. 점과 직선 사이의 거리 [1]

점 $\mathrm{P}(x_1, y_1)$과 직선 $ax+by+c=0$ 사이의 거리 d는

$$d=\frac{|ax_1+by_1+c|}{\sqrt{a^2+b^2}}$$

특히, 원점과 직선 $ax+by+c=0$ 사이의 거리 d는

$$d=\frac{|c|}{\sqrt{a^2+b^2}}$$

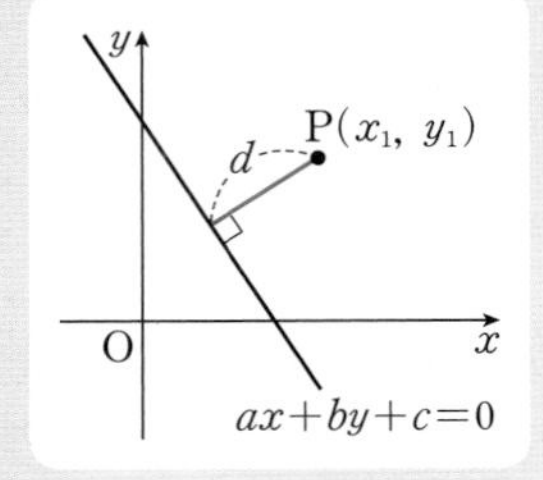

예 ① 점 $(1, -2)$와 직선 $3x-4y-1=0$ 사이의 거리는 $\dfrac{|3-4\times(-2)-1|}{\sqrt{3^2+(-4)^2}}=2$

② 원점과 직선 $x+y-2=0$ 사이의 거리는 $\dfrac{|-2|}{\sqrt{1^2+1^2}}=\sqrt{2}$

2. 평행한 두 직선 사이의 거리

평행한 두 직선 $ax+by+c=0$, $a'x+b'y+c'=0$ 사이의 거리는 직선 $a'x+b'y+c'=0$ 위의 임의의 점 (x_1, y_1)과 직선 $ax+by+c=0$ 사이의 거리와 같다. [2]

예 평행한 두 직선 $2x+y-6=0$, $2x+y+4=0$ 사이의 거리는 직선 $2x+y-6=0$ 위의 한 점 $(3, 0)$과 직선 $2x+y+4=0$ 사이의 거리와 같으므로 $\dfrac{|2\times3+0+4|}{\sqrt{2^2+1^2}}=2\sqrt{5}$

[1] 점 P와 직선 사이의 거리는 점 P와 직선 위의 점을 잇는 선분 중에서 길이가 가장 짧은 선분의 길이를 말한다. 즉, 점 P와 직선 l 사이의 거리 d는 점 P에서 직선 l에 내린 수선의 발을 H라 할 때, 선분 PH의 길이와 같다.

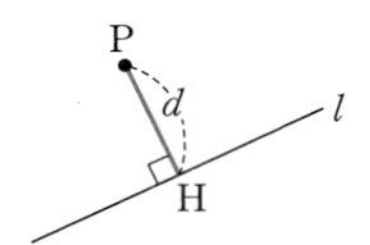

[2]

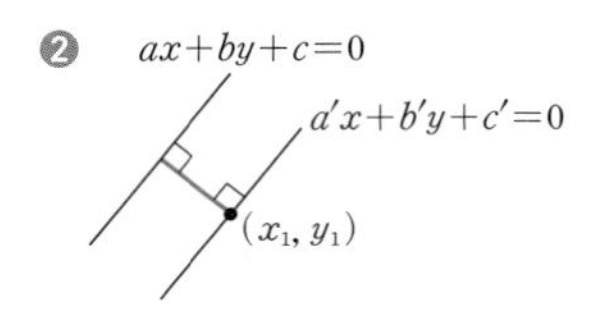

대표 예제 6 점과 직선 사이의 거리(1)

다음 점 P와 직선 사이의 거리를 구하시오.

(1) $\mathrm{P}(2, 2)$, $3x+4y+1=0$　　(2) $\mathrm{P}(0, 0)$, $y=-2x+5$

유제 6-1 점 $(3, -2)$와 직선 $ax+2y+1=0$ 사이의 거리가 3일 때, 상수 a의 값을 구하시오.

대표 예제 7 점과 직선 사이의 거리(2)

직선 $3x+4y-1=0$에 수직이고 원점에서의 거리가 2인 직선의 방정식을 모두 구하시오.

유제 7-1 직선 $y=-2x+3$에 평행하고 원점에서의 거리가 $\sqrt{5}$인 직선의 방정식을 모두 구하시오.

유제 7-2 점 $(1, 1)$을 지나고 원점에서의 거리가 $\sqrt{2}$인 직선의 방정식을 구하시오.

대표 예제 8 평행한 두 직선 사이의 거리

평행한 두 직선 $2x-3y-2=0$, $2x-3y+k=0$ 사이의 거리가 $\sqrt{13}$일 때, 모든 실수 k의 값의 합을 구하시오.

유제 8-1 평행한 두 직선 $3x+4y-4=0$, $3x+4y+k=0$ 사이의 거리가 2일 때, 양수 k의 값을 구하시오.

핵심 개념 & 공식 리뷰

해답 ☞ 38쪽

리뷰 1 O, X로 푸는 개념 리뷰

01 다음 문장이 참이면 ○표, 거짓이면 ×표를 ( ) 안에 써넣으시오.

(1) 일차방정식 $ax+by+c=0$ ($a\neq0$ 또는 $b\neq0$)이 나타내는 도형은 직선이다. ( )

(2) x축의 양의 방향과 이루는 각의 크기가 θ인 직선의 기울기는 $\tan\theta$이다. ( )

(3) x좌표가 같은 서로 다른 두 점을 지나는 직선은 x축에 평행한 직선이다. ( )

(4) 점 (a, b)를 지나고 y축에 수직인 직선은 $y=b$이다. ( )

(5) 두 직선 $y=mx+n$, $y=m'x+n'$ ($m\neq0$, $m'\neq0$)에 대하여 $m\neq m'$이면 두 직선은 한 점에서 만난다. ( )

(6) 두 직선 $ax+by+c=0$, $a'x+b'y+c'=0$에 대하여 $\frac{a}{a'}=\frac{b}{b'}$이면 두 직선은 서로 평행하다. ( )

(7) 두 직선 $y=mx+n$, $y=m'x+n'$이 서로 수직이면 $mm'=1$이다. ( )

(8) 평행한 두 직선 l, l' 사이의 거리는 직선 l' 위의 임의의 점과 직선 l 사이의 거리와 같다. ( )

리뷰 2 직선의 방정식

02 다음을 만족시키는 직선의 기울기를 구하시오.

(1) x축의 양의 방향과 이루는 각의 크기가 $30°$인 직선

(2) 두 점 $(-4, -2)$, $(2, 4)$를 지나는 직선

(3) x절편이 1, y절편이 5인 직선

(4) 두 점 $(7, -5)$, $(2, 10)$을 지나는 직선에 평행한 직선

03 다음 직선의 방정식을 구하시오.

(1) 점 $(3, 2)$를 지나고 기울기가 4인 직선

(2) 직선 $y=2x-6$에 수직이고 점 $(-2, 3)$을 지나는 직선

(3) 두 점 $\mathrm{A}(-2, 7)$, $\mathrm{B}(4, -11)$을 잇는 선분 AB의 수직이등분선

리뷰 3 두 직선의 위치 관계

04 다음 두 직선의 위치 관계를 말하시오.

(1) $y=-\frac{3}{2}x-1$, $2x-3y+12=0$

(2) $3x+4y-8=0$, $3x+4y+20=0$

(3) $y=\frac{1}{2}x-5$, $3x-6y-30=0$

리뷰 4 점과 직선 사이의 거리

05 다음 점 A와 직선 사이의 거리를 구하시오.

(1) $\mathrm{A}(-4, 3)$, $x-y-3=0$

(2) $\mathrm{A}(6, \sqrt{2})$, $-4x+\sqrt{2}y+8=0$

06 다음 평행한 두 직선 사이의 거리를 구하시오.

(1) $x-y-1=0$, $y=x+2$

(2) $y=-\frac{1}{2}x+1$, $3x+6y-2=0$

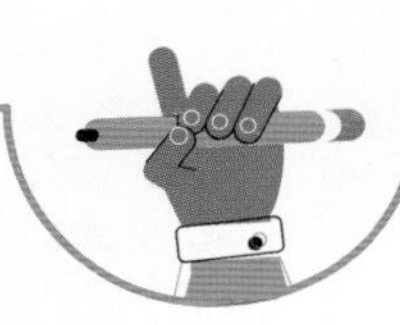

빈출 문제로 실전 연습

01 ●◐○ / 직선의 방정식 /

두 점 $(-1, 2)$, $(2, a)$를 지나는 직선의 y절편이 4일 때, a의 값은?

① 6 ② 7 ③ 8
④ 9 ⑤ 10

02 ●●○ / 직선의 방정식 /

세 점 $A(-3, 7)$, $B(0, k)$, $C(k+1, -3)$이 한 직선 위에 있도록 하는 모든 실수 k의 값의 합은?

① -3 ② -2 ③ -1
④ 1 ⑤ 3

내신 빈출

03 ●●○ / 직선의 방정식 /

세 점 $A(2, 5)$, $B(-2, 1)$, $C(4, -1)$을 꼭짓점으로 하는 삼각형 ABC에 대하여 점 A를 지나고 삼각형 ABC의 넓이를 이등분하는 직선의 기울기는?

① $\frac{7}{2}$ ② 4 ③ $\frac{9}{2}$
④ 5 ⑤ $\frac{11}{2}$

04 ●●○ / 직선의 방정식 /

직선 $\frac{x}{a}+\frac{y}{3}=1$과 x축 및 y축으로 둘러싸인 부분의 넓이가 6일 때, 이 직선의 기울기는? (단, $a>0$)

① $-\frac{5}{6}$ ② $-\frac{4}{5}$ ③ $-\frac{3}{4}$
④ $-\frac{2}{3}$ ⑤ $-\frac{1}{2}$

05 ●◐○ / 두 직선의 위치 관계 /

두 직선 $y=\frac{5-k}{4}x+3$, $y=5-kx$가 서로 수직이 되도록 하는 모든 상수 k의 값의 곱은?

① 1 ② 2 ③ 3
④ 4 ⑤ 5

06 ●●○ / 두 직선의 위치 관계 /

직선 $2x+ay+5=0$이 직선 $2x-(b-3)y+2=0$에 평행하고, 직선 $(a+1)x-(b+2)y+3=0$에 수직일 때, 상수 a, b에 대하여 a^2+b^2의 값은?

① 1 ② 2 ③ 3
④ 4 ⑤ 5

07 ●◐○

/ 점과 직선 사이의 거리 /

점 $(k,\ 0)$과 두 직선 $3x+6y-2=0$, $6x-3y+1=0$ 사이의 거리가 서로 같을 때, 모든 실수 k의 값의 곱은?

① $-\frac{1}{3}$ ② $-\frac{1}{9}$ ③ 0
④ $\frac{1}{3}$ ⑤ $\frac{1}{9}$

08 ●●○

/ 점과 직선 사이의 거리 /

직선 $3x-4y+20=0$에 평행하고 원점에서의 거리가 1인 직선의 방정식이 $ax-4y+b=0$일 때, 실수 a, b에 대하여 a^2+b^2의 값을 구하시오.

내신 빈출

09 ●●◐

/ 점과 직선 사이의 거리 /

직선 $3x-y+3=0$이 x축, y축과 만나는 점을 각각 A, B라 할 때, 직선 $3x-y-6=0$ 위의 임의의 점 P에 대하여 삼각형 ABP의 넓이는?

① $\frac{7}{2}$ ② 4 ③ $\frac{9}{2}$
④ 5 ⑤ $\frac{11}{2}$

교과서 속 사고력 UP

10 ●●●

/ 두 직선의 교점을 지나는 직선의 방정식 /

두 직선 $x+2y=4$, $mx-y-6m+3=0$의 교점이 제1사분면 위에 있을 때, 실수 m의 값의 범위를 구하시오.

11 ●●●

/ 두 직선의 위치 관계 /

세 직선 $x-2y=-4$, $4x-y=5$, $ax-y=0$에 의하여 생기는 교점이 2개 이하가 되도록 하는 모든 실수 a의 값의 합은?

① 3 ② 4 ③ 5
④ 6 ⑤ 7

12 ●●●

/ 점과 직선 사이의 거리 /

세 점 A(2, 6), B(1, 1), C(5, 3)을 꼭짓점으로 하는 삼각형 ABC의 넓이를 구하시오.

Ⅲ. 도형의 방정식

원의 방정식

개념 1 원의 방정식 | 개념 2 원과 직선의 위치 관계 | 개념 3 원의 접선의 방정식

교과서 대표문제로 필수개념완성

교과서 필수 개념 1 원의 방정식

1. 원의 방정식

중심이 점 (a, b)이고 반지름의 길이가 r인 원의 방정식은

$(x-a)^2+(y-b)^2=r^2$ ❶

특히, 중심이 원점이고 반지름의 길이가 r인 원의 방정식은

$x^2+y^2=r^2$

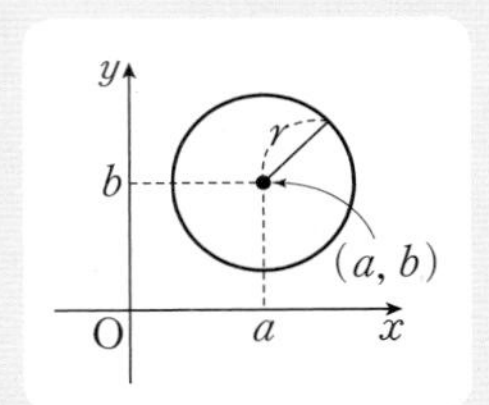

참고 중심이 점 (a, b)인 원이 좌표축에 접할 때, 다음이 성립한다.
(1) x축에 접하면 (반지름의 길이)$=|$(중심의 y좌표)$|=|b|$이므로 원의 방정식은 $(x-a)^2+(y-b)^2=b^2$ ❷
(2) y축에 접하면 (반지름의 길이)$=|$(중심의 x좌표)$|=|a|$이므로 원의 방정식은 $(x-a)^2+(y-b)^2=a^2$ ❸

2. 방정식 $x^2+y^2+Ax+By+C=0$이 나타내는 도형

x, y에 대한 이차방정식 $x^2+y^2+Ax+By+C=0$ $(A^2+B^2-4C>0)$은

$$\left(x+\frac{A}{2}\right)^2+\left(y+\frac{B}{2}\right)^2=\frac{A^2+B^2-4C}{4}$$ ❹

로 변형할 수 있으므로 중심이 점 $\left(-\frac{A}{2}, -\frac{B}{2}\right)$이고 반지름의 길이가 $\frac{\sqrt{A^2+B^2-4C}}{2}$인 원의 방정식이다.

예 방정식 $x^2+y^2-4x+8y+16=0$을 변형하면
$(x^2-4x+4)+(y^2+8y+16)=4$ $\quad\therefore (x-2)^2+(y+4)^2=2^2$
즉, 중심이 점 $(2, -4)$이고 반지름의 길이가 2인 원의 방정식이다.

❶ x, y에 대한 이차방정식
$(x-a)^2+(y-b)^2=r^2$
꼴을 원의 방정식의 표준형이라 하고
$x^2+y^2+Ax+By+C=0$
꼴을 원의 방정식의 일반형이라 한다.

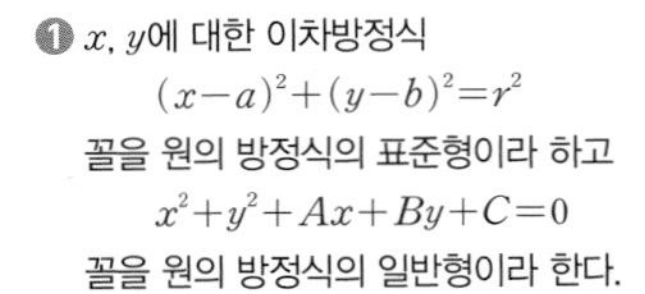

❷
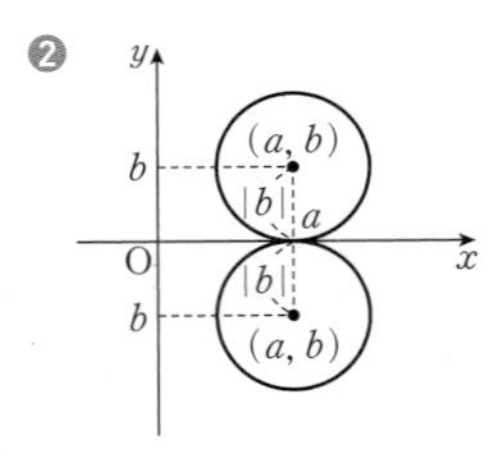

❸
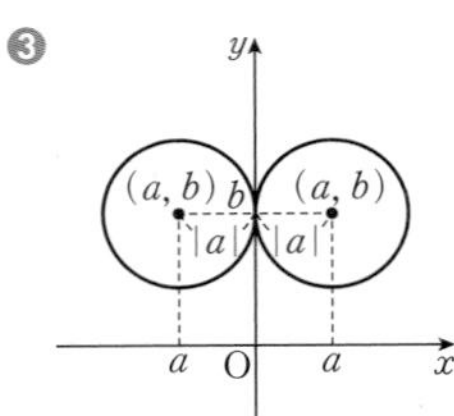

❹ $x^2+y^2+Ax+By+C=0$이 나타내는 도형이 원이 될 조건은
$A^2+B^2-4C>0$

대표 예제 1 원의 방정식

두 점 A$(4, -1)$, B$(0, 3)$을 지름의 양 끝 점으로 하는 원의 방정식을 구하시오.

유제 1-1

Tip 원의 중심은 선분 AB의 중점이고, 반지름의 길이는 $\frac{1}{2}\overline{AB}$이다.

다음을 구하시오.

(1) 두 점 A$(5, 2)$, B$(-1, -2)$를 지름의 양 끝 점으로 하는 원의 방정식

(2) 중심이 점 $(-3, 2)$이고 y축에 접하는 원의 방정식

유제 1-2

Tip $(x-a)^2+(y-b)^2=r^2$ 꼴로 변형한다.

방정식 $x^2+y^2-4x+2y+k=0$이 원을 나타내도록 하는 실수 k의 값의 범위를 구하시오.

대표 예제 2 세 점을 지나는 원의 방정식

세 점 A$(1, 2)$, B$(-3, 0)$, C$(-6, 1)$을 지나는 원의 방정식을 구하시오.

유제 2-1

세 점 A$(0, 0)$, B$(-1, -1)$, C$(4, 0)$을 지나는 원의 방정식을 구하시오.

교과서 필수 개념 2 원과 직선의 위치 관계 중요

[방법 1] 원과 직선의 위치 관계 – 판별식 이용

원의 방정식과 직선의 방정식을 연립하여 얻은 이차방정식의 판별식을 D라 하면 원과 직선의 위치 관계는 다음과 같다.

(i) $D>0$이면 서로 다른 두 점에서 만난다.

(ii) $D=0$이면 한 점에서 만난다.(접한다.)

(iii) $D<0$이면 만나지 않는다.

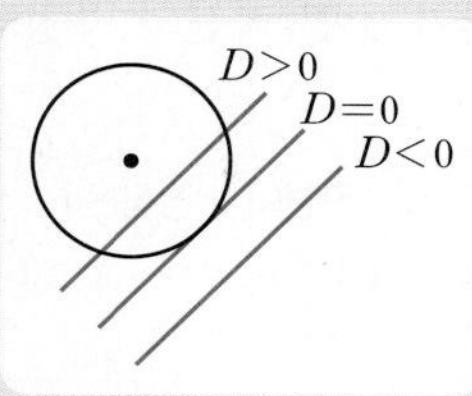

[방법 2] 원과 직선의 위치 관계 – 원의 중심과 직선 사이의 거리 이용 [1]

원의 중심과 직선 사이의 거리를 d, 원의 반지름의 길이를 r라 하면 원과 직선의 위치 관계는 다음과 같다.

(i) $d<r$이면 서로 다른 두 점에서 만난다.

(ii) $d=r$이면 한 점에서 만난다.(접한다.)

(iii) $d>r$이면 만나지 않는다.

[1] 원 $(x-x_1)^2+(y-y_1)^2=r^2$의 중심 (x_1, y_1)과 직선 $ax+by+c=0$ 사이의 거리 d는

$$d=\frac{|ax_1+by_1+c|}{\sqrt{a^2+b^2}}$$

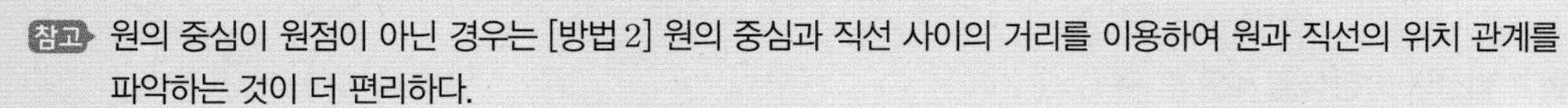

참고 원의 중심이 원점이 아닌 경우는 [방법 2] 원의 중심과 직선 사이의 거리를 이용하여 원과 직선의 위치 관계를 파악하는 것이 더 편리하다.

예 원 $x^2+y^2=2$와 직선 $y=x+1$의 위치 관계를 알아보자.

[방법 1] 판별식 이용

$y=x+1$을 $x^2+y^2=2$에 대입하여 정리하면

$$2x^2+2x-1=0$$

이 이차방정식의 판별식을 D라 하면

$$\frac{D}{4}=1^2-2\times(-1)=3>0$$

따라서 원과 직선은 서로 다른 두 점에서 만난다.

[방법 2] 원의 중심과 직선 사이의 거리 이용

원의 중심 $(0, 0)$과 직선 $x-y+1=0$ 사이의 거리를 d라 하면

$$d=\frac{|0-0+1|}{\sqrt{1^2+(-1)^2}}=\frac{\sqrt{2}}{2}<\sqrt{2}$$

(원 $x^2+y^2=2$의 반지름의 길이)

따라서 원과 직선은 서로 다른 두 점에서 만난다.

대표 예제 3 원과 직선의 위치 관계 (1)

원 $x^2+y^2-4x-2=0$과 직선 $y=-x+2$의 위치 관계를 구하시오.

유제 3-1 원 $x^2+y^2+4x-2y=0$과 직선 $y=2x-1$의 위치 관계를 구하시오.

유제 3-2 원 $x^2+y^2-6x+2y+5=0$과 직선 $x-2y-10=0$의 교점의 개수를 구하시오.

대표 예제 4 원과 직선의 위치 관계 (2)

원 $x^2+y^2=4$와 직선 $y=2x+k$가 서로 다른 두 점에서 만나도록 실수 k의 값의 범위를 정하시오.

유제 4-1 원 $x^2+y^2=1$과 직선 $y=kx+2$의 위치 관계가 다음과 같도록 실수 k의 값 또는 그 범위를 정하시오.

(1) 서로 다른 두 점에서 만난다. (2) 한 점에서 만난다. (3) 만나지 않는다.

해답 ☞ 42쪽

교과서 필수 개념 3 원의 접선의 방정식 중요

1. 기울기가 주어진 원의 접선의 방정식

원 $x^2+y^2=r^2$에 접하고 기울기가 m인 직선의 방정식은

$$y=mx\pm r\sqrt{m^2+1}$$ ❶, ❷

예 원 $x^2+y^2=2$에 접하고 기울기가 -1인 직선의 방정식은

$y=(-1)\times x\pm\sqrt{2}\times\sqrt{(-1)^2+1}$ $\quad\therefore y=-x\pm2$

2. 원 위의 점에서의 접선의 방정식

원 $x^2+y^2=r^2$ 위의 점 $\mathrm{P}(x_1,\ y_1)$에서의 접선의 방정식은

$$x_1x+y_1y=r^2$$

예 원 $x^2+y^2=2$ 위의 점 $\mathrm{P}(1,\ -1)$에서의 접선의 방정식은

$1\times x+(-1)\times y=2$ $\quad\therefore x-y=2$

❶ 한 원에서 기울기가 같은 접선은 2개이다.

❷ 원 $x^2+y^2=r^2$에 접하고 기울기가 m인 직선의 방정식을 $y=mx+n$이라 하고, 원의 방정식에 대입하여 정리하면

$(m^2+1)x^2+2mnx+n^2-r^2=0$

이 이차방정식의 판별식을 D라 하면

$\frac{D}{4}=(mn)^2-(m^2+1)(n^2-r^2)=0$

$\therefore n=\pm r\sqrt{m^2+1}$

따라서 구하는 접선의 방정식은

$y=mx\pm r\sqrt{m^2+1}$

원 밖의 한 점에서 그은 접선의 방정식을 구하는 방법

원 $x^2+y^2=r^2\ (r>0)$ 밖의 한 점 $\mathrm{P}(a,\ b)$에서 그은 접선의 방정식은 다음 두 가지 방법으로 구할 수 있다.

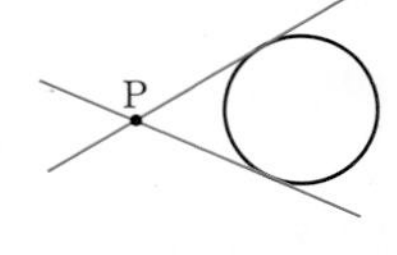

[방법 1] 접점을 이용하는 방법

(i) 접점의 좌표를 $(x_1,\ y_1)$로 놓고 접선의 방정식을 세운 후 ➜ $x_1x+y_1y=r^2$

접선이 지나는 점 P의 좌표를 대입한다. ➜ $x_1a+y_1b=r^2$ ······ ㉠

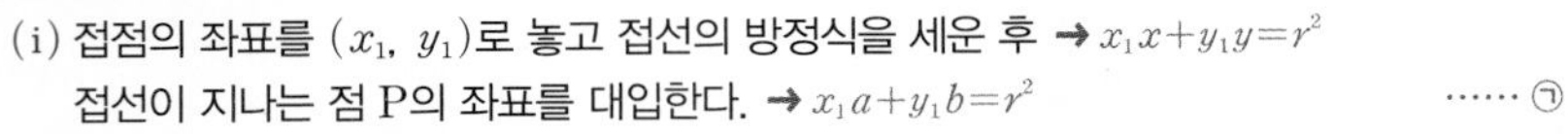

(ii) 접점 $(x_1,\ y_1)$의 좌표를 원의 방정식 $x^2+y^2=r^2$에 대입한다. ➜ ${x_1}^2+{y_1}^2=r^2$ ······ ㉡

(iii) ㉠, ㉡을 연립하여 $x_1,\ y_1$의 값을 구한다.

(iv) (iii)에서 구한 $x_1,\ y_1$의 값을 $x_1x+y_1y=r^2$에 대입하여 접선의 방정식을 구한다.

[방법 2] 기울기를 이용하는 방법

(i) 접선의 기울기를 m으로 놓고 접선이 지나는 점 $\mathrm{P}(a,\ b)$를 이용하여 접선의 방정식을 세운다. ➜ $y-b=m(x-a)$ ······ ㉠

(ii) (원의 중심과 직선 ㉠ 사이의 거리)$=r$임을 이용하거나, 원의 방정식과 직선 ㉠을 연립하여 세운 이차방정식의 판별식 $D=0$임을 이용하여 m의 값을 구한다.

(iii) (ii)에서 구한 m의 값을 ㉠에 대입하여 접선의 방정식을 구한다.

중심이 원점이 아닌 원인 경우에는 [방법 2]를 이용한다. 이때 (원의 중심과 직선 사이의 거리)$=r$임을 이용하여 구하는 것이 편리하다.

대표 예제 5 기울기가 주어진 원의 접선의 방정식

원 $x^2+y^2=25$에 접하고 직선 $y=2x+1$에 평행한 직선의 방정식을 구하시오.

유제 5-1 원 $x^2+y^2=16$에 접하고 직선 $x-3y+2=0$에 수직인 직선의 방정식을 구하시오.

대표 예제 6 원 위의 점에서의 접선의 방정식

원 $x^2+y^2=10$ 위의 점 $\mathrm{P}(-3,\ a)$에서의 접선이 직선 $x+3y+5=0$과 수직일 때, a의 값을 구하시오.

유제 6-1 원 $x^2+y^2=20$ 위의 점 $\mathrm{P}(a,\ b)$에서의 접선이 직선 $2x-y+3=0$과 평행할 때, ab의 값을 구하시오.

대표 예제 7 원 밖의 한 점에서 그은 접선의 방정식

점 $(3,\ 1)$에서 원 $x^2+y^2=5$에 그은 접선의 방정식을 구하시오.

유제 7-1 점 $(3,\ 5)$에서 원 $(x-1)^2+(y-1)^2=2$에 그은 접선의 방정식을 구하시오.

핵심 개념 & 공식 리뷰

해답 ☞ 42쪽

리뷰 1 O, X로 푸는 개념 리뷰

01 다음 문장이 참이면 ○표, 거짓이면 ×표를 ( ) 안에 써넣으시오.

(1) 방정식 $(x+1)^2+(y+1)^2=4$가 나타내는 도형은 중심이 점 $(1,\ 1)$이고 반지름의 길이가 2인 원이다. ( )

(2) 두 점 A, B를 지름의 양 끝 점으로 하는 원의 중심은 선분 AB의 중점이고, 반지름의 길이는 $\frac{1}{2}\overline{AB}$이다. ( )

(3) 중심이 점 $(2,\ 5)$이고 x축에 접하는 원의 방정식은 $(x-2)^2+(y-5)^2=25$이다. ( )

(4) 반지름의 길이가 1이고 x축, y축에 동시에 접하면서 중심이 제4사분면에 있는 원의 방정식은 $(x+1)^2+(y-1)^2=1$이다. ( )

(5) 원의 중심과 직선 사이의 거리를 d, 원의 반지름의 길이를 r라 할 때, $d>r$이면 원과 직선은 서로 다른 두 점에서 만난다. ( )

(6) 원 밖의 한 점에서 원에 그은 접선은 항상 1개이다. ( )

(7) 원 $x^2+y^2=r^2$ 위의 점 $P(x_1,\ y_1)$에서의 접선의 방정식은 $x_1x+y_1y=r^2$이다. ( )

리뷰 2 원의 방정식

02 다음 원의 방정식을 구하시오.

(1) 중심이 점 $(2,\ 1)$이고 반지름의 길이가 3인 원

(2) 중심이 원점이고 반지름의 길이가 $\sqrt{5}$인 원

(3) 중심이 점 $(-1,\ -4)$이고 점 $(3,\ -2)$를 지나는 원

(4) 중심이 점 $(-5,\ 3)$이고 x축에 접하는 원

03 다음 방정식이 나타내는 원의 중심의 좌표와 반지름의 길이를 구하시오.

(1) $x^2+(y-3)^2=16$

(2) $(x+1)^2+(y-5)^2=9$

(3) $x^2+y^2-2x+4y+4=0$

(4) $x^2+y^2+24x+8y+144=0$

리뷰 3 원과 직선의 위치 관계

04 원과 직선의 위치 관계가 다음과 같을 때, 실수 k의 값 또는 그 범위를 구하시오.

(1) $x^2+y^2=4,\ y=kx-3$

① 서로 다른 두 점에서 만난다.

② 한 점에서 만난다.

③ 만나지 않는다.

(2) $x^2+y^2-2x+4y=0,\ y=2x-k$

① 서로 다른 두 점에서 만난다.

② 접한다.

③ 만나지 않는다.

리뷰 4 원의 접선의 방정식

05 다음 직선 또는 접선의 방정식을 구하시오.

(1) 원 $x^2+y^2=9$에 접하고 기울기가 2인 직선

(2) 원 $x^2+y^2=1$에 접하고 직선 $4x+3y=3$에 수직인 직선

(3) 원 $x^2+y^2=25$ 위의 점 $(4,\ 3)$에서의 접선

(4) 점 $(-6,\ 0)$에서 원 $x^2+y^2=9$에 그은 접선

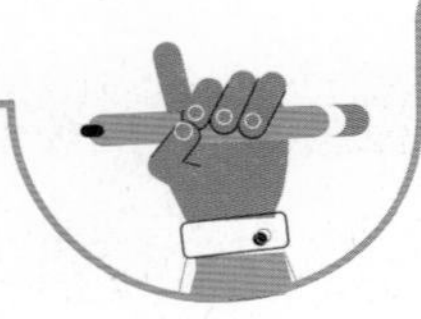

빈출 문제로 실전 연습

01 / 원의 방정식 /

원점 O와 점 A(4, 2)를 지름의 양 끝 점으로 하는 원이 두 점 $(1, a)$, $(1, b)$를 지날 때, $b-a$의 값은? (단, $a<b$)

① 1 ② 2 ③ 3 ④ 4 ⑤ 5

02 / 원의 방정식 /

두 점 A(3, 4), B(0, −5)에 대하여 선분 AB를 2 : 1로 내분하는 점을 중심으로 하고, 점 A를 지나는 원의 방정식이 $(x-a)^2+(y-b)^2=r^2$일 때, 상수 a, b, r에 대하여 $a^2+b^2+r^2$의 값은?

① 41 ② 43 ③ 45 ④ 47 ⑤ 49

03 / 원의 방정식 /

두 점 A(2, 1), B(5, 1)에 대하여 $\overline{PA}:\overline{PB}=2:1$을 만족시키는 점 P가 나타내는 도형의 방정식을 구하시오.

04 / 원의 방정식 /

점 (1, −2)를 지나고 x축과 y축에 동시에 접하는 두 원의 중심 사이의 거리는?

① $4\sqrt{2}$ ② $2\sqrt{10}$ ③ $4\sqrt{3}$ ④ $5\sqrt{2}$ ⑤ $3\sqrt{6}$

내신 빈출

05 / 원과 직선의 위치 관계 /

원 $(x-2)^2+y^2=32$와 직선 $y=x+n$이 서로 다른 두 점에서 만나도록 하는 정수 n의 최댓값은?

① 1 ② 2 ③ 3 ④ 4 ⑤ 5

06 / 원과 직선의 위치 관계 /

원 $x^2+y^2+2x-6y+6=0$ 위의 점과 직선 $3x+4y+16=0$ 사이의 거리의 최댓값과 최솟값의 합은?

① 8 ② 10 ③ 12 ④ 14 ⑤ 16

07 / 원의 접선의 방정식 /

원 $x^2+y^2=13$ 위의 점 (2, 3)에서의 접선이 점 $(k, 1)$을 지날 때, k의 값은?

① 3 ② $\frac{7}{2}$ ③ 4 ④ $\frac{9}{2}$ ⑤ 5

내신 빈출

08 ●◐○

/ 원의 접선의 방정식 /

직선 $2x-y+3=0$에 평행하고 원 $x^2+y^2=16$에 접하는 직선의 방정식이 $y=mx+n$일 때, 상수 m, n에 대하여 m^2+n^2의 값은?

① 80 ② 82 ③ 84
④ 86 ⑤ 88

09 ●●○

/ 원의 접선의 방정식 /

점 A$(2, 6)$에서 원 $x^2+y^2=4$에 그은 두 접선이 x축과 만나는 두 점을 B, C라 할 때, 삼각형 ABC의 넓이를 구하시오.

10 ●●○

/ 원의 접선의 방정식 /

원점에서 원 $x^2+y^2+6x+2y+9=0$에 그은 두 접선의 기울기의 합은?

① $\frac{1}{4}$ ② $\frac{1}{2}$ ③ $\frac{3}{4}$
④ 1 ⑤ $\frac{5}{4}$

교과서 속 사고력 UP

11 ●●●

/ 원과 직선의 위치 관계 /

원 $x^2+y^2-4x+6y+9=0$ 위의 점 P와 직선 $3x-4y+7=0$ 사이의 거리가 정수인 점 P의 개수를 구하시오.

12 ●●●

/ 원과 직선의 위치 관계 /

원 $x^2+y^2=2$ 위를 움직이는 점 A와 직선 $y=x-6$ 위를 움직이는 서로 다른 두 점 B, C를 꼭짓점으로 하는 삼각형 ABC가 정삼각형일 때, 삼각형 ABC의 넓이의 최댓값을 구하시오.

13 ●●●

/ 원의 접선의 방정식 /

직선 $y=mx+n$이 두 원 $x^2+y^2=9$, $(x+3)^2+y^2=4$에 동시에 접할 때, 두 실수 m, n에 대하여 $32mn$의 값을 구하시오.

Ⅲ. 도형의 방정식

도형의 이동

개념 1 점의 평행이동
개념 2 도형의 평행이동
개념 3 점의 대칭이동
개념 4 도형의 대칭이동

교과서 대표문제로 필수개념완성

교과서 필수 개념 1 점의 평행이동

1. 평행이동: 도형을 일정한 방향으로 일정한 거리만큼 이동하는 것

2. 점의 평행이동: 점 $\mathrm{P}(x, y)$를 x축의 방향으로 a만큼, y축의 방향으로 b만큼 평행이동한 점 P'의 좌표는

$\mathrm{P}'(x+a, y+b)$ ❶

예 점 $(1, 2)$를 x축의 방향으로 3만큼, y축의 방향으로 -4만큼 평행이동한 점의 좌표는 $(1+3, 2-4)$, 즉 $(4, -2)$

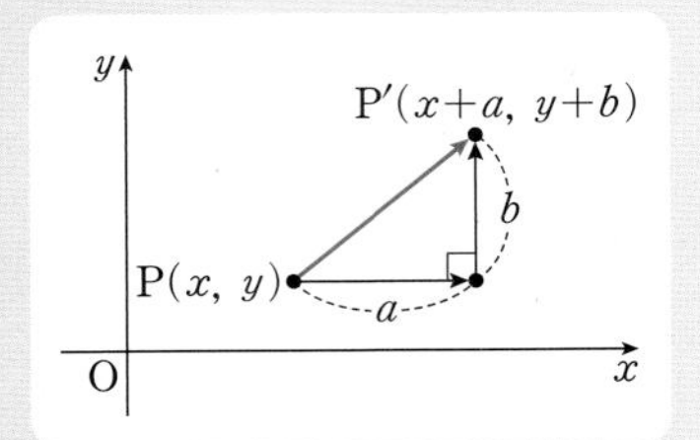

❶ 점 (x, y)를 x축의 방향으로 a만큼, y축의 방향으로 b만큼 평행이동하는 것을
$(x, y) \longrightarrow (x+a, y+b)$
와 같이 나타내기도 한다.

대표 예제 1 점의 평행이동

점 $(-1, 2)$를 x축의 방향으로 a만큼, y축의 방향으로 b만큼 평행이동하였더니 점 $(3, -2)$와 일치하였다. a, b의 값을 구하시오.

유제 1-1 점 $(0, 0)$을 점 $(3, -3)$으로 옮기는 평행이동에 의하여 점 $(-1, 2)$로 옮겨지는 점의 좌표를 구하시오.

교과서 필수 개념 2 도형의 평행이동 중요

방정식 $f(x, y)=0$❶이 나타내는 도형을 x축의 방향으로 a만큼, y축의 방향으로 b만큼 평행이동한 도형의 방정식은

$f(x-a, y-b)=0$ ❷

예 직선 $2x+y=3$을 x축의 방향으로 1만큼, y축의 방향으로 -2만큼 평행이동한 도형의 방정식은 $2(x-1)+(y+2)=3$, 즉 $2x+y=3$
(x 대신 $x-1$을 대입, y 대신 $y+2$를 대입)

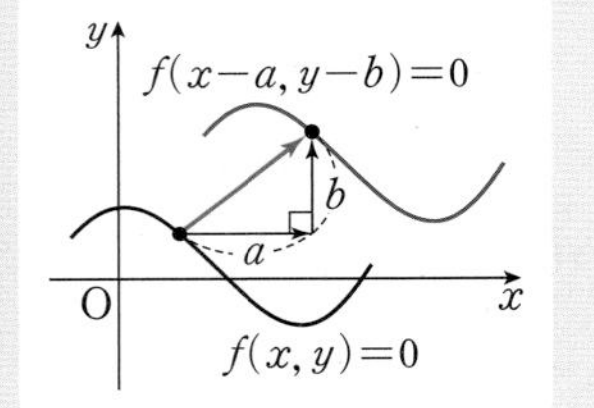

❶ 도형의 방정식을 일반적으로 $f(x, y)=0$으로 나타낼 수 있다.

❷ 도형 $f(x, y)=0$을 x축의 방향으로 a만큼, y축의 방향으로 b만큼 평행이동한 도형의 방정식은 x 대신 $x-a$, y 대신 $y-b$를 대입하여 구한다.

대표 예제 2 도형의 평행이동

다음 방정식이 나타내는 도형을 x축의 방향으로 2만큼, y축의 방향으로 -3만큼 평행이동한 도형의 방정식을 구하시오.

(1) $2x-3y+5=0$

(2) $(x+1)^2+(y-2)^2=2$

유제 2-1 직선 $y=2x+1$을 x축의 방향으로 a만큼, y축의 방향으로 2만큼 평행이동한 직선이 점 $(-3, 1)$을 지날 때, a의 값을 구하시오.

유제 2-2 원 $x^2+y^2+4x-2y+1=0$을 x축의 방향으로 a만큼, y축의 방향으로 b만큼 평행이동하였더니 중심이 원점이고 반지름의 길이가 r인 원이 되었다. 이때 a, b, r의 값을 구하시오.

해답 ☞ 46쪽

교과서 필수 개념 3 점의 대칭이동

1. 대칭이동: 도형을 한 점 또는 한 직선에 대하여 대칭인 도형으로 이동하는 것

2. 점의 대칭이동 ❶: 한 점 $\mathrm{P}(x, y)$를

① x축에 대하여 대칭이동한 점의 좌표는 $(x, -y)$

② y축에 대하여 대칭이동한 점의 좌표는 $(-x, y)$

③ 원점에 대하여 대칭이동한 점의 좌표는 $(-x, -y)$

④ 직선 $y=x$에 대하여 대칭이동한 점의 좌표는 (y, x)

예 점 $(1, 2)$를 x축, y축, 원점, 직선 $y=x$에 대하여 대칭이동한 점의 좌표는 다음과 같다.

① x축 → $(1, -2)$ ② y축 → $(-1, 2)$ ③ 원점 → $(-1, -2)$ ④ 직선 $y=x$ → $(2, 1)$

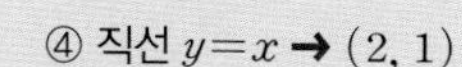

$(-x, y)$ $\mathrm{P}(x, y)$ y O x $(-x, -y)$ $(x, -y)$

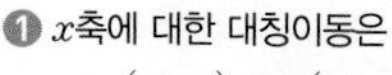

❶ x축에 대한 대칭이동은
$(x, y) \longrightarrow (x, -y)$
y축에 대한 대칭이동은
$(x, y) \longrightarrow (-x, y)$
원점에 대한 대칭이동은
$(x, y) \longrightarrow (-x, -y)$
직선 $y=x$에 대한 대칭이동은
$(x, y) \longrightarrow (y, x)$
와 같이 나타내기도 한다.

대표 예제 3 점의 대칭이동

점 $(-2, 1)$을 x축에 대하여 대칭이동한 점이 직선 $y=3x+k$ 위의 점일 때, 상수 k의 값을 구하시오.

유제 3-1 점 $(a, 3)$을 원점에 대하여 대칭이동한 점의 좌표가 $(-4, b)$일 때, $a+b$의 값을 구하시오.

유제 3-2 두 점 $\mathrm{A}(-2, -1)$, $\mathrm{B}(1, -5)$와 x축 위를 움직이는 점 P에 대하여 $\overline{\mathrm{AP}}+\overline{\mathrm{BP}}$의 최솟값을 구하시오.

Tip 점 B를 x축에 대하여 대칭이동한 점을 이용한다.

교과서 필수 개념 4 도형의 대칭이동 중요

방정식 $f(x, y)=0$이 나타내는 도형을 ❶

① x축에 대하여 대칭이동한 도형의 방정식은 $f(x, -y)=0$ ← y 대신 $-y$를 대입

② y축에 대하여 대칭이동한 도형의 방정식은 $f(-x, y)=0$ ← x 대신 $-x$를 대입

③ 원점에 대하여 대칭이동한 도형의 방정식은 $f(-x, -y)=0$ ← x 대신 $-x$, y 대신 $-y$를 대입

④ 직선 $y=x$에 대하여 대칭이동한 도형의 방정식은 $f(y, x)=0$ ← x 대신 y, y 대신 x를 대입

예 직선 $x+2y+3=0$을 x축, y축, 원점, 직선 $y=x$에 대하여 대칭이동한 직선의 방정식은 다음과 같다.

① x축: $x+2\times(-y)+3=0$, 즉 $x-2y+3=0$ ② y축: $-x+2y+3=0$, 즉 $x-2y-3=0$

③ 원점: $-x+2\times(-y)+3=0$, 즉 $x+2y-3=0$ ④ 직선 $y=x$: $y+2x+3=0$, 즉 $2x+y+3=0$

❶ 도형 $y=f(x)$를 x축, y축, 원점, 직선 $y=x$에 대하여 대칭이동한 도형의 방정식은 다음과 같다.
① x축: $y=-f(x)$
② y축: $y=f(-x)$
③ 원점: $y=-f(-x)$
④ 직선 $y=x$: $x=f(y)$

대표 예제 4 도형의 대칭이동

원 $(x+3)^2+(y-1)^2=9$를 직선 $y=x$에 대하여 대칭이동한 후 x축의 방향으로 2만큼, y축의 방향으로 -1만큼 평행이동한 원의 방정식을 구하시오.

유제 4-1 다음 방정식이 나타내는 도형을 x축, y축, 원점, 직선 $y=x$에 대하여 대칭이동한 도형의 방정식을 차례대로 구하시오.

(1) $y=x^2+1$ (2) $(x-2)^2+(y-1)^2=1$

유제 4-2 직선 $3x-2y+1=0$을 직선 $y=x$에 대하여 대칭이동한 직선이 원 $(x-a)^2+(y-3)^2=4$의 넓이를 이등분할 때, 상수 a의 값을 구하시오.

Tip 직선이 원의 중심을 지나면 원의 넓이를 이등분한다.

핵심 개념 & 공식 리뷰

해답 ☞ 47쪽

리뷰 1 ○, ×로 푸는 개념 리뷰

01 다음 문장이 참이면 ○표, 거짓이면 ×표를 ( ) 안에 써넣으시오.

(1) 점 (x, y)를 x축의 방향으로 a만큼, y축의 방향으로 b만큼 평행이동한 점의 좌표는 $(x+a, y+b)$이다. ( )

(2) 방정식 $f(x, y)=0$이 나타내는 도형을 x축의 방향으로 a만큼, y축의 방향으로 b만큼 평행이동한 도형의 방정식은 $f(x+a, y+b)=0$이다. ( )

(3) 점 (x, y)를 y축에 대하여 대칭이동한 점의 좌표는 $(-x, y)$이다. ( )

(4) 점 (x, y)를 원점에 대하여 대칭이동한 점의 좌표는 (y, x)이다. ( )

(5) 점 (x, y)를 직선 $y=x$에 대하여 대칭이동한 점의 좌표는 $(-y, -x)$이다. ( )

(6) 직선 $y=x$ 위에 있지 않은 점 P를 직선 $y=x$에 대하여 대칭이동한 점을 P′이라 하면 선분 PP′의 중점은 직선 $y=x$ 위에 있다. ( )

(7) 방정식 $f(x, y)=0$이 나타내는 도형을 x축에 대하여 대칭이동한 도형의 방정식은 $f(-x, y)=0$이다. ( )

(8) 원 $x^2+y^2=r^2$을 직선 $y=x$에 대하여 대칭이동한 도형은 자기자신이다. ( )

리뷰 2 점의 평행이동

02 평행이동 $(x, y) \longrightarrow (x+a, y+b)$에 의하여 다음과 같이 점이 옮겨질 때, a, b의 값을 구하시오.

(1) $(0, 6) \longrightarrow (3, 4)$

(2) $(-1, -4) \longrightarrow (-7, 10)$

(3) $(-3, -2) \longrightarrow (-1, 1)$

(4) $(5, 4) \longrightarrow (3, -2)$

리뷰 3 도형의 평행이동

03 평행이동 $(x, y) \longrightarrow (x-2, y+1)$에 의하여 다음 도형이 옮겨지는 도형의 방정식을 구하시오.

(1) $y=3x-5$

(2) $x^2+y^2+2x-6=0$

리뷰 4 도형의 대칭이동

04 다음을 만족시키는 a의 값을 구하시오.

(1) 직선 $y=-4x+7$을 x축에 대하여 대칭이동한 직선이 점 $(a, 5)$를 지난다.

(2) 포물선 $y=-x^2+3x$를 y축에 대하여 대칭이동한 포물선이 점 $(1, a)$를 지난다.

(3) 원 $(x-3)^2+(y+2)^2=1$을 원점에 대하여 대칭이동한 원이 점 $(a, 2)$를 지난다.

(4) 원 $x^2+y^2+2x-3=0$을 직선 $y=x$에 대하여 대칭이동한 원이 점 $(2, a)$를 지난다.

리뷰 5 대칭이동을 이용한 거리의 최솟값

05 다음을 구하시오.

(1) 두 점 A$(-2, 3)$, B$(5, 4)$와 x축 위를 움직이는 점 P에 대하여 $\overline{AP}+\overline{BP}$의 최솟값

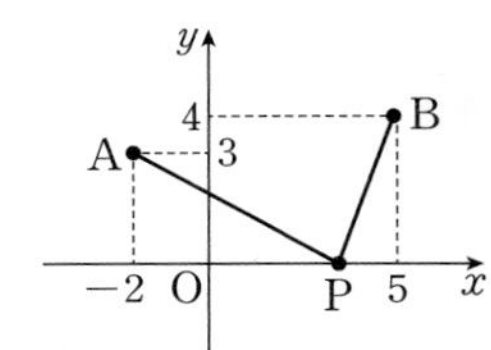

(2) 두 점 A$(4, 2)$, B$(2, -6)$과 y축 위를 움직이는 점 Q에 대하여 $\overline{AQ}+\overline{BQ}$의 최솟값

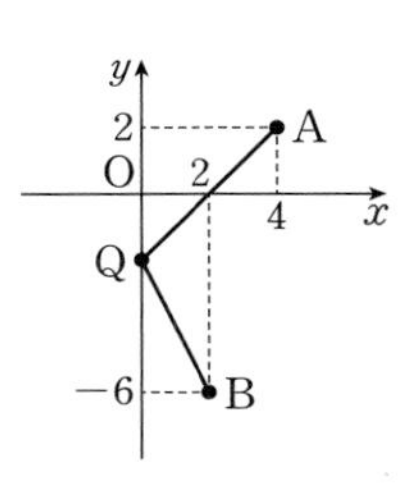

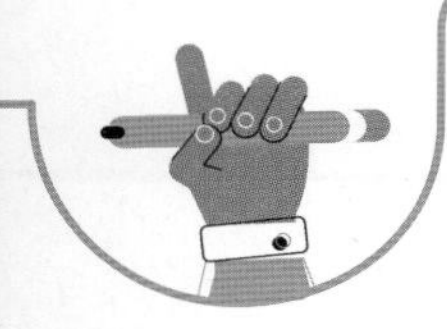

빈출 문제로 실전 연습

해답 ☞ 48쪽

01 ●○○ / 점의 평행이동 /

평행이동 $(x, y) \longrightarrow (x+2, y-1)$에 의하여 점 $(a, 5)$가 직선 $y=2x-4$ 위의 점으로 옮겨질 때, a의 값을 구하시오.

내신 빈출

02 ●●○ / 도형의 평행이동 /

원 $x^2+y^2-4x+10y+13=0$을 x축의 방향으로 a만큼, y축의 방향으로 b만큼 평행이동한 도형이 원 $(x+1)^2+(y-3)^2=c$일 때, 상수 a, b, c에 대하여 $a+b+c$의 값은?

① 20 ② 21 ③ 22
④ 23 ⑤ 24

03 ●◐○ / 점의 대칭이동 /

점 $(a+1, 3)$을 x축에 대하여 대칭이동한 후 직선 $y=x$에 대하여 대칭이동한 점의 좌표가 $(b, 4)$일 때, $a+b$의 값은?

① -2 ② -1 ③ 0
④ 1 ⑤ 2

04 ●●◐ / 점의 대칭이동 /

점 $(2, 3)$을 x축, y축, 직선 $y=x$에 대하여 대칭이동한 점을 각각 A, B, C라 할 때, 삼각형 ABC의 넓이를 구하시오.

05 ●●◐ / 도형의 평행이동과 대칭이동 /

직선 $x+2y=-3$을 x축의 방향으로 -2만큼 평행이동한 후 직선 $y=x$에 대하여 대칭이동한 직선이 원 $(x-2)^2+(y-1)^2=k$에 접할 때, 실수 k의 값은?

① 14 ② 16 ③ 18
④ 20 ⑤ 22

교과서 속 사고력 UP

06 ●●● / 도형의 평행이동 /

포물선 $y=x^2-4x$를 포물선 $y=x^2+8x+16$으로 옮기는 평행이동에 의하여 직선 l: $x-2y+1=0$은 직선 l'으로 옮겨진다. 두 직선 l과 l' 사이의 거리를 구하시오.

07 ●●● / 점의 대칭이동 /

오른쪽 그림과 같이 두 점 A$(2, 3)$, B$(5, 2)$와 y축 위를 움직이는 점 P, x축 위를 움직이는 점 Q에 대하여 $\overline{AP}+\overline{PQ}+\overline{QB}$의 최솟값은?

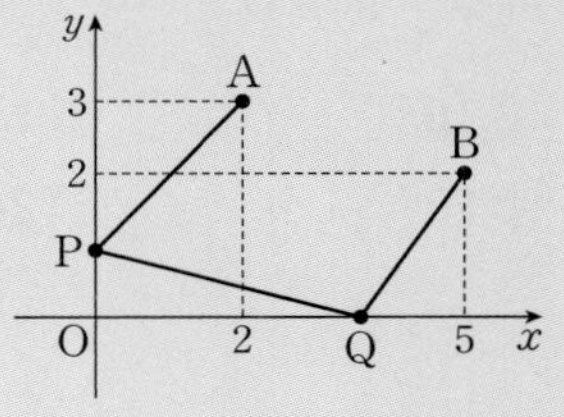

① $\sqrt{74}$ ② $5\sqrt{3}$ ③ $2\sqrt{19}$
④ $\sqrt{77}$ ⑤ $\sqrt{78}$

5지 선다형

01

두 다항식 $A=x^2+3xy-y^2$, $B=3x^2-4xy+2y^2$에 대하여 $2A-3B=ax^2+bxy+cy^2$일 때, $a+b-c$의 값은?

(단, a, b, c는 상수이다.)

① 17 ② 19 ③ 21 ④ 23 ⑤ 25

02

다항식 $(x^2-3x+a)(x^3+x^2-x-1)$의 전개식에서 x^2의 계수와 x^3의 계수의 합이 4일 때, 상수 a의 값은?

① 1 ② 2 ③ 3 ④ 4 ⑤ 5

03

$a+b=3$, $a^2+b^2=5$일 때, a^4b+ab^4의 값은?

① 16 ② 18 ③ 20 ④ 22 ⑤ 24

04

두 실수 x, y가 $(x+2yi)+y(2+i)=9i$를 만족시킬 때, x^2+y^2의 값은? (단, $i=\sqrt{-1}$)

① 41 ② 43 ③ 45 ④ 47 ⑤ 49

05

이차함수 $y=f(x)$의 그래프가 x축과 두 점 $(-1, 0)$, $(3, 0)$에서 만나고 점 $(4, 10)$을 지날 때, $f(5)$의 값은?

① 22 ② 24 ③ 26 ④ 28 ⑤ 30

06

두 다항식 A, B에 대하여

$A+B=4x^2-3x+2$,

$A-B=x^2+2x+3$

일 때, $(2A-3B)-(3B-2A)$를 간단히 하면?

① $x^2+12x+13$ ② $x^2-13x+12$ ③ $x^2-13x+13$ ④ $x^2+13x+12$ ⑤ $x^2+13x+13$

07

등식 $k^2x^2+2kx-ky-k^2=0$이 k의 값에 관계없이 항상 성립할 때, $x+y$의 최댓값을 M, 최솟값을 m이라 하자. 이때 Mm의 값은?

① -1 ② -3 ③ -5 ④ -7 ⑤ -9

08

다항식 $f(x)$를 $x-3$으로 나누었을 때의 나머지가 3이고, $x-4$로 나누었을 때의 나머지가 4이다. $xf(x+1)$을 $(x-2)(x-3)$으로 나누었을 때의 나머지를 $g(x)$라 할 때, $g(2)+g(3)$의 값은?

① 12 ② 14 ③ 16 ④ 18 ⑤ 20

09

$b-c=3$, $c-a=-1$일 때, $3a^2+3b^2+3c^2-3ab-3bc-3ca$의 값은?

① 21 ② 22 ③ 23 ④ 24 ⑤ 25

10

복소수 z에 대하여 항상 실수인 것만을 **보기**에서 있는 대로 고른 것은? (단, $\overline{z}$는 z의 켤레복소수이다.)

보기

ㄱ. $z\overline{z}$ ㄴ. $z^2+\overline{z}^2$ ㄷ. $z^3-\overline{z}^3$

① ㄱ ② ㄷ ③ ㄱ, ㄴ ④ ㄴ, ㄷ ⑤ ㄱ, ㄴ, ㄷ

11

이차함수 $y=-x^2+5x$의 그래프와 직선 $y=3x+k$가 만나도록 하는 실수 k의 최댓값은?

① 1 ② 2 ③ 3
④ 4 ⑤ 5

12

$(5^2-5+1)(5^6-5^3+1)(5^{18}-5^9+1)=\frac{5^n+1}{m}$을 만족시키는 자연수 m, n에 대하여 $m+n$의 값은?

① 21 ② 24 ③ 27
④ 30 ⑤ 33

13

다항식 $x^5+x^4+x^3+x^2+x+1$을 $x-2$로 나누었을 때의 나머지를 R_1, $2x-1$로 나누었을 때의 나머지를 R_2라 할 때, $R_1=kR_2$이다. 실수 k의 값은?

① 2 ② 4 ③ 8
④ 16 ⑤ 32

14

등식 $\left(\frac{1+i}{\sqrt{2}}\right)^n=i$를 만족시키는 두 자리 자연수 n의 값 중 최댓값을 M, 최솟값을 m이라 할 때, $M+m$의 값은?
(단, $i=\sqrt{-1}$)

① 102 ② 104 ③ 106
④ 108 ⑤ 110

15

다항식 $x^3-13x+12$가 세 일차식 $x-\alpha$, $x-\beta$, $x-\gamma$로 모두 나누어떨어진다. 최고차항의 계수가 1이고 $f(\alpha)=f(\beta)=0$인 이차함수 $y=f(x)$에 대하여 $0\le x\le\gamma$에서 함수 $f(x)$의 최댓값과 최솟값의 차는? (단, $\alpha<\beta<\gamma$)

① 12 ② 14 ③ 16
④ 18 ⑤ 20

16

자연수 n에 대하여 $f(n)=\left(\frac{1}{i}\right)^n+\left(-\frac{1}{i}\right)^{n+2}$이라 할 때, $f(1)+f(2)+f(3)+\cdots+f(10)=a+bi$이다. 실수 a, b에 대하여 $a+b$의 값은? (단, $i=\sqrt{-1}$)

① -2 ② -1 ③ 0
④ 1 ⑤ 2

17

다음 그림과 같이 직선 $x=t$ $(1<t<5)$와 두 곡선 $y=-x^2+8x$, $y=x^2-10x+16$이 만나는 점을 각각 A, B라 하고, 직선 $x=t+3$과 두 곡선 $y=x^2-10x+16$, $y=-x^2+8x$가 만나는 점을 각각 C, D라 하자. 사다리꼴 ABCD의 넓이를 $f(t)$라 하면 함수 $f(t)$는 $t=\alpha$일 때 최댓값 M을 갖는다. 이때 $\alpha+M$의 값은?

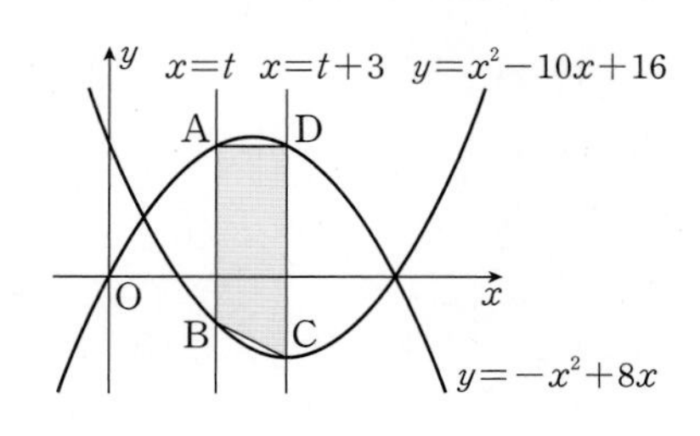

① 61 ② 62 ③ 63
④ 64 ⑤ 65

단답형

18

오른쪽 그림은 모든 모서리의 길이의 합이 40이고 겉넓이가 28인 직육면체이다. 이 직육면체의 대각선의 길이를 l이라 할 때, l^2의 값을 구하시오.

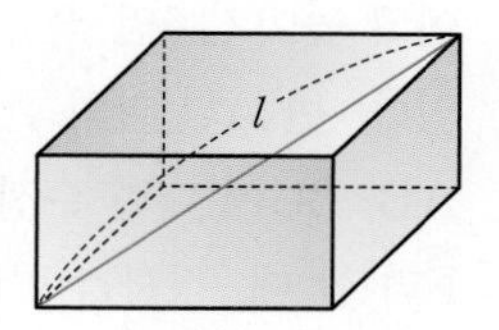

19

$24x^3+2x^2-5x-1=(2x-1)(ax^2+bx+c)$일 때, 상수 a, b, c에 대하여 abc의 값을 구하시오.

20

삼각형 ABC의 세 변의 길이 a, b, c에 대하여

$$a^2=b^2+c^2,$$
$$b^2+(a+c)c-ab-2bc=0$$

이 성립하고 삼각형 ABC의 넓이가 8일 때, a^2+b+c의 값을 구하시오.

21

오른쪽 그림과 같이 밑변의 길이가 8이고 높이가 6인 직각삼각형 ABC가 있다. 변 AC 위의 한 점 D에서 두 변 AB, BC에 내린 수선의 발을 각각 E, F라 할 때, 직사각형 BFDE의 넓이의 최댓값을 구하시오.

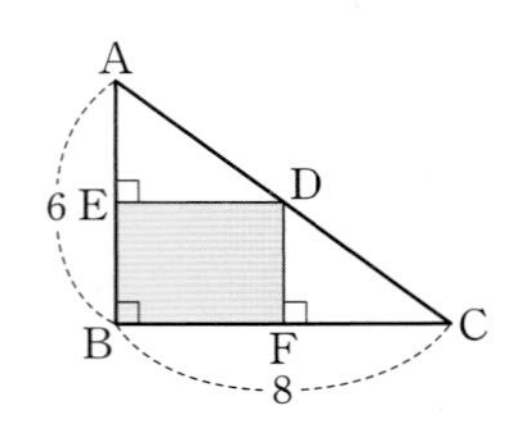

22

이차방정식 $x^2+4x-1=0$의 두 실근 α, β에 대하여

$\dfrac{\beta}{\alpha^2+5\alpha-1}+\dfrac{\alpha}{\beta^2+5\beta-1}$의 값을 구하시오.

23

최고차항의 계수가 1인 삼차식 $f(x)$, 최고차항의 계수가 1인 이차식 $g(x)$가 다음 조건을 모두 만족시킨다.

> (가) 모든 실수 x에 대하여 $f(-x)=-f(x)$이다.
> (나) 모든 실수 x에 대하여 $g(-x)=g(x)$이다.
> (다) 다항식 $f(x)-g(x)$는 $x-1$, $x-2$로 모두 나누어떨어진다.

이때 $f(3)-g(3)$의 값을 구하시오.

24

x에 대한 이차방정식 $x^2-2(a-1)x+a(a+1)=0$이 두 실근 α, β를 가질 때, $9(\alpha-2)(\beta-2)$의 최솟값을 구하시오.

(단, a는 실수이다.)

25

$1\le x\le 3$에서 이차함수 $f(x)=(x-a)^2+b$의 최댓값이 2일 때, 상수 a, b에 대하여 $2a+b$의 최댓값을 구하시오.

해답 ☞ 53쪽

5지 선다형

01

사차방정식 $4x^4+11x^2-3=0$의 모든 실근의 곱은?

① $-\frac{3}{4}$ ② $-\frac{5}{8}$ ③ $-\frac{1}{2}$
④ $-\frac{3}{8}$ ⑤ $-\frac{1}{4}$

02

두 점 A(1, 2), B(4, −1)에서 같은 거리에 있는 y축 위의 점을 P라 할 때, 선분 AP의 길이는?

① 4 ② $\sqrt{17}$ ③ $3\sqrt{2}$
④ $\sqrt{19}$ ⑤ $2\sqrt{5}$

03

두 점 A(−4, 0), B(2, 3)에 대하여 선분 AB를 2 : 1로 내분하는 점이 직선 $y=2x+k$ 위에 있을 때, 상수 k의 값은?

① 1 ② $\frac{4}{3}$ ③ $\frac{5}{3}$
④ 2 ⑤ $\frac{7}{3}$

04

연립부등식 $\begin{cases} x^2-7x+6\le 0 \\ x^2-2x-3\le 0 \end{cases}$을 만족시키는 모든 정수 x의 값의 합은?

① 0 ② 2 ③ 4
④ 6 ⑤ 8

05

y축 위의 점 P(0, b)에서 두 직선 $2x+5y=1$, $5x-2y=6$에 이르는 거리가 같을 때, 양수 b의 값은?

① $\frac{5}{3}$ ② 2 ③ $\frac{7}{3}$
④ $\frac{8}{3}$ ⑤ 3

06

이차방정식 $x^2+x+1=0$의 한 허근을 ω라 할 때, $\frac{1}{\omega^2}+\frac{1}{\overline{\omega}^2}$의 값은? (단, $\overline{\omega}$는 ω의 켤레복소수이다.)

① -2 ② -1 ③ 0
④ 1 ⑤ 2

07

세 점 $A(a,\ 1)$, $B(-1,\ 2)$, $C(3,\ 4)$를 꼭짓점으로 하는 삼각형 ABC가 $\angle A=90°$인 직각삼각형이 되도록 하는 모든 a의 값의 합은?

① -2 ② -1 ③ 0
④ 1 ⑤ 2

08

직선 $x+2y-2=0$이 직선 $ax+4y-3=0$에 평행하고, 직선 $2x+by+8=0$에 수직이다. 상수 a, b에 대하여 $a+b$의 값은?

① -2 ② -1 ③ 0
④ 1 ⑤ 2

09

두 점 $A(-1,\ -2)$, $B(5,\ 1)$에 대하여 선분 AB를 $2:1$로 내분하는 점과 외분하는 점을 지름의 양 끝 점으로 하는 원이 점 $(k,\ 0)$을 지날 때, k의 값은? (단, $k>10$)

① 11 ② 12 ③ 13
④ 14 ⑤ 15

10

직선 $2x-y+12=0$을 x축의 방향으로 k만큼 평행이동한 후 y축에 대하여 대칭이동한 직선이 점 $(3,\ k)$를 지날 때, k의 값은?

① 1 ② 2 ③ 3
④ 4 ⑤ 5

해답 ☞ 53쪽

11

방정식 $x^4-2x^3+3x^2-2x+1=0$의 근이 $a\pm bi$일 때, 실수 a, b에 대하여 a^2+b^2의 값은 (단, $i=\sqrt{-1}$)

① $\frac{1}{4}$ ② $\frac{1}{2}$ ③ 1
④ 2 ⑤ 4

12

이차부등식 $ax^2+bx+c<0$의 해가 $\frac{1}{8}<x<\frac{1}{2}$일 때, 이차부등식 $cx^2+bx+a\leq 0$을 만족시키는 정수 x의 개수는?

(단, a, b, c는 상수이다.)

① 6 ② 7 ③ 8
④ 9 ⑤ 10

13

부등식 $|x+1|-2|x-2|\geq 1$을 만족시키는 모든 정수 x의 값의 합은?

① 7 ② 8 ③ 9
④ 10 ⑤ 11

14

원 $(x-a)^2+(y+b)^2=2$와 직선 $y=x+1$이 만날 때, 상수 a, b에 대하여 $a+b$의 최댓값은?

① 1 ② 2 ③ 3
④ 4 ⑤ 5

15

원 $(x-1)^2+(y-2)^2=5$ 위의 점 $\mathrm{P}(3,\ 1)$에서의 접선이 점 $(8,\ k)$를 지날 때, k의 값은?

① 11 ② 12 ③ 13
④ 14 ⑤ 15

16

직선 $4x+3y+1=0$을 x축의 방향으로 k만큼 평행이동하면 원 $(x-1)^2+y^2=9$에 접할 때, 양수 k의 값은?

① 3　② 4　③ 5　④ 6　⑤ 7

17

직선 $(2+k)x+(1-k)y-5-k=0$에 대한 설명으로 옳은 것만을 **보기**에서 있는 대로 고른 것은? (단, k는 상수이다.)

보기

ㄱ. y축에 평행한 직선으로 나타낼 수 있다.
ㄴ. 원 $(x-1)^2+y^2=4$와 서로 다른 두 점에서 만난다.
ㄷ. 원 $(x-1)^2+y^2=4$의 넓이를 이등분할 수 있다.

① ㄱ　② ㄴ　③ ㄱ, ㄴ　④ ㄴ, ㄷ　⑤ ㄱ, ㄴ, ㄷ

단답형

18

삼차방정식 $x^3+3x^2+(a-4)x-a=0$의 근이 모두 실수가 되도록 하는 자연수 a의 개수를 구하시오.

19

지면에서 지면과 수직인 방향으로 쏘아 올린 공의 t초 후 지면으로부터의 높이는 $(-5t^2+30t)$ m라 한다. 이 공이 지면으로부터 40 m 이상 공중에 머무는 시간이 a초일 때, a의 값을 구하시오.

20

이차부등식 $x^2+2ax-2a+3\geq 0$의 해가 모든 실수가 되도록 하는 실수 a의 최댓값을 M, 최솟값을 m이라 할 때, $M+m$의 값을 구하시오.

21

세 점 A$(3,\ 1)$, B$(-1,\ -4)$, C$(a,\ 0)$을 꼭짓점으로 하는 삼각형 ABC의 넓이가 10일 때, 양수 a의 값을 구하시오.

22

중심이 x축 위에 있고 두 점 $(0,\ 4)$, $(7,\ 3)$을 지나는 원의 넓이가 $p\pi$일 때, 유리수 p의 값을 구하시오.

23

직선 $y=-2x+1$을 x축의 방향으로 1만큼, y축의 방향으로 2만큼 평행이동하면 원 $(x-m)^2+(y+m)^2=4$의 넓이를 이등분할 때, 상수 m의 값을 구하시오.

24

오른쪽 그림과 같이 지름이 26인 원에 둘레의 길이가 60인 직각삼각형이 내접한다. 이 직각삼각형에서 직각을 낀 두 변의 길이 중 긴 변의 길이를 구하시오.

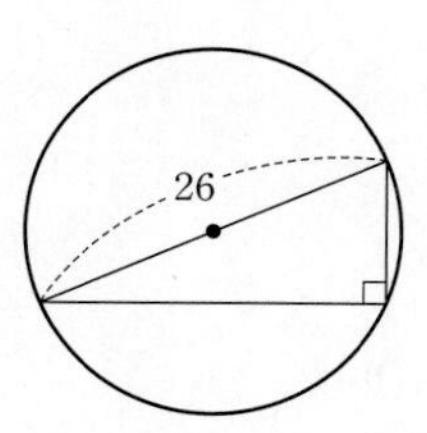

25

다음 그림과 같은 오각형 ABCDE가 있다. 변 DE 위의 한 점 P에서 두 변 AB, BC 위에 내린 수선의 발을 각각 Q, R라 할 때, $\overline{AB}=50$, $\overline{BC}=60$, $\overline{CD}=20$, $\overline{AE}=20$, $\overline{PD}=20$, $\overline{PE}=30$이다. 직사각형 PQBR에서 $\overline{PQ}=a$, $\overline{PR}=b$라 할 때, $a+b$의 값을 구하시오.

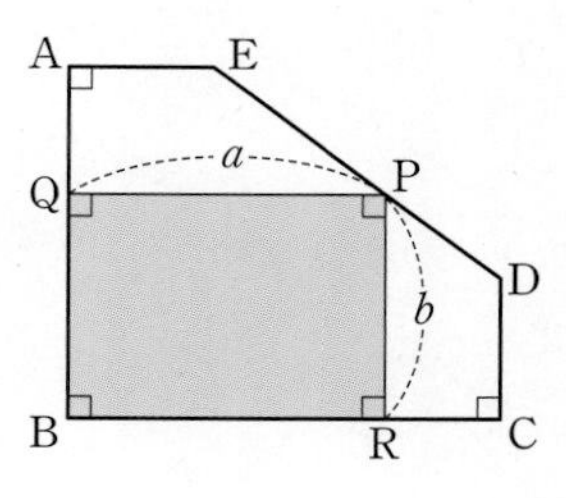

수열과 1등급을 결정짓는 1% 비결

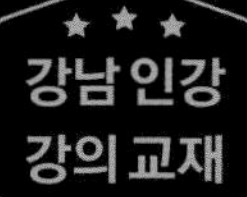

HiGH-END
하이엔드

상위 1%를 위한 고난도 유형 완성전략!

수능 고난도 상위5문항 정복

수능 하이엔드 시리즈

수학 I, II / 확률과 통계 / 미적분 / 기하

- 최근 10개년 오답률 상위 5문항 분석
- 대표 기출-기출변형-예상문제로 고난도 유형 완전 정복

내신 1등급 고난도 유형 공략

내신 하이엔드 시리즈

고등수학 상, 하 / 수학 I, II / 확률과 통계 / 미적분 / 기하

- 1등급을 완성 하는 고난도 빈출 문제-기출변형-최고난도 문제 순서의 3 STEP 문제 연습

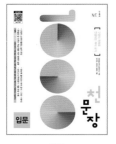

단 기 핵 심 공 략 서

START CORE

스코어 START

스타트

정답과 해설

고등 수학(상)

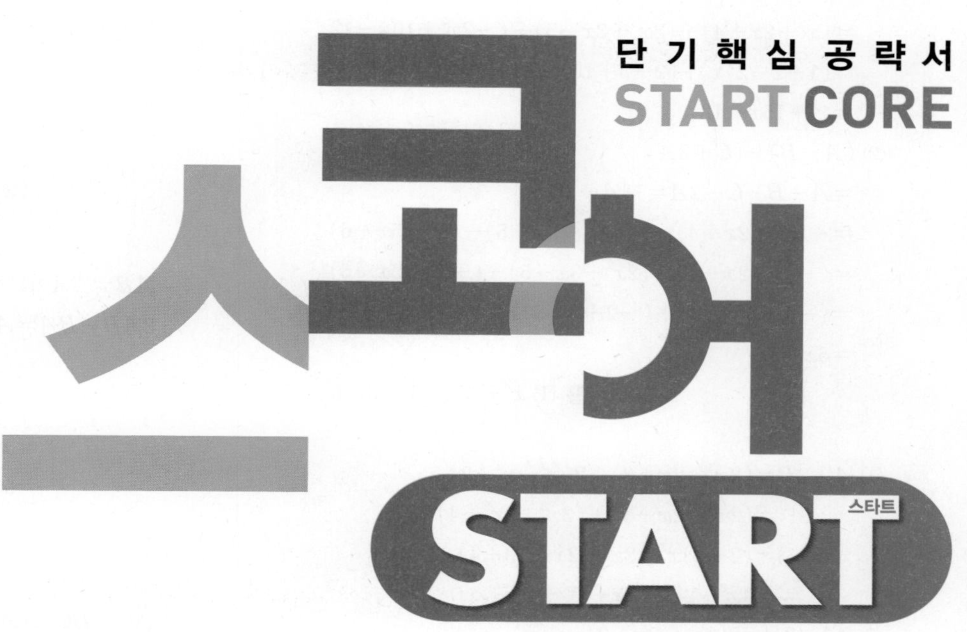

정답과 해설

고등 수학(상)

I. 다항식

01강 다항식의 연산

교과서 필수 개념 1 다항식의 덧셈과 뺄셈

본문 ☞ 6쪽

대표예제 ① (1) $A-(B+2C)$

$=A-B-2C$

$=(x^2+2x+4)-(-2x^2-3x+5)-2(x^2-5x+6)$

$=(x^2+2x+4)+(2x^2+3x-5)+(-2x^2+10x-12)$

$=(1+2-2)x^2+(2+3+10)x+(4-5-12)$

$=x^2+15x-13$

(2) $(A-B)-(C+2A)$

$=A-B-C-2A=-A-B-C$

$=-(x^2+2x+4)-(-2x^2-3x+5)-(x^2-5x+6)$

$=(-x^2-2x-4)+(2x^2+3x-5)+(-x^2+5x-6)$

$=(-1+2-1)x^2+(-2+3+5)x+(-4-5-6)$

$=6x-15$

답 (1) $x^2+15x-13$ (2) $6x-15$

유제 1-1 (1) $A+2B=(2x^3-2x+3)+2(x^3-x^2+2)$

$=(2x^3-2x+3)+(2x^3-2x^2+4)$

$=(2+2)x^3-2x^2-2x+(3+4)$

$=4x^3-2x^2-2x+7$

(2) $2A-3B=2(2x^3-2x+3)-3(x^3-x^2+2)$

$=(4x^3-4x+6)+(-3x^3+3x^2-6)$

$=(4-3)x^3+3x^2-4x+(6-6)$

$=x^3+3x^2-4x$

답 (1) $4x^3-2x^2-2x+7$ (2) x^3+3x^2-4x

유제 1-2 (1) $A-X=B$에서

$X=A-B=(x^2-xy)-(3xy+y^2)$

$=(x^2-xy)+(-3xy-y^2)$

$=x^2+(-1-3)xy-y^2=x^2-4xy-y^2$

(2) $2(X-A)=B+X$에서 $2X-2A=B+X$

$\therefore X=2A+B=2(x^2-xy)+(3xy+y^2)$

$=(2x^2-2xy)+(3xy+y^2)$

$=2x^2+(-2+3)xy+y^2=2x^2+xy+y^2$

답 (1) $x^2-4xy-y^2$ (2) $2x^2+xy+y^2$

교과서 필수 개념 2 다항식의 곱셈

본문 ☞ 7쪽

대표예제 ② (1) $(x-1)(x^2+2x+2)=x(x^2+2x+2)-(x^2+2x+2)$

$=x^3+2x^2+2x-x^2-2x-2$

$=x^3+x^2-2$

(2) $(x+y-1)(2x-y+3)$

$=x(2x-y+3)+y(2x-y+3)-(2x-y+3)$

$=2x^2-xy+3x+2xy-y^2+3y-2x+y-3$

$=2x^2-y^2+xy+x+4y-3$

답 (1) x^3+x^2-2 (2) $2x^2-y^2+xy+x+4y-3$

유제 2-1 (1) $(a^2-2a-1)(a^2+4)=(a^2-2a-1)a^2+4(a^2-2a-1)$

$=a^4-2a^3-a^2+4a^2-8a-4$

$=a^4-2a^3+3a^2-8a-4$

(2) $(x+1)(x-1)(x-2)=\{(x+1)(x-1)\}(x-2)$

$=(x^2-1)(x-2)$

$=x^2(x-2)-(x-2)$

$=x^3-2x^2-x+2$

답 (1) $a^4-2a^3+3a^2-8a-4$ (2) x^3-2x^2-x+2

대표예제 ③ $AB=BA$이므로

$2AB-BA=AB=(x^2-3xy+2y^2)(x-2y)$

$=(x^2-3xy+2y^2)x-(x^2-3xy+2y^2)\times 2y$

$=x^3-3x^2y+2xy^2-(2x^2y-6xy^2+4y^3)$

$=x^3-3x^2y+2xy^2-2x^2y+6xy^2-4y^3$

$=x^3-5x^2y+8xy^2-4y^3$

답 $x^3-5x^2y+8xy^2-4y^3$

유제 3-1 $AC+BC=(A+B)C$

$=\{(2x+1)+(3x-1)\}(x^2+x+2)$

$=5x(x^2+x+2)$

$=5x^3+5x^2+10x$

답 $5x^3+5x^2+10x$

대표예제 ④ $(4x^2-3x-2)(2x^2-x+5)$의 전개식에서 x^3항은

$4x^2\times(-x)+(-3x)\times 2x^2=-4x^3-6x^3=-10x^3$

이므로 x^3의 계수는 -10이다.

답 -10

유제 4-1 (1) $(x+y-1)(x-4y+3)$의 전개식에서 xy항은

$x\times(-4y)+y\times x=-4xy+xy=-3xy$

이므로 xy의 계수는 -3이다.

(2) $(2x^2-3x+2)^2=(2x^2-3x+2)(2x^2-3x+2)$의 전개식에서 x^2항은

$2x^2\times 2+(-3x)\times(-3x)+2\times 2x^2=4x^2+9x^2+4x^2$

$=17x^2$

이므로 x^2의 계수는 17이다.

답 (1) -3 (2) 17

유제 4-2 $(6x^3-x^2+2x+3)(3x^2+5x+1)$의 전개식에서 x^3항은

$6x^3\times 1+(-x^2)\times 5x+2x\times 3x^2=6x^3-5x^3+6x^3=7x^3$

이므로 x^3의 계수는 7이다.

또한, x^5항은 $6x^3\times3x^2=18x^5$이므로 x^5의 계수는 18이다.

따라서 x^3의 계수와 x^5의 계수의 합은

$7+18=25$

답 25

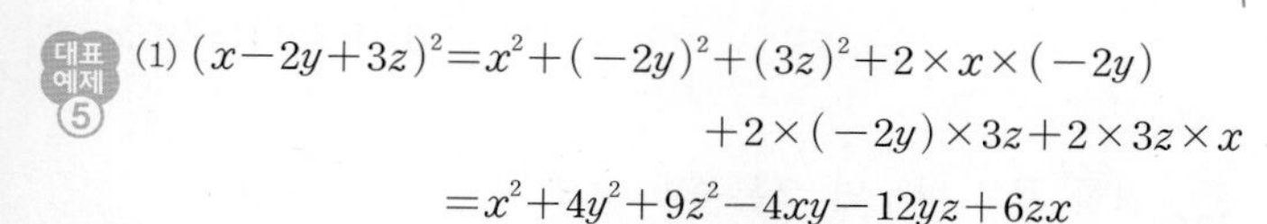

교과서 필수 개념 3 곱셈 공식

본문 ☞ 8쪽

대표예제 5

(1) $(x-2y+3z)^2=x^2+(-2y)^2+(3z)^2+2\times x\times(-2y)+2\times(-2y)\times3z+2\times3z\times x$

$=x^2+4y^2+9z^2-4xy-12yz+6zx$

(2) $(x+2y)^3=x^3+3\times x^2\times2y+3\times x\times(2y)^2+(2y)^3$

$=x^3+6x^2y+12xy^2+8y^3$

(3) $(x+3y)(x^2-3xy+9y^2)=(x+3y)\{x^2-x\times3y+(3y)^2\}$

$=x^3+(3y)^3=x^3+27y^3$

(4) $(x+3)(x-1)(x-4)$

$=x^3+(3-1-4)x^2+\{3\times(-1)+(-1)\times(-4)+(-4)\times3\}x+3\times(-1)\times(-4)$

$=x^3-2x^2-11x+12$

(5) $(x+2y-z)(x^2+4y^2+z^2-2xy+2yz+zx)$

$=\{x+2y+(-z)\}\times\{x^2+(2y)^2+(-z)^2-x\times2y-2y\times(-z)-(-z)\times x\}$

$=x^3+(2y)^3+(-z)^3-3\times x\times2y\times(-z)$

$=x^3+8y^3-z^3+6xyz$

(6) $(x^2+2xy+4y^2)(x^2-2xy+4y^2)$

$=\{x^2+x\times2y+(2y)^2\}\{x^2-x\times2y+(2y)^2\}$

$=x^4+x^2\times(2y)^2+(2y)^4$

$=x^4+4x^2y^2+16y^4$

답 (1) $x^2+4y^2+9z^2-4xy-12yz+6zx$
(2) $x^3+6x^2y+12xy^2+8y^3$
(3) x^3+27y^3
(4) $x^3-2x^2-11x+12$
(5) $x^3+8y^3-z^3+6xyz$
(6) $x^4+4x^2y^2+16y^4$

다른 풀이 (6) $(x^2+2xy+4y^2)(x^2-2xy+4y^2)$

$=\{(x^2+4y^2)+2xy\}\{(x^2+4y^2)-2xy\}$

이때 $x^2+4y^2=X$로 놓으면

(주어진 식)$=(X+2xy)(X-2xy)=X^2-4x^2y^2$

$=(x^2+4y^2)^2-4x^2y^2=x^4+8x^2y^2+16y^4-4x^2y^2$

$=x^4+4x^2y^2+16y^4$

유제 5-1

(1) $(x+y-z)^2=x^2+y^2+(-z)^2+2\times x\times y+2\times y\times(-z)+2\times(-z)\times x$

$=x^2+y^2+z^2+2xy-2yz-2zx$

(2) $(x+1)^3=x^3+3\times x^2\times1+3\times x\times1^2+1^3$

$=x^3+3x^2+3x+1$

(3) $(x-2)^3=x^3-3\times x^2\times2+3\times x\times2^2-2^3$

$=x^3-6x^2+12x-8$

(4) $(x+2)(x^2-2x+4)=(x+2)(x^2-x\times2+2^2)$

$=x^3+2^3=x^3+8$

답 (1) $x^2+y^2+z^2+2xy-2yz-2zx$ (2) x^3+3x^2+3x+1
(3) $x^3-6x^2+12x-8$ (4) x^3+8

유제 5-2

(1) $(3x-y+z)^2=(3x)^2+(-y)^2+z^2+2\times3x\times(-y)+2\times(-y)\times z+2\times z\times3x$

$=9x^2+y^2+z^2-6xy-2yz+6zx$

(2) $(2x-3y)^3=(2x)^3-3\times(2x)^2\times3y+3\times2x\times(3y)^2-(3y)^3$

$=8x^3-36x^2y+54xy^2-27y^3$

(3) $(3x-4y)(9x^2+12xy+16y^2)$

$=(3x-4y)\{(3x)^2+3x\times4y+(4y)^2\}$

$=(3x)^3-(4y)^3=27x^3-64y^3$

(4) $(x-1)(x+2)(x-3)$

$=x^3+(-1+2-3)x^2+\{(-1)\times2+2\times(-3)+(-3)\times(-1)\}x+(-1)\times2\times(-3)$

$=x^3-2x^2-5x+6$

(5) $(x-y+1)(x^2+y^2+xy-x+y+1)$

$=\{x+(-y)+1\}\times\{x^2+(-y)^2+1^2-x\times(-y)-(-y)\times1-1\times x\}$

$=x^3+(-y)^3+1^3-3\times x\times(-y)\times1$

$=x^3-y^3+3xy+1$

(6) $(x^2-3x+9)(x^2+3x+9)$

$=(x^2-x\times3+3^2)(x^2+x\times3+3^2)$

$=x^4+x^2\times3^2+3^4$

$=x^4+9x^2+81$

답 (1) $9x^2+y^2+z^2-6xy-2yz+6zx$
(2) $8x^3-36x^2y+54xy^2-27y^3$
(3) $27x^3-64y^3$
(4) x^3-2x^2-5x+6
(5) $x^3-y^3+3xy+1$
(6) x^4+9x^2+81

다른 풀이 (6) $(x^2-3x+9)(x^2+3x+9)$

$=\{(x^2+9)-3x\}\{(x^2+9)+3x\}$

이때 $x^2+9=X$로 놓으면

(주어진 식)$=(X-3x)(X+3x)=X^2-9x^2$

$=(x^2+9)^2-9x^2=x^4+18x^2+81-9x^2$

$=x^4+9x^2+81$

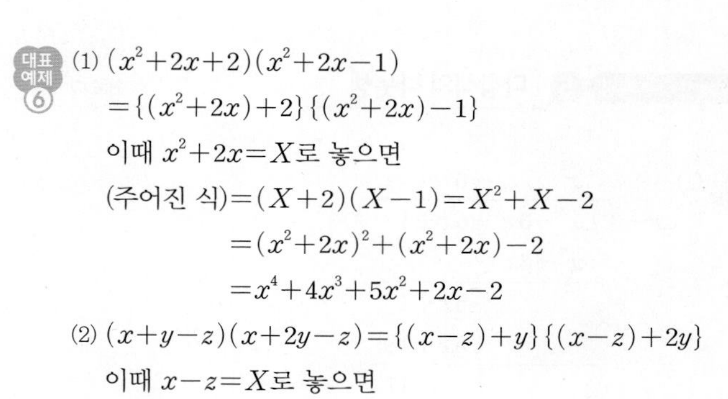

대표예제 6

(1) $(x^2+2x+2)(x^2+2x-1)$

$=\{(x^2+2x)+2\}\{(x^2+2x)-1\}$

이때 $x^2+2x=X$로 놓으면

(주어진 식)$=(X+2)(X-1)=X^2+X-2$

$=(x^2+2x)^2+(x^2+2x)-2$

$=x^4+4x^3+5x^2+2x-2$

(2) $(x+y-z)(x+2y-z)=\{(x-z)+y\}\{(x-z)+2y\}$

이때 $x-z=X$로 놓으면

(주어진 식)$=(X+y)(X+2y)=X^2+3yX+2y^2$
$=(x-z)^2+3y(x-z)+2y^2$
$=(x^2-2xz+z^2)+3xy-3yz+2y^2$
$=x^2+2y^2+z^2+3xy-3yz-2zx$

답 (1) $x^4+4x^3+5x^2+2x-2$
(2) $x^2+2y^2+z^2+3xy-3yz-2zx$

유제 6-1 (1) $(x+y-3)(x+y+4)=\{(x+y)-3\}\{(x+y)+4\}$
이때 $x+y=X$로 놓으면
(주어진 식)$=(X-3)(X+4)=X^2+X-12$
$=(x+y)^2+(x+y)-12$
$=x^2+2xy+y^2+x+y-12$

(2) $(x^2-x-3)(x^2+2x-3)=\{(x^2-3)-x\}\{(x^2-3)+2x\}$
이때 $x^2-3=X$로 놓으면
(주어진 식)$=(X-x)(X+2x)=X^2+xX-2x^2$
$=(x^2-3)^2+x(x^2-3)-2x^2$
$=x^4-6x^2+9+x^3-3x-2x^2$
$=x^4+x^3-8x^2-3x+9$

답 (1) $x^2+2xy+y^2+x+y-12$ (2) $x^4+x^3-8x^2-3x+9$

교과서 필수 개념 4 곱셈 공식의 변형

본문 ☞ 9쪽

대표예제 7 $x^2+y^2=(x+y)^2-2xy$에서
$18=4^2-2xy,\ -2xy=2 \quad \therefore xy=-1$
$\therefore x^3+y^3=(x+y)^3-3xy(x+y)$
$=4^3-3\times(-1)\times 4=76$

답 76

유제 7-1 (1) $a^3+b^3=(a+b)^3-3ab(a+b)$
$=3^3-3\times(-5)\times 3=72$
(2) $a^3-b^3=(a-b)^3+3ab(a-b)$
$=3^3+3\times 10\times 3=117$

답 (1) 72 (2) 117

유제 7-2 (1) $x^2+y^2+z^2=(x+y+z)^2-2(xy+yz+zx)$
$=2^2-2\times(-1)=6$
(2) $x^3+y^3+z^3=(x+y+z)(x^2+y^2+z^2-xy-yz-zx)+3xyz$
$=2\times\{6-(-1)\}+3\times(-2)=8$

답 (1) 6 (2) 8

교과서 필수 개념 5 다항식의 나눗셈

본문 ☞ 9쪽

대표예제 8 (1)

$$\begin{array}{r|l} & x^2 \qquad -6 \\ x-3 & x^3-3x^2-6x+1 \\ & x^3-3x^2 \\ \hline & \qquad -6x+1 \\ & \qquad -6x+18 \\ \hline & \qquad\quad -17 \end{array}$$

$\therefore$ 몫: x^2-6,
나머지: -17

(2)

$$\begin{array}{r|l} & 3x+2 \\ x^2-x+1 & 3x^3-\ x^2+2x-1 \\ & 3x^3-3x^2+3x \\ \hline & \qquad 2x^2-\ x-1 \\ & \qquad 2x^2-2x+2 \\ \hline & \qquad\qquad x-3 \end{array}$$

$\therefore$ 몫: $3x+2$,
나머지: $x-3$

답 (1) 몫: x^2-6, 나머지: -17
(2) 몫: $3x+2$, 나머지: $x-3$

유제 8-1 A를 B로 나누면 오른쪽과 같으므로

$$\begin{array}{r|l} & x-3 \\ x^2-1 & x^3-3x^2\qquad -1 \\ & x^3\qquad\quad -x \\ \hline & \quad -3x^2+x-1 \\ & \quad -3x^2\qquad +3 \\ \hline & \qquad\qquad x-4 \end{array}$$

$Q=x-3,\ R=x-4$
$A=BQ+R$ 꼴로 나타내면
x^3-3x^2-1
$=(x^2-1)(x-3)+x-4$

답 풀이 참조

핵심 개념 & 공식 리뷰

본문 ☞ 10쪽

01 (1) × (2) ○ (3) × (4) ○ (5) × (6) ○
02 (1) 2 (2) −17 (3) 10 (4) 11
03 (1) $a^2+b^2+c^2+2ab+2bc+2ca$
(2) $a^3-3a^2b+3ab^2-b^3$
(3) a^3+b^3
(4) $a^3+b^3+c^3-3abc$
(5) $a^4+a^2b^2+b^4$
04 (1) $x^3+9x^2y+27xy^2+27y^3$
(2) $64x^3-48x^2y+12xy^2-y^3$
(3) x^3+1
(4) x^3-125y^3
(5) $x^2+y^2+4z^2+2xy+4yz+4zx$
(6) $16x^2+y^2-8xy-16x+4y+4$
(7) $x^3-y^3-6xy-8$
(8) $16x^4+36x^2y^2+81y^4$
05 (1) 40 (2) 110 (3) 6 (4) 18 (5) 15 (6) 25
06 (1) 몫: x^2-3x+3, 나머지: 0
(2) 몫: x^2+x+4, 나머지: 1
(3) 몫: $3x-3$, 나머지: $2x+8$

05 (1) $x^3+y^3=(x+y)^3-3xy(x+y)=4^3-3\times 2\times 4=40$
(2) $x^3-y^3=(x-y)^3+3xy(x-y)=5^3+3\times(-1)\times 5=110$
(3) $x^2+\dfrac{1}{x^2}=\left(x-\dfrac{1}{x}\right)^2+2=2^2+2=6$
(4) $x^3+\dfrac{1}{x^3}=\left(x+\dfrac{1}{x}\right)^3-3\left(x+\dfrac{1}{x}\right)$
$=3^3-3\times 3=18$

(5) $x^2+y^2+z^2=(x+y+z)^2-2(xy+yz+zx)$에서

$19=7^2-2(xy+yz+zx)$

$\therefore xy+yz+zx=15$

(6) $(x+y+z)^2=x^2+y^2+z^2+2xy+2yz+2zx$에서

$4^2=10+2(xy+yz+zx)$

$\therefore xy+yz+zx=3$

$\therefore x^3+y^3+z^3$

$=(x+y+z)(x^2+y^2+z^2-xy-yz-zx)+3xyz$

$=4(10-3)+3\times(-1)$

$=25$

06 (1)

$$\begin{array}{r|l} & x^2-3x+3 \\ \hline x+1 & x^3-2x^2+3 \\ & x^3+x^2 \\ \hline & -3x^2 \\ & -3x^2-3x \\ \hline & 3x+3 \\ & 3x+3 \\ \hline & 0 \end{array}$$

$\therefore$ 몫: x^2-3x+3, 나머지: 0

(2)

$$\begin{array}{r|l} & x^2+x+4 \\ \hline 2x-1 & 2x^3+x^2+7x-3 \\ & 2x^3-x^2 \\ \hline & 2x^2+7x \\ & 2x^2-x \\ \hline & 8x-3 \\ & 8x-4 \\ \hline & 1 \end{array}$$

$\therefore$ 몫: x^2+x+4, 나머지: 1

(3)

$$\begin{array}{r|l} & 3x-3 \\ \hline 2x^2+2x+1 & 6x^3-x+5 \\ & 6x^3+6x^2+3x \\ \hline & -6x^2-4x+5 \\ & -6x^2-6x-3 \\ \hline & 2x+8 \end{array}$$

$\therefore$ 몫: $3x-3$, 나머지: $2x+8$

빈출 문제로 실전 연습

본문 ☞ 11~12쪽

01 ⑤	02 ③	03 ③	04 ④	05 ③	06 ②
07 ⑤	08 ④	09 5	10 ③	11 24	12 ①
13 28					

01 $4A-2(A+B)=4A-2A-2B=2A-2B=2(A-B)$

$=2\{(x^2+2xy+y^2)-(2x^2-xy-y^2)\}$

$=2(x^2+2xy+y^2-2x^2+xy+y^2)$

$=2(-x^2+3xy+2y^2)$

$=-2x^2+6xy+4y^2$

따라서 xy의 계수는 6이다.

답 ⑤

02 $A+X=B-X$에서 $2X=B-A$

$\therefore X=\frac{1}{2}(B-A)=\frac{1}{2}\{(3x^2-5y^2)-(x^2-2xy+y^2)\}$

$=\frac{1}{2}(3x^2-5y^2-x^2+2xy-y^2)$

$=\frac{1}{2}(2x^2+2xy-6y^2)$

$=x^2+xy-3y^2$

답 ③

03 $(2x^2-6x+a)(x^2-3x-2)$의 전개식에서 x항은

$(-6x)\times(-2)+a\times(-3x)=12x-3ax$

$=(12-3a)x$

x의 계수가 3이므로

$12-3a=3$, $3a=9$ $\quad\therefore a=3$

답 ③

04 ② $(3x-1)^3=(3x)^3-3\times(3x)^2\times1+3\times3x\times1^2-1^3$

$=27x^3-27x^2+9x-1$

③ $(a+b-c)(a-b+c)=\{a+(b-c)\}\{a-(b-c)\}$

$=a^2-(b-c)^2$

$=a^2-(b^2-2bc+c^2)$

$=a^2-b^2-c^2+2bc$

④ $(x-y-z)^2=x^2+(-y)^2+(-z)^2+2\times x\times(-y)$

$+2\times(-y)\times(-z)+2\times(-z)\times x$

$=x^2+y^2+z^2-2xy+2yz-2zx$

⑤ $(x^2+x+1)(x^2-x+1)=\{(x^2+1)+x\}\{(x^2+1)-x\}$

$=(x^2+1)^2-x^2=x^4+2x^2+1-x^2$

$=x^4+x^2+1$

따라서 옳지 않은 것은 ④이다.

답 ④

05 $(x+1)(x+3)(x+5)(x+7)$

$=\{(x+1)(x+7)\}\{(x+3)(x+5)\}$

$=(x^2+8x+7)(x^2+8x+15)$

이때 $x^2+8x=X$로 놓으면

(주어진 식)$=(X+7)(X+15)=X^2+22X+105$

$=(x^2+8x)^2+22(x^2+8x)+105$

$=(x^4+16x^3+64x^2)+(22x^2+176x)+105$

$=x^4+16x^3+86x^2+176x+105$

답 ③

06 $(a+b-c)^2=a^2+b^2+c^2+2(ab-bc-ca)$에서

$36=a^2+b^2+c^2+2\times11$

$\therefore a^2+b^2+c^2=14$

답 ②

07 $x+y=(1-\sqrt{2})+(1+\sqrt{2})=2$

$xy=(1-\sqrt{2})(1+\sqrt{2})=1^2-(\sqrt{2})^2=-1$

$\therefore x^3+y^3=(x+y)^3-3xy(x+y)$

$=2^3-3\times(-1)\times2=14$

답 ⑤

08 $2022=a$로 놓으면

$$\frac{2023\times(2022^2-2021)}{2021\times2022+1}=\frac{(a+1)\{a^2-(a-1)\}}{(a-1)\times a+1}$$
$$=\frac{(a+1)(a^2-a+1)}{a^2-a+1}$$
$$=a+1=2022+1$$
$$=2023$$

답 ④

09

$$\begin{array}{r|l} & x-3 \\ \hline x^2+x+1 & x^3-2x^2+x \\ & x^3+x^2+x \\ \hline & -3x^2 \\ & -3x^2-3x-3 \\ \hline & 3x+3 \end{array}$$

따라서 $Q(x)=x-3$, $R(x)=3x+3$이므로

$Q(2)+R(1)=(2-3)+(3+3)=5$

답 5

10 $3x^3-4x^2+5x+4=P(x)(x-1)+3x+5$이므로

$3x^3-4x^2+2x-1=P(x)(x-1)$

즉, 다항식 $P(x)$는 $3x^3-4x^2+2x-1$을 $x-1$로 나누었을 때의 몫이다.

$\therefore P(x)=3x^2-x+1$

$$\begin{array}{r|l} & 3x^2-x+1 \\ \hline x-1 & 3x^3-4x^2+2x-1 \\ & 3x^3-3x^2 \\ \hline & -x^2+2x \\ & -x^2+x \\ \hline & x-1 \\ & x-1 \\ \hline & 0 \end{array}$$

답 ③

11 $A^3-B^3=(A-B)^3+3AB(A-B)$

$=(x^3)^3+3(x^3+x^2+4)(x^2+4)x^3$

$=x^9+3(x^3+x^2+4)(x^5+4x^3)$

이 식에서 x^5항은 $3(x^3+x^2+4)(x^5+4x^3)$의 전개식에서 x^5항과 같다. 이때 x^5항은

$3\times x^2\times 4x^3+3\times4\times x^5=24x^5$

이므로 x^5의 계수는 24이다.

답 24

12 직육면체의 가로의 길이, 세로의 길이, 높이를 각각 a, b, c라 하면 직육면체의 모든 모서리의 길이의 합이 28이므로

$4(a+b+c)=28$

$\therefore a+b+c=7$

대각선 AG의 길이가 $\sqrt{21}$이므로

$\sqrt{a^2+b^2+c^2}=\sqrt{21}$

$\therefore a^2+b^2+c^2=21$

따라서 직육면체의 겉넓이는

$2(ab+bc+ca)=(a+b+c)^2-(a^2+b^2+c^2)$

$=7^2-21$

$=28$

답 ①

13 $x\neq0$이므로 $x^2-3x+1=0$의 양변을 x로 나누면

$x-3+\frac{1}{x}=0 \quad \therefore x+\frac{1}{x}=3$

$x^2+\frac{1}{x^2}=\left(x+\frac{1}{x}\right)^2-2=3^2-2=7$

$x^3+\frac{1}{x^3}=\left(x+\frac{1}{x}\right)^3-3\left(x+\frac{1}{x}\right)=3^3-3\times3=18$

$\therefore x^3+x^2+x+\frac{1}{x}+\frac{1}{x^2}+\frac{1}{x^3}$

$=\left(x+\frac{1}{x}\right)+\left(x^2+\frac{1}{x^2}\right)+\left(x^3+\frac{1}{x^3}\right)$

$=3+7+18=28$

답 28

참고 $x=0$일 때, $x^2-3x+1=1$이므로 주어진 등식이 성립하지 않는다. 따라서 $x\neq0$이다.

I. 다항식

02강 나머지정리와 인수분해

교과서 필수 개념 1 항등식과 미정계수법

본문 ☞ 13쪽

대표예제 ① $kx+ax-4+2k=0$을 x에 대하여 정리하면

$(k+a)x-4+2k=0$

이 등식이 x에 대한 항등식이므로 $k+a=0$, $-4+2k=0$

$-4+2k=0$에서 $2k=4 \quad \therefore k=2$

$k+a=0$에서 $2+a=0 \quad \therefore a=-2$

답 $a=-2$, $k=2$

유제 1-1 $(k+1)x+(3-2k)y-5=0$을 k에 대하여 정리하면

$kx+x+3y-2ky-5=0$

$\therefore (x-2y)k+(x+3y-5)=0$

이 등식이 k에 대한 항등식이므로 $x-2y=0$, $x+3y-5=0$

두 식을 연립하여 풀면 $x=2$, $y=1$

답 $x=2$, $y=1$

대표예제 ② (1) $3x^2+ax-1=3x^2+b$가 x에 대한 항등식이므로

$a=0$, $b=-1$

(2) $a(x+1)+b(x-1)=3x+2$가 x에 대한 항등식이므로

양변에 $x=1$을 대입하면 $2a=5 \quad \therefore a=\frac{5}{2}$

양변에 $x=-1$을 대입하면 $-2b=-1 \quad \therefore b=\frac{1}{2}$

답 (1) $a=0$, $b=-1$ (2) $a=\frac{5}{2}$, $b=\frac{1}{2}$

다른 풀이 (2) $a(x+1)+b(x-1)=3x+2$의 좌변을 x에 대하여 정리하면

$(a+b)x+(a-b)=3x+2$

이 등식이 x에 대한 항등식이므로 $a+b=3$, $a-b=2$

두 식을 연립하여 풀면 $a=\frac{5}{2}$, $b=\frac{1}{2}$

유제 2-1 (1) $x^2+x+1=a+bx+cx(x-1)=cx^2+(b-c)x+a$
이 등식이 x에 대한 항등식이므로
$c=1,\ b-c=1,\ a=1 \qquad \therefore a=1,\ b=2,\ c=1$
(2) $a(x-1)^2+b(x-1)+c=x^2+2x+2$가 x에 대한 항등식이므로 양변에 $x=1$을 대입하면 $c=5$
$a(x-1)^2+b(x-1)+5=x^2+2x+2$, 즉
$a(x-1)^2+b(x-1)=x^2+2x-3$의 양변에 $x=0$, $x=2$를 각각 대입하면
$a-b=-3,\ a+b=5$
두 식을 연립하여 풀면 $a=1,\ b=4$

답 (1) $a=1,\ b=2,\ c=1$ (2) $a=1,\ b=4,\ c=5$

다른 풀이 (2) $a(x-1)^2+b(x-1)+c=x^2+2x+2$의 좌변을 x에 대하여 정리하면
$ax^2+(-2a+b)x+a-b+c=x^2+2x+2$
이 등식이 x에 대한 항등식이므로
$a=1,\ -2a+b=2,\ a-b+c=2$
$\therefore a=1,\ b=4,\ c=5$

교과서 필수 개념 2 나머지정리와 인수정리

본문 ☞ 14쪽

대표예제 3 다항식 $P(x)$를 $x-1$로 나누었을 때의 나머지가 1이고, $x-2$로 나누었을 때의 나머지가 2이므로 나머지정리에 의하여
$P(1)=1,\ P(2)=2$
이때 $P(x)$를 $(x-1)(x-2)$로 나누었을 때의 몫을 $Q(x)$, 나머지를 $ax+b$ (a, b는 상수)라 하면
$P(x)=(x-1)(x-2)Q(x)+ax+b$
이 등식이 x에 대한 항등식이므로 양변에 $x=1$, $x=2$를 각각 대입하면
$P(1)=a+b=1,\ P(2)=2a+b=2$
두 식을 연립하여 풀면 $a=1,\ b=0$
따라서 구하는 나머지는 x이다.

답 x

유제 3-1 다항식 $P(x)=4x^3-2x^2+ax-3$을 $2x+1$로 나누었을 때의 나머지는
$P\left(-\frac{1}{2}\right)=-\frac{1}{2}-\frac{1}{2}-\frac{1}{2}a-3=-1$
$-\frac{1}{2}a=3 \qquad \therefore a=-6$

답 -6

유제 3-2 다항식 $P(x)$를 $x+2$로 나누었을 때의 나머지가 -1이고, $x-2$로 나누었을 때의 나머지가 3이므로 나머지정리에 의하여
$P(-2)=-1,\ P(2)=3$
이때 $P(x)$를 $x^2-4=(x+2)(x-2)$로 나누었을 때의 몫을 $Q(x)$, 나머지를 $ax+b$ (a, b는 상수)라 하면
$P(x)=(x^2-4)Q(x)+ax+b$
이 등식이 x에 대한 항등식이므로 양변에 $x=-2$, $x=2$를 각각 대입하면
$P(-2)=-2a+b=-1,\ P(2)=2a+b=3$
두 식을 연립하여 풀면 $a=1,\ b=1$
따라서 구하는 나머지는 $x+1$이다.

답 $x+1$

대표예제 4 $P(x)=x^4+ax^2+2$가 $x+2$로 나누어떨어지므로 인수정리에 의하여 $P(-2)=0$이다. 즉,
$P(-2)=16+4a+2=0,\ 4a=-18$
$\therefore a=-\frac{9}{2}$

답 $-\frac{9}{2}$

유제 4-1 $P(x)=x^3-5x+a$가 $x-1$을 인수로 가지므로 $x-1$로 나누어떨어진다. 따라서 인수정리에 의하여 $P(1)=0$이므로
$P(1)=1-5+a=0 \qquad \therefore a=4$

답 4

유제 4-2 $P(x)=x^3+ax^2+bx+1$이 두 일차식 $x+2$, $x-2$로 나누어떨어지므로 인수정리에 의하여 $P(-2)=P(2)=0$이다. 즉,
$P(-2)=-8+4a-2b+1=0$
$\therefore 4a-2b=7 \qquad \cdots\cdots$ ㉠
$P(2)=8+4a+2b+1=0$
$\therefore 4a+2b=-9 \qquad \cdots\cdots$ ㉡
㉠, ㉡을 연립하여 풀면
$a=-\frac{1}{4},\ b=-4$

답 $a=-\frac{1}{4},\ b=-4$

교과서 필수 개념 3 조립제법

본문 ☞ 15쪽

대표예제 5 (1) 오른쪽과 같이 조립제법을 이용하면 x^3+6x^2-x-29를 $x-2$로 나누었을 때의 몫은 $x^2+8x+15$, 나머지는 1이다.

2	1	6	−1	−29
		2	16	30
	1	8	15	1

(2) $3x+1=3\left(x+\frac{1}{3}\right)$이므로 오른쪽과 같이 조립제법을 이용하면

$-\frac{1}{3}$	9	−15	0	−1	3
		−3	6	−2	1
	9	−18	6	−3	4

$9x^4-15x^3-x+3$을 $x+\frac{1}{3}$로 나누었을 때의 몫은 $9x^3-18x^2+6x-3$, 나머지는 4이다.
$\therefore 9x^4-15x^3-x+3=\left(x+\frac{1}{3}\right)(9x^3-18x^2+6x-3)+4$
$=3\left(x+\frac{1}{3}\right)(3x^3-6x^2+2x-1)+4$
$=(3x+1)(3x^3-6x^2+2x-1)+4$
따라서 $9x^4-15x^3-x+3$을 $3x+1$로 나누었을 때의 몫은 $3x^3-6x^2+2x-1$, 나머지는 4이다.

답 (1) 몫: $x^2+8x+15$, 나머지: 1
(2) 몫: $3x^3-6x^2+2x-1$, 나머지: 4

유제 5-1 (1) 오른쪽과 같이 조립제법을 이용하면

-1	1	2	-1	2	1
		-1	-1	2	-4
	1	1	-2	4	-3

$x^4+2x^3-x^2+2x+1$
을 $x+1$로 나누었을 때의 몫은
x^3+x^2-2x+4, 나머지는 -3이다.

(2) $2x-1=2\left(x-\frac{1}{2}\right)$이므로 오른쪽과 같이 조립제법을 이용하면

$\frac{1}{2}$	2	3	0	1
		1	2	1
	2	4	2	2

$2x^3+3x^2+1$을 $x-\frac{1}{2}$로 나누었을 때의 몫은 $2x^2+4x+2$, 나머지는 2이다.

$\therefore 2x^3+3x^2+1=\left(x-\frac{1}{2}\right)(2x^2+4x+2)+2$
$=2\left(x-\frac{1}{2}\right)(x^2+2x+1)+2$
$=(2x-1)(x^2+2x+1)+2$

따라서 $2x^3+3x^2+1$을 $2x-1$로 나누었을 때의 몫은
x^2+2x+1, 나머지는 2이다.

답 (1) 몫: x^3+x^2-2x+4, 나머지: -3
(2) 몫: x^2+2x+1, 나머지: 2

교과서 필수 개념 4 인수분해 공식

본문 ☞ 15쪽

(1) $x^2+4y^2+4z^2-4xy+8yz-4zx$
$=x^2+(-2y)^2+(-2z)^2+2\times x\times(-2y)$
$+2\times(-2y)\times(-2z)+2\times(-2z)\times x$
$=(x-2y-2z)^2$

(2) $a^3+3a^2+3a+1=a^3+3\times a^2\times 1+3\times a\times 1^2+1^3$
$=(a+1)^3$

(3) $x^3-6x^2y+12xy^2-8y^3$
$=x^3-3\times x^2\times 2y+3\times x\times(2y)^2-(2y)^3=(x-2y)^3$

(4) $a^3-1=a^3-1^3=(a-1)(a^2+a\times 1+1^2)$
$=(a-1)(a^2+a+1)$

답 (1) $(x-2y-2z)^2$ (2) $(a+1)^3$ (3) $(x-2y)^3$
(4) $(a-1)(a^2+a+1)$

다른 풀이 (1) $x^2+4y^2+4z^2-4xy+8yz-4zx$
$=(-x)^2+(2y)^2+(2z)^2+2\times(-x)\times 2y$
$+2\times 2y\times 2z+2\times 2z\times(-x)$
$=(-x+2y+2z)^2=(x-2y-2z)^2$

(1) $x^2+4y^2+9z^2-4xy-12yz+6zx$
$=x^2+(-2y)^2+(3z)^2+2\times x\times(-2y)$
$+2\times(-2y)\times 3z+2\times 3z\times x$
$=(x-2y+3z)^2$

(2) $8x^3-12x^2+6x-1$
$=(2x)^3-3\times(2x)^2\times 1+3\times 2x\times 1^2-1^3=(2x-1)^3$

(3) $x^3+8=x^3+2^3=(x+2)(x^2-x\times 2+2^2)$
$=(x+2)(x^2-2x+4)$

(4) $8x^3-27y^3=(2x)^3-(3y)^3$
$=(2x-3y)\{(2x)^2+2x\times 3y+(3y)^2\}$
$=(2x-3y)(4x^2+6xy+9y^2)$

답 (1) $(x-2y+3z)^2$ (2) $(2x-1)^3$
(3) $(x+2)(x^2-2x+4)$ (4) $(2x-3y)(4x^2+6xy+9y^2)$

교과서 필수 개념 5 복잡한 식의 인수분해

본문 ☞ 16쪽

(1) $x^2-2x=X$로 놓으면
$(x^2-2x)^2-5(x^2-2x)-6=X^2-5X-6$
$=(X+1)(X-6)$
$=(x^2-2x+1)(x^2-2x-6)$
$=(x-1)^2(x^2-2x-6)$

(2) $x^2=X$로 놓으면
$2x^4-3x^2+1=2X^2-3X+1=(X-1)(2X-1)$
$=(x^2-1)(2x^2-1)$
$=(x+1)(x-1)(2x^2-1)$

답 (1) $(x-1)^2(x^2-2x-6)$
(2) $(x+1)(x-1)(2x^2-1)$

(1) $x^2+2x=X$로 놓으면
$(x^2+2x+2)(x^2+2x-4)+5$
$=(X+2)(X-4)+5=X^2-2X-3=(X+1)(X-3)$
$=(x^2+2x+1)(x^2+2x-3)=(x+1)^2(x-1)(x+3)$

(2) $x^2=X$로 놓으면
$4x^4-13x^2+3=4X^2-13X+3$
$=(4X-1)(X-3)$
$=(4x^2-1)(x^2-3)$
$=(2x+1)(2x-1)(x^2-3)$

답 (1) $(x+1)^2(x-1)(x+3)$
(2) $(2x+1)(2x-1)(x^2-3)$

(1) A^2-B^2 꼴로 바꾸면
$x^4-8x^2+4=(x^4-4x^2+4)-4x^2=(x^2-2)^2-(2x)^2$
$=(x^2+2x-2)(x^2-2x-2)$

(2) A^2-B^2 꼴로 바꾸면
$x^4-x^2+16=(x^4+8x^2+16)-9x^2$
$=(x^2+4)^2-(3x)^2$
$=(x^2+3x+4)(x^2-3x+4)$

답 (1) $(x^2+2x-2)(x^2-2x-2)$
(2) $(x^2+3x+4)(x^2-3x+4)$

(1) $P(x)=x^3-6x^2+11x-6$이라 하면
$P(1)=1-6+11-6=0$
이므로 $P(x)$는 $x-1$을 인수로 갖는다.

따라서 조립제법을 이용하여 $P(x)$를 인수분해하면

1	1	−6	11	−6
		1	−5	6
	1	−5	6	0

$x^3-6x^2+11x-6=(x-1)(x^2-5x+6)$

$=(x-1)(x-2)(x-3)$

(2) $P(x)=x^4-3x^3+x^2+3x-2$라 하면

$P(1)=1-3+1+3-2=0$,

$P(-1)=1+3+1-3-2=0$

이므로 $P(x)$는 $x-1$, $x+1$을 모두 인수로 갖는다.

따라서 조립제법을 이용하여 $P(x)$를 인수분해하면

1	1	−3	1	3	−2
		1	−2	−1	2
−1	1	−2	−1	2	0
		−1	3	−2	
	1	−3	2	0	

$x^4-3x^3+x^2+3x-2=(x-1)(x+1)(x^2-3x+2)$

$=(x-1)(x+1)(x-1)(x-2)$

$=(x-1)^2(x+1)(x-2)$

답 (1) $(x-1)(x-2)(x-3)$

(2) $(x-1)^2(x+1)(x-2)$

유제 8-1 (1) $P(x)=4x^3-3x+1$이라 하면

$P(-1)=-4+3+1=0$

이므로 $P(x)$는 $x+1$을 인수로 갖는다.

따라서 조립제법을 이용하여 $P(x)$를 인수분해하면

−1	4	0	−3	1
		−4	4	−1
	4	−4	1	0

$4x^3-3x+1=(x+1)(4x^2-4x+1)$

$=(x+1)(2x-1)^2$

(2) $P(x)=x^4+7x^3+18x^2+20x+8$이라 하면

$P(-1)=1-7+18-20+8=0$

$P(-2)=16-56+72-40+8=0$

이므로 $P(x)$는 $x+1$, $x+2$를 모두 인수로 갖는다.

따라서 조립제법을 이용하여 $P(x)$를 인수분해하면

−1	1	7	18	20	8
		−1	−6	−12	−8
−2	1	6	12	8	0
		−2	−8	−8	
	1	4	4	0	

$x^4+7x^3+18x^2+20x+8=(x+1)(x+2)(x^2+4x+4)$

$=(x+1)(x+2)(x+2)^2$

$=(x+1)(x+2)^3$

답 (1) $(x+1)(2x-1)^2$ (2) $(x+1)(x+2)^3$

핵심 개념 & 공식 리뷰

본문 ☞ 17쪽

01 (1) × (2) ○ (3) ○ (4) × (5) ○ (6) ○

02 (1) 1 (2) -23 (3) $\frac{11}{8}$ (4) $-\frac{1}{27}$

03 (1) 몫: x^2+x-3, 나머지: 8 (2) 몫: x^2+3x+1, 나머지: 4

04 (1) $(a+b+c)^2$ (2) $(a+b)^3$ (3) $(a-b)^3$

(4) $(a+b)(a^2-ab+b^2)$ (5) $(a-b)(a^2+ab+b^2)$

05 (1) $(a-2b-c)^2$ (2) $(x-3)^3$ (3) $(3a+1)^3$ (4) $(2a-3b)^3$

(5) $(5a+4b)(25a^2-20ab+16b^2)$

(6) $(3a-2b)(9a^2+6ab+4b^2)$

06 (1) $(x+y+5)(x+y-2)$

(2) $(x-y+3)(x-y-3)$

(3) $(x+4)(x-1)(x^2+3x+6)$

(4) $(x^2+8x+11)^2$

(5) $(x^2+x+1)(x^2-x+1)$

(6) $(x^2+2xy+4y^2)(x^2-2xy+4y^2)$

(7) $(x-3y+1)(x-y+2)$

05 (1) $a^2+4b^2+c^2-4ab+4bc-2ca$

$=a^2+(-2b)^2+(-c)^2+2\times a\times(-2b)$

$+2\times(-2b)\times(-c)+2\times(-c)\times a$

$=(a-2b-c)^2$

(2) $x^3-9x^2+27x-27=x^3-3\times x^2\times 3+3\times x\times 3^2-3^3$

$=(x-3)^3$

(3) $27a^3+27a^2+9a+1$

$=(3a)^3+3\times(3a)^2\times 1+3\times 3a\times 1^2+1^3$

$=(3a+1)^3$

(4) $8a^3-36a^2b+54ab^2-27b^3$

$=(2a)^3-3\times(2a)^2\times 3b+3\times 2a\times(3b)^2-(3b)^3$

$=(2a-3b)^3$

(5) $125a^3+64b^3=(5a)^3+(4b)^3$

$=(5a+4b)\{(5a)^2-5a\times 4b+(4b)^2\}$

$=(5a+4b)(25a^2-20ab+16b^2)$

(6) $27a^3-8b^3=(3a)^3-(2b)^3$

$=(3a-2b)\{(3a)^2+3a\times 2b+(2b)^2\}$

$=(3a-2b)(9a^2+6ab+4b^2)$

06 (1) $x+y=X$로 놓으면

(주어진 식)$=X^2+3X-10$

$=(X+5)(X-2)$

$=(x+y+5)(x+y-2)$

(2) $x-y=X$로 놓으면

(주어진 식)$=(X+2)(X-2)-5$

$=X^2-4-5=X^2-9$

$=(X+3)(X-3)$

$=(x-y+3)(x-y-3)$

(3) $x(x+1)(x+2)(x+3)-24$

$=\{x(x+3)\}\{(x+1)(x+2)\}-24$

$=(x^2+3x)(x^2+3x+2)-24$

$x^2+3x=X$로 놓으면

(주어진 식)$=X(X+2)-24=X^2+2X-24$

$=(X+6)(X-4)$

$=(x^2+3x+6)(x^2+3x-4)$

$=(x^2+3x+6)(x+4)(x-1)$

$=(x+4)(x-1)(x^2+3x+6)$

(4) $(x+1)(x+3)(x+5)(x+7)+16$

$=\{(x+1)(x+7)\}\{(x+3)(x+5)\}+16$

$=(x^2+8x+7)(x^2+8x+15)+16$

$x^2+8x=X$로 놓으면

(주어진 식)$=(X+7)(X+15)+16$

$=X^2+22X+121=(X+11)^2$

$=(x^2+8x+11)^2$

(5) A^2-B^2 꼴로 바꾸면

$x^4+x^2+1=(x^4+2x^2+1)-x^2$

$=(x^2+1)^2-x^2$

$=(x^2+x+1)(x^2-x+1)$

(6) A^2-B^2 꼴로 바꾸면

$x^4+4x^2y^2+16y^4=(x^4+8x^2y^2+16y^4)-4x^2y^2$

$=(x^2+4y^2)^2-(2xy)^2$

$=(x^2+2xy+4y^2)(x^2-2xy+4y^2)$

(7) 주어진 식을 x에 대하여 내림차순으로 정리하면

$x^2-4xy+3x+3y^2-7y+2$

$=x^2-(4y-3)x+3y^2-7y+2$

$=x^2-(4y-3)x+(3y-1)(y-2)$

$=\{x-(3y-1)\}\{x-(y-2)\}$

$=(x-3y+1)(x-y+2)$

빈출 문제로 실전 연습

본문 ☞ 18~19쪽

01 ③	02 ①	03 ③	04 8	05 ④	06 ⑤
07 ⑤	08 ③	09 ④	10 ②	11 −1	12 ④

01 $ax+b(x+5y)=5(x+3y)$에서 $(a+b)x+5by=5x+15y$

이 등식이 x, y에 대한 항등식이므로

$a+b=5$, $5b=15$ $\quad\therefore a=2$, $b=3$

$\therefore ab=6$

답 ③

02 $x^2+2x+3=a(x-1)+b(x-1)(x+1)+c(x+1)(x+2)$가 x에 대한 항등식이므로

양변에 $x=1$을 대입하면 $6=6c$ $\quad\therefore c=1$

양변에 $x=-1$을 대입하면 $2=-2a$ $\quad\therefore a=-1$

양변에 $x=-2$를 대입하면 $3=-3a+3b$

$-a+b=1$ $\quad\therefore b=a+1=(-1)+1=0$

$\therefore ab+c=1$

답 ①

03 두 다항식 $P(x)$, $Q(x)$를 $x+1$로 나누었을 때의 나머지가 각각 2, -1이므로 나머지정리에 의하여

$P(-1)=2$, $Q(-1)=-1$

ㄱ. $P(-1)+2Q(-1)=2+2\times(-1)=0$

즉, $P(x)+2Q(x)$는 $x+1$로 나누어떨어진다.

ㄴ. $P(-1)Q(-1)-2=2\times(-1)-2=-4$

즉, $P(x)Q(x)-2$는 $x+1$로 나누어떨어지지 않는다.

ㄷ. $\{P(-1)\}^2+4Q(-1)=2^2+4\times(-1)=0$

즉, $\{P(x)\}^2+4Q(x)$는 $x+1$로 나누어떨어진다.

따라서 $x+1$로 나누어떨어지는 다항식은 ㄱ, ㄷ이다.

답 ③

04 $f(x)$를 $x-1$로 나누었을 때의 몫과 나머지가 각각 $Q(x)$, 3이므로

$f(x)=(x-1)Q(x)+3$ …… ㉠

또한, $Q(x)$를 $x-2$로 나누었을 때의 몫을 $Q_1(x)$라 하면 나머지가 5이므로

$Q(x)=(x-2)Q_1(x)+5$ …… ㉡

㉡을 ㉠에 대입하면

$f(x)=(x-1)\{(x-2)Q_1(x)+5\}+3$

$=(x-1)(x-2)Q_1(x)+5(x-1)+3$

$=(x-1)(x-2)Q_1(x)+5x-2$

따라서 $R(x)=5x-2$이므로 $R(2)=5\times2-2=8$

답 8

05 $P(x)=(3x+1)Q(x)+R=\left(x+\frac{1}{3}\right)\times3Q(x)+R$

따라서 다항식 $P(x)$를 $x+\frac{1}{3}$로 나누었을 때의 몫은 $3Q(x)$, 나머지는 R이다.

답 ④

06 오른쪽과 같이 주어진 조립제법의 빈칸에 알맞은 수를 각각 p, q, r라 하면

c	2	−3	a	b
		p	q	r
	2	1	1	3

$-3+p=1$에서 $p=4$

$c\times2=p$, 즉 $2c=4$에서 $c=2$

$c\times1=q$에서 $q=c=2$

$a+q=1$에서 $a=1-q=1-2=-1$

$c\times1=r$에서 $r=c=2$

$b+r=3$에서 $b=3-r=3-2=1$

따라서 $a=-1$, $b=1$, $c=2$이므로

$a+b+c=2$

답 ⑤

07 $h(x)=x^3+3x^2+3x+2$라 하면

$h(-2)=-8+12-6+2=0$

이므로 $h(x)$는 $x+2$를 인수로 갖는다.

따라서 조립제법을 이용하여 $h(x)$를 인수분해하면

-2	1	3	3	2
		-2	-2	-2
	1	1	1	0

$h(x)=x^3+3x^2+3x+2=(x+2)(x^2+x+1)$

이때 $f(x)$, $g(x)$가 각각 최고차항의 계수가 1인 일차식과 이차식이므로

$f(x)=x+2$, $g(x)=x^2+x+1$

$\therefore\ f(1)+g(2)=3+7=10$

답 ⑤

08 $3x-y=X$로 놓으면

$(3x-y)^2-8(3x-y)-20=X^2-8X-20$
$=(X+2)(X-10)$
$=(3x-y+2)(3x-y-10)$
$=(ax-y+2)(3x+by+c)$

따라서 $a=3$, $b=-1$, $c=-10$이므로

$a+b+c=-8$

답 ③

09 $103=X$로 놓으면

$103^3-9\times103^2+27\times103-27$
$=X^3-9X^2+27X-27$
$=X^3-3\times X^2\times3+3\times X\times3^2-3^3$
$=(X-3)^3=(103-3)^3=100^3=1000000$

답 ④

10 $(x^2-3x+2)^3=(x^2-3x+2)(x^2-3x+2)(x^2-3x+2)$의 전개식에서 x^6항은 $x^2\times x^2\times x^2=x^6$이므로 x^6의 계수 a_6은 $a_6=1$

또한, 상수항 a_0은 $a_0=2\times2\times2=8$

$(x^2-3x+2)^3=a_6x^6+a_5x^5+a_4x^4+\cdots+a_1x+a_0$이 x에 대한 항등식이므로 주어진 등식의 양변에 $x=1$을 대입하면

$0=a_6+a_5+a_4+a_3+a_2+a_1+a_0$

$\therefore\ a_1+a_2+a_3+a_4+a_5=-a_0-a_6=-8-1=-9$

답 ②

11 $f(x)$를 $(x-1)^2(x+2)$로 나누었을 때의 몫을 $Q(x)$, 나머지를 $R(x)=ax^2+bx+c$ (a, b, c는 상수)라 하면

$f(x)=(x-1)^2(x+2)Q(x)+ax^2+bx+c$

이때 $f(x)$를 $(x-1)^2$으로 나누었을 때의 나머지가 $5x-3$이므로 ax^2+bx+c를 $(x-1)^2$로 나누었을 때의 나머지가 $5x-3$이 되어야 한다.

즉, $ax^2+bx+c=a(x-1)^2+5x-3$이므로

$f(x)=(x-1)^2(x+2)Q(x)+a(x-1)^2+5x-3$ …… ㉠

한편, $f(x)$를 $x+2$로 나누었을 때의 나머지가 5이므로 ㉠에서

$f(-2)=9a-10-3=5$

$9a=18 \quad \therefore\ a=2$

따라서 $R(x)=2(x-1)^2+5x-3$이므로

$R(0)=2-3=-1$

답 -1

12 주어진 다항식을 x에 대하여 내림차순으로 정리하면

$xy^2-xz^2+yz^2-x^2y+x^2z-y^2z$
$=(z-y)x^2+(y^2-z^2)x-y^2z+yz^2$
$=-(y-z)x^2+(y-z)(y+z)x-yz(y-z)$
$=-(y-z)\{x^2-(y+z)x+yz\}$
$=-(y-z)(x-y)(x-z)=(x-y)(y-z)(z-x)$

따라서 주어진 다항식의 인수인 것은 ㄱ, ㄴ, ㄷ이다.

답 ④

Ⅱ. 방정식과 부등식

03강 복소수와 이차방정식

교과서 필수 개념 1 복소수의 뜻과 성질

본문 ☞ 20쪽

대표예제 ①

(1) $(2x+1)+7i=5+(3-2y)i$에서 복소수가 서로 같을 조건에 의하여 $2x+1=5$, $7=3-2y$ $\quad\therefore\ x=2$, $y=-2$

(2) $(x-2y)+(x-3)i=3i$에서 복소수가 서로 같을 조건에 의하여 $x-2y=0$, $x-3=3$ $\quad\therefore\ x=6$, $y=3$

답 (1) $x=2$, $y=-2$ (2) $x=6$, $y=3$

유제 1-1

(1) $1+2xi=y-4i$에서 복소수가 서로 같을 조건에 의하여 $y=1$, $2x=-4$ $\quad\therefore\ x=-2$, $y=1$

(2) $(x+y)+(x+2y)i=3+5i$에서 복소수가 서로 같을 조건에 의하여 $x+y=3$, $x+2y=5$

두 식을 연립하여 풀면 $x=1$, $y=2$

답 (1) $x=-2$, $y=1$ (2) $x=1$, $y=2$

유제 1-2

$(1+i)x^2+(1-i)x-6-2i=0$에서

$x^2+x^2i+x-xi-6-2i=0$

$(x^2+x-6)+(x^2-x-2)i=0$

$(x+3)(x-2)+(x+1)(x-2)i=0$

(i) $(x+3)(x-2)=0$에서 $x=-3$ 또는 $x=2$

(ii) $(x+1)(x-2)=0$에서 $x=-1$ 또는 $x=2$

(i), (ii)에 의하여 $x=2$

답 2

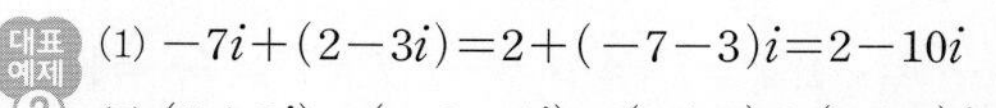

교과서 필수 개념 2 복소수의 사칙연산

본문 ☞ 21쪽

대표예제 ②

(1) $-7i+(2-3i)=2+(-7-3)i=2-10i$

(2) $(5+2i)-(-3-4i)=(5+3)+(2+4)i=8+6i$

(3) $(1-2i)^2+4i=1-4i+4i^2+4i=1-4i-4+4i=-3$

(4) $\dfrac{i}{2-i}+\dfrac{i}{2+i}=\dfrac{i(2+i)+i(2-i)}{(2-i)(2+i)}=\dfrac{2i+i^2+2i-i^2}{4-i^2}=\dfrac{4}{5}i$

답 (1) $2-10i$ (2) $8+6i$ (3) -3 (4) $\dfrac{4}{5}i$

유제 2-1

(1) $(2-3i)+(-1+4i)=(2-1)+(-3+4)i=1+i$

(2) $(10-4i)-(6i-11)=(10+11)+(-4-6)i=21-10i$

(3) $(2-3i)(1+i)=2+2i-3i-3i^2$

$=2+2i-3i+3=5-i$

(4) $\frac{1-i}{1+i}+\frac{1+i}{1-i}=\frac{(1-i)^2+(1+i)^2}{(1+i)(1-i)}$

$=\frac{1-2i+i^2+1+2i+i^2}{1-i^2}$

$=\frac{1-2i-1+1+2i-1}{1+1}=0$

답 (1) $1+i$ (2) $21-10i$ (3) $5-i$ (4) 0

교과서 필수 개념 3 켤레복소수의 성질

본문 ☞ 21쪽

대표예제 3

$z=a+bi$라 하면 $\overline{z}=a-bi$

ㄱ. $z-\overline{z}=a+bi-(a-bi)=2bi$

이므로 $b\neq0$이면 $z-\overline{z}$는 실수가 아니다.

ㄴ. $\frac{\overline{z}}{z}=\frac{a-bi}{a+bi}=\frac{(a-bi)^2}{(a+bi)(a-bi)}=\frac{a^2-b^2-2abi}{a^2+b^2}$

이므로 $ab\neq0$이면 $\frac{\overline{z}}{z}$는 실수가 아니다.

ㄷ. $\frac{1}{z}+\frac{1}{\overline{z}}=\frac{1}{a+bi}+\frac{1}{a-bi}=\frac{(a-bi)+(a+bi)}{(a+bi)(a-bi)}=\frac{2a}{a^2+b^2}$

이므로 $\frac{1}{z}+\frac{1}{\overline{z}}$은 실수이다.

따라서 실수인 것은 ㄷ뿐이다. 답 ㄷ

유제 3-1

$z=a+bi$라 하면 $\overline{z}=a-bi$이므로 $\overline{z}=-z$가 성립하려면

$a-bi=-a-bi$

즉, $a=0$이므로 z는 순허수이어야 한다. ($\because z\neq0$)

따라서 $z=(2x^2-7x-15)+(x^2-6x+5)i$에서

$2x^2-7x-15=0$, $x^2-6x+5\neq0$

(i) $2x^2-7x-15=0$에서 $(2x+3)(x-5)=0$

$\therefore x=-\frac{3}{2}$ 또는 $x=5$

(ii) $x^2-6x+5\neq0$에서 $(x-1)(x-5)\neq0$

$\therefore x\neq1$, $x\neq5$

(i), (ii)에 의하여 $x=-\frac{3}{2}$ 답 $-\frac{3}{2}$

교과서 필수 개념 4 i의 거듭제곱

본문 ☞ 22쪽

대표예제 4

(1) $i^2=i^6=\cdots=-1$, $i^3=i^7=\cdots=-i$, $i^4=i^8=\cdots=1$,

$i^5=i^9=\cdots=i$이므로

$i+i^2+i^3+\cdots+i^{101}$

$=(i+i^2+i^3+i^4)+\cdots+(i^{97}+i^{98}+i^{99}+i^{100})+i^{101}$

$=(i-1-i+1)+\cdots+(i-1-i+1)+i$

$=i$

(2) $\frac{1+i}{1-i}=\frac{(1+i)^2}{(1-i)(1+i)}=\frac{2i}{2}=i$이므로

$\left(\frac{1+i}{1-i}\right)^{10}=i^{10}=(i^4)^2\times i^2=-1$

답 (1) i (2) -1

유제 4-1

(1) $i^2=i^6=\cdots=-1$, $i^3=i^7=\cdots=-i$, $i^4=i^8=\cdots=1$,

$i^5=i^9=\cdots=i$이므로

$\frac{1}{i}+\frac{1}{i^2}+\frac{1}{i^3}+\cdots+\frac{1}{i^{20}}$

$=\left(\frac{1}{i}+\frac{1}{i^2}+\frac{1}{i^3}+\frac{1}{i^4}\right)+\cdots+\left(\frac{1}{i^{17}}+\frac{1}{i^{18}}+\frac{1}{i^{19}}+\frac{1}{i^{20}}\right)$

$=\left(\frac{1}{i}-1+\frac{1}{-i}+1\right)+\cdots+\left(\frac{1}{i}-1+\frac{1}{-i}+1\right)$

$=0$

(2) $\frac{1-i}{1+i}=\frac{(1-i)^2}{(1+i)(1-i)}=\frac{-2i}{2}=-i$,

$\frac{1+i}{1-i}=\frac{(1+i)^2}{(1-i)(1+i)}=\frac{2i}{2}=i$

이므로

$\left(\frac{1-i}{1+i}\right)^{50}+\left(\frac{1+i}{1-i}\right)^{50}=(-i)^{50}+i^{50}=i^{50}+i^{50}$

$=2i^{50}=2\times(i^4)^{12}\times i^2$

$=-2$

답 (1) 0 (2) -2

교과서 필수 개념 5 음수의 제곱근

본문 ☞ 22쪽

대표예제 5

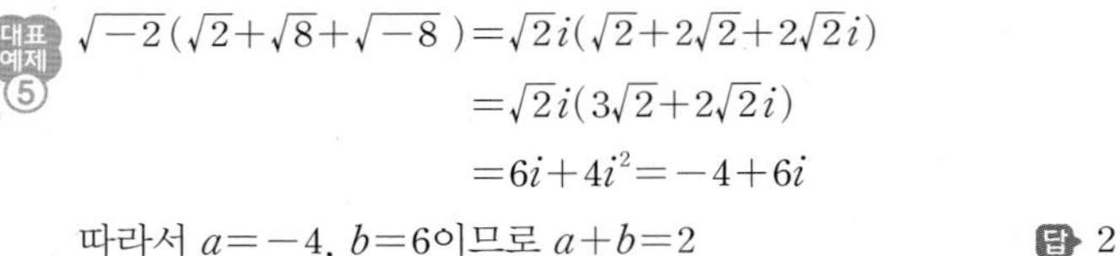

$\sqrt{-2}(\sqrt{2}+\sqrt{8}+\sqrt{-8})=\sqrt{2}i(\sqrt{2}+2\sqrt{2}+2\sqrt{2}i)$

$=\sqrt{2}i(3\sqrt{2}+2\sqrt{2}i)$

$=6i+4i^2=-4+6i$

따라서 $a=-4$, $b=6$이므로 $a+b=2$ 답 2

유제 5-1

$\frac{\sqrt{6}}{\sqrt{-2}}-\frac{3+\sqrt{2}}{\sqrt{-3}}=\frac{\sqrt{6}}{\sqrt{2}i}-\frac{3+\sqrt{2}}{\sqrt{3}i}=\frac{\sqrt{3}i}{i^2}-\frac{(3+\sqrt{2})i}{\sqrt{3}i^2}$

$=-\sqrt{3}i+\left(\sqrt{3}+\frac{\sqrt{6}}{3}\right)i=\frac{\sqrt{6}}{3}i$

따라서 $a=0$, $b=\frac{\sqrt{6}}{3}$이므로 $a^2+b^2=\frac{2}{3}$ 답 $\frac{2}{3}$

유제 5-2

$\sqrt{a}\sqrt{b}=-\sqrt{ab}$이므로 $a<0$, $b<0$ $\therefore a+b<0$

$\therefore \sqrt{a^2}-\sqrt{(a+b)^2}=|a|-|a+b|=-a+(a+b)=b$ 답 b

교과서 필수 개념 6 이차방정식의 풀이와 근의 판별

본문 ☞ 23쪽

대표예제 6

(1) 이차방정식 $x^2-3x+1=0$의 판별식을 D라 하면

$D=(-3)^2-4\times1\times1=5>0$

이므로 이 이차방정식은 서로 다른 두 실근을 갖는다.

(2) 이차방정식 $4x^2-4x+1=0$의 판별식을 D라 하면

$\frac{D}{4}=(-2)^2-4\times1=0$

이므로 이 이차방정식은 중근을 갖는다.

(3) 이차방정식 $x^2-\sqrt{2}x+2=0$의 판별식을 D라 하면

$D=(-\sqrt{2})^2-4\times1\times2=-6<0$

이므로 이 이차방정식은 서로 다른 두 허근을 갖는다.

답 (1) 서로 다른 두 실근 (2) 중근 (3) 서로 다른 두 허근

주의 판별식은 이차방정식의 계수가 실수일 때에만 의미가 있다.

유제 6-1 (1) 이차방정식 $3x^2-6x+5=0$의 판별식을 D라 하면

$\frac{D}{4}=(-3)^2-3\times5=-6<0$

이므로 이 이차방정식은 서로 다른 두 허근을 갖는다.

(2) 이차방정식 $x^2+5x-1=0$의 판별식을 D라 하면

$D=5^2-4\times1\times(-1)=29>0$

이므로 이 이차방정식은 서로 다른 두 실근을 갖는다.

(3) 이차방정식 $4x^2-4\sqrt{3}x+3=0$의 판별식을 D라 하면

$\frac{D}{4}=(-2\sqrt{3})^2-4\times3=0$

이므로 이 이차방정식은 중근을 갖는다.

답 (1) 서로 다른 두 허근 (2) 서로 다른 두 실근 (3) 중근

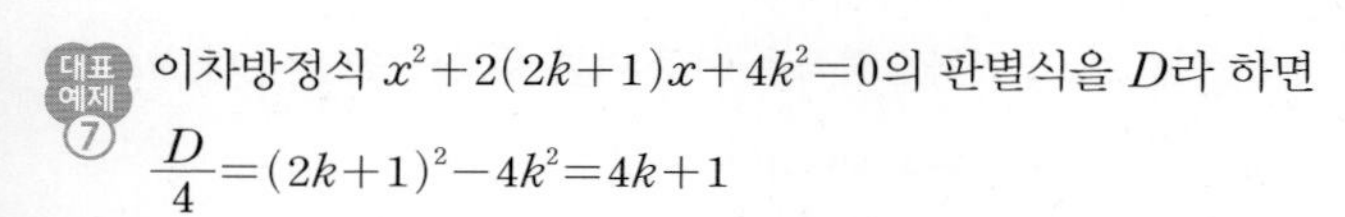

대표예제 7 이차방정식 $x^2+2(2k+1)x+4k^2=0$의 판별식을 D라 하면

$\frac{D}{4}=(2k+1)^2-4k^2=4k+1$

(1) 서로 다른 두 실근을 가지려면 $D>0$이어야 하므로

$\frac{D}{4}=4k+1>0 \qquad \therefore k>-\frac{1}{4}$

(2) 중근을 가지려면 $D=0$이어야 하므로

$\frac{D}{4}=4k+1=0 \qquad \therefore k=-\frac{1}{4}$

(3) 서로 다른 두 허근을 가지려면 $D<0$이어야 하므로

$\frac{D}{4}=4k+1<0 \qquad \therefore k<-\frac{1}{4}$

답 (1) $k>-\frac{1}{4}$ (2) $k=-\frac{1}{4}$ (3) $k<-\frac{1}{4}$

유제 7-1 이차방정식 $x^2+5x+k=0$의 판별식을 D라 하면

$D=5^2-4k=25-4k$

(1) 서로 다른 두 실근을 가지려면 $D>0$이어야 하므로

$D=25-4k>0 \qquad \therefore k<\frac{25}{4}$

(2) 중근을 가지려면 $D=0$이어야 하므로

$D=25-4k=0 \qquad \therefore k=\frac{25}{4}$

(3) 서로 다른 두 허근을 가지려면 $D<0$이어야 하므로

$D=25-4k<0 \qquad \therefore k>\frac{25}{4}$

답 (1) $k<\frac{25}{4}$ (2) $k=\frac{25}{4}$ (3) $k>\frac{25}{4}$

유제 7-2 이차방정식 $x^2-2kx+k^2+k-8=0$의 판별식을 D라 하면

$\frac{D}{4}=(-k)^2-(k^2+k-8)=8-k$

이때 이 이차방정식이 실근을 가지려면 $D\geq0$이어야 하므로

$\frac{D}{4}=8-k\geq0 \qquad \therefore k\leq8$

답 $k\leq8$

교과서 필수 개념 7 이차방정식의 근과 계수의 관계

본문 ☞ 24쪽

대표예제 8 이차방정식 $x^2+5x+5=0$의 두 근이 α, β이므로 근과 계수의 관계에 의하여

$\alpha+\beta=-5$, $\alpha\beta=5$

(1) $\alpha^2+\beta^2=(\alpha+\beta)^2-2\alpha\beta=(-5)^2-2\times5=15$

(2) $(\alpha-\beta)^2=(\alpha+\beta)^2-4\alpha\beta=(-5)^2-4\times5=5$

답 (1) 15 (2) 5

다른 풀이 (2) $(\alpha-\beta)^2=\alpha^2+\beta^2-2\alpha\beta=15-2\times5=5$

유제 8-1 이차방정식 $x^2-3x-2=0$의 두 근이 α, β이므로 근과 계수의 관계에 의하여

$\alpha+\beta=3$, $\alpha\beta=-2$

(1) $\alpha^3+\beta^3=(\alpha+\beta)^3-3\alpha\beta(\alpha+\beta)=3^3-3\times(-2)\times3=45$

(2) $\frac{\beta}{\alpha}+\frac{\alpha}{\beta}=\frac{\alpha^2+\beta^2}{\alpha\beta}=\frac{(\alpha+\beta)^2-2\alpha\beta}{\alpha\beta}$

$=\frac{3^2-2\times(-2)}{-2}=-\frac{13}{2}$

답 (1) 45 (2) $-\frac{13}{2}$

대표예제 9 이차방정식 $2x^2-3x+3=0$의 두 근이 α, β이므로 근과 계수의 관계에 의하여

$\alpha+\beta=\frac{3}{2}$, $\alpha\beta=\frac{3}{2}$

$\therefore \frac{1}{\alpha}+\frac{1}{\beta}=\frac{\alpha+\beta}{\alpha\beta}=\frac{\frac{3}{2}}{\frac{3}{2}}=1$, $\frac{1}{\alpha\beta}=\frac{2}{3}$

따라서 두 수 $\frac{1}{\alpha}$, $\frac{1}{\beta}$을 두 근으로 하고 x^2의 계수가 3인 이차방정식은

$3\left(x^2-x+\frac{2}{3}\right)=0 \qquad \therefore 3x^2-3x+2=0$

답 $3x^2-3x+2=0$

유제 9-1 이차방정식 $x^2-2x+4=0$의 두 근이 α, β이므로 근과 계수의 관계에 의하여

$\alpha+\beta=2$, $\alpha\beta=4$

$\therefore (\alpha+1)+(\beta+1)=(\alpha+\beta)+2=2+2=4$

$(\alpha+1)(\beta+1)=\alpha\beta+(\alpha+\beta)+1=4+2+1=7$

따라서 두 수 $\alpha+1$, $\beta+1$을 두 근으로 하고 x^2의 계수가 1인 이차방정식은 $x^2-4x+7=0$

답 $x^2-4x+7=0$

유제 9-2 a, b가 실수이므로 이차방정식 $x^2+ax+b=0$의 한 근이 $2+i$이면 $2-i$도 근이다.

따라서 근과 계수의 관계에 의하여

$(2+i)+(2-i)=-a \quad \therefore a=-4$

$(2+i)(2-i)=b \quad \therefore b=5$

$\therefore a+b=1$

답 1

핵심 개념 & 공식 리뷰

본문 ☞ 25쪽

01 (1) ○ (2) × (3) × (4) × (5) ○ (6) ○ (7) ○ (8) × (9) × (10) ○

02 (1) $2+3i$ (2) $-9+4i$ (3) $-8-31i$ (4) 85 (5) $-\frac{4}{13}-\frac{7}{13}i$ (6) i

03 (1) $\frac{1}{2}+\frac{1}{2}i$ (2) 4 (3) $\frac{5}{2}$ (4) $\frac{15}{17}-\frac{8}{17}i$

04 (1) -1 (2) $-i$ (3) -2 (4) i

05 (1) 서로 다른 두 실근, $\frac{3}{2}$, -3 (2) 서로 다른 두 허근, 5, 7 (3) 서로 다른 두 실근, $-\frac{7}{3}$, $-\frac{10}{3}$ (4) 중근, 3, $\frac{9}{4}$

02 (1) $(-1+7i)+(3-4i)=(-1+3)+(7-4)i$
$=2+3i$

(2) $(-5-9i)-(4-13i)=(-5-4)+(-9+13)i$
$=-9+4i$

(3) $(3-4i)(4-5i)=12-15i-16i+20i^2$
$=12-15i-16i-20$
$=(12-20)+(-15-16)i$
$=-8-31i$

(4) $(2+9i)(2-9i)=4-81i^2=4+81=85$

(5) $\frac{1-2i}{2+3i}=\frac{(1-2i)(2-3i)}{(2+3i)(2-3i)}=\frac{2-3i-4i+6i^2}{4-9i^2}$
$=\frac{2-3i-4i-6}{13}=-\frac{4}{13}-\frac{7}{13}i$

(6) $\frac{3+i}{1-3i}=\frac{(3+i)(1+3i)}{(1-3i)(1+3i)}=\frac{3+9i+i+3i^2}{1-9i^2}$
$=\frac{3+9i+i-3}{10}=i$

03 (1) $\frac{1}{z}=\frac{1}{1-i}=\frac{1+i}{(1-i)(1+i)}=\frac{1+i}{1-i^2}=\frac{1}{2}+\frac{1}{2}i$

(2) $\overline{z+\overline{z}}=\overline{z}+z=(2+5i)+(2-5i)=4$

(3) $\overline{z}=\overline{\left(\frac{3+4i}{3-i}\right)}=\frac{\overline{3+4i}}{\overline{3-i}}=\frac{3-4i}{3+i}$

$\therefore z\overline{z}=\frac{3+4i}{3-i}\times\frac{3-4i}{3+i}=\frac{(3+4i)(3-4i)}{(3-i)(3+i)}$
$=\frac{9-16i^2}{9-i^2}=\frac{25}{10}=\frac{5}{2}$

(4) $\overline{\left(\frac{\overline{z}}{z}\right)}=\frac{z}{\overline{z}}=\frac{-4+i}{-4-i}$
$=\frac{(-4+i)^2}{(-4-i)(-4+i)}=\frac{16-8i+i^2}{16-i^2}$
$=\frac{15}{17}-\frac{8}{17}i$

04 (1) $i^{2022}=(i^4)^{505}\times i^2=-1$

(2) $-(-i)^{99}=i^{99}=(i^4)^{24}\times i^3=-i$

(3) $\frac{1}{i^{30}}=\frac{1}{(i^4)^7\times i^2}=\frac{1}{i^2}=\frac{1}{-1}=-1$이므로

$\left(\frac{1}{i}\right)^{30}+\left(-\frac{1}{i}\right)^{30}=\frac{1}{i^{30}}+\frac{1}{i^{30}}=-1+(-1)=-2$

(4) $\left(\frac{1+i}{\sqrt{2}}\right)^2=\frac{2i}{2}=i$이므로

$\left(\frac{1+i}{\sqrt{2}}\right)^{10}=\left\{\left(\frac{1+i}{\sqrt{2}}\right)^2\right\}^5=i^5=i^4\times i=i$

05 주어진 이차방정식의 판별식을 D라 하면

(1) $D=(-3)^2-4\times2\times(-6)=57>0$
이므로 이 이차방정식은 서로 다른 두 실근을 갖는다.

(2) $D=(-5)^2-4\times1\times7=-3<0$
이므로 이 이차방정식은 서로 다른 두 허근을 갖는다.

(3) $D=7^2-4\times3\times(-10)=169>0$
이므로 이 이차방정식은 서로 다른 두 실근을 갖는다.

(4) $\frac{D}{4}=(-6)^2-4\times9=0$
이므로 이 이차방정식은 중근을 갖는다.

빈출 문제로 실전 연습

본문 ☞ 26~27쪽

01 ③	**02** ⑤	**03** −3	**04** ④	**05** ①	**06** ②
07 ⑤	**08** ③	**09** ②	**10** ③	**11** ③	**12** ④
13 1					

01 $(x-y-1)+(x-2y)i=1$에서 복소수가 서로 같을 조건에 의하여

$x-y-1=1 \quad \therefore x-y=2$ …… ㉠

$x-2y=0$ …… ㉡

㉠, ㉡을 연립하여 풀면 $x=4$, $y=2$

$\therefore x+y=6$

답 ③

02 복소수 z를 $z=a+bi$ (a, b는 실수)라 하면 $\overline{z}=a-bi$이므로

$(1+2i)z+(4-i)\overline{z}=12$에서

$(1+2i)(a+bi)+(4-i)(a-bi)=12$

$(a-2b)+(2a+b)i+(4a-b)-(a+4b)i=12$

$(5a-3b)+(a-3b)i=12$

복소수가 서로 같을 조건에 의하여

$5a-3b=12$, $a-3b=0$

두 식을 연립하여 풀면 $a=3$, $b=1$

따라서 $z=3+i$, $\bar{z}=3-i$이므로

$z\bar{z}=(3+i)(3-i)=9-i^2=9+1=10$ 답 ⑤

03 복소수 $z=(2x+3)-(x-2)i$에 대하여 z^2이 실수가 되려면 z는 순허수 또는 실수이어야 하므로 $2x+3=0$ 또는 $x-2=0$이어야 한다.

따라서 $x=-\frac{3}{2}$ 또는 $x=2$이므로 모든 실수 x의 값의 곱은

$-\frac{3}{2}\times 2=-3$ 답 -3

다른 풀이 $z^2=(2x+3)^2-2(2x+3)(x-2)i-(x-2)^2$

z^2이 실수가 되려면

$2(2x+3)(x-2)=0$

$\therefore x=-\frac{3}{2}$ 또는 $x=2$

따라서 모든 실수 x의 값의 곱은 $-\frac{3}{2}\times 2=-3$

Core 특강

복소수 z^2이 실수가 되기 위한 조건

복소수 $z=a+bi$ (a, b는 실수)에 대하여

$z^2=(a+bi)^2=(a^2-b^2)+2abi$

이때 z^2이 실수이려면 $ab=0$이어야 하므로

$a=0$ 또는 $b=0$ ➜ z가 순허수 또는 실수

04 $\alpha\bar{\alpha}+\bar{\alpha}\beta+\alpha\bar{\beta}+\beta\bar{\beta}=\bar{\alpha}(\alpha+\beta)+\bar{\beta}(\alpha+\beta)$

$=(\alpha+\beta)(\bar{\alpha}+\bar{\beta})$

$=(\alpha+\beta)(\overline{\alpha+\beta})$

이때 $\alpha=4-3i$, $\beta=-2+i$이므로

$\alpha+\beta=(4-3i)+(-2+i)=2-2i$

$\overline{\alpha+\beta}=\overline{2-2i}=2+2i$

$\therefore$ (주어진 식)$=(2-2i)(2+2i)=4-4i^2=8$ 답 ④

05 $(1+2i)x+(1-i)y=6i$에서 $(x+y)+(2x-y)i=6i$

복소수가 서로 같을 조건에 의하여 $x+y=0$, $2x-y=6$

두 식을 연립하여 풀면 $x=2$, $y=-2$

$\therefore \sqrt{-x}\sqrt{4y}+\frac{\sqrt{4x}}{\sqrt{y}}=\sqrt{-2}\sqrt{-8}+\frac{\sqrt{8}}{\sqrt{-2}}$

$=\sqrt{2}i\times 2\sqrt{2}i+\frac{2\sqrt{2}}{\sqrt{2}i}$

$=4i^2+\frac{2i}{i^2}=-4-2i$ 답 ①

다른 풀이 $\sqrt{-x}\sqrt{4y}+\frac{\sqrt{4x}}{\sqrt{y}}=\sqrt{-2}\sqrt{-8}+\frac{\sqrt{8}}{\sqrt{-2}}$

$=-\sqrt{(-2)\times(-8)}-\sqrt{\frac{8}{-2}}$

$=-\sqrt{16}-\sqrt{-4}=-4-2i$

06 $\frac{\sqrt{a}}{\sqrt{b}}=-\sqrt{\frac{a}{b}}$에서 $a>0$, $b<0$이므로

$a-b>0$, $b-a<0$

$\therefore \sqrt{ab}-\sqrt{a}\sqrt{b}+\frac{\sqrt{a-b}}{\sqrt{b-a}}+\frac{|a-b|}{a-b}$

$=\sqrt{ab}-\sqrt{ab}+\frac{\sqrt{a-b}}{\sqrt{a-b}i}+\frac{a-b}{a-b}$

$=\frac{1}{i}+1=\frac{i}{i^2}+1=1-i$ 답 ②

07 이차방정식 $x^2+2(2k+a)x+4k^2+k+b=0$의 판별식을 D라 하면

$\frac{D}{4}=(2k+a)^2-(4k^2+k+b)$

$=(4k^2+4ak+a^2)-(4k^2+k+b)$

$=(4a-1)k+a^2-b$

이때 이 이차방정식이 실수 k의 값에 관계없이 항상 중근을 가지므로

$\frac{D}{4}=(4a-1)k+a^2-b=0$

이 등식이 k에 대한 항등식이므로

$4a-1=0$, $a^2-b=0$

$\therefore a=\frac{1}{4}$, $b=\frac{1}{16}$

$\therefore \frac{a}{b}=\frac{\frac{1}{4}}{\frac{1}{16}}=4$ 답 ⑤

08 이차방정식 $2x^2-kx+k+1=0$의 두 근이 α, β이므로 근과 계수의 관계에 의하여

$\alpha+\beta=\frac{k}{2}$, $\alpha\beta=\frac{k+1}{2}$

$\therefore \alpha^2+\beta^2=(\alpha+\beta)^2-2\alpha\beta$

$=\left(\frac{k}{2}\right)^2-2\times\frac{k+1}{2}$

$=\frac{k^2}{4}-k-1=0$

따라서 $k^2-4k-4=0$이므로 모든 실수 k의 값의 합은 근과 계수의 관계에 의하여 4이다. 답 ③

참고 이차방정식 $k^2-4k-4=0$의 판별식을 D라 하면

$\frac{D}{4}=(-2)^2-(-4)=8>0$이므로 서로 다른 두 실근을 갖는다.

09 이차방정식 $x^2-x+4=0$의 두 근이 α, β이므로

$\alpha^2-\alpha+4=0$, $\beta^2-\beta+4=0$

또, 근과 계수의 관계에 의하여

$\alpha+\beta=1$, $\alpha\beta=4$

한편,

$\alpha^2-2\alpha+2=(\alpha^2-\alpha+4)-\alpha-2=-\alpha-2$,

$\beta^2-2\beta+2=(\beta^2-\beta+4)-\beta-2=-\beta-2$

이므로

$$\frac{1}{\alpha^2-2\alpha+2}+\frac{1}{\beta^2-2\beta+2}=\frac{1}{-\alpha-2}+\frac{1}{-\beta-2}$$
$$=\frac{-\alpha-2-\beta-2}{(\alpha+2)(\beta+2)}$$
$$=\frac{-(\alpha+\beta)-4}{\alpha\beta+2(\alpha+\beta)+4}$$
$$=\frac{-1-4}{4+2\times1+4}=-\frac{1}{2}$$

답 ②

10 이차방정식 $3x^2+ax+b=0$의 한 근이 1이므로

$3+a+b=0 \quad \therefore a+b=-3 \quad \cdots\cdots ㉠$

이차방정식 $4x^2+2(a-1)x+b+1=0$의 한 근이 $-\frac{1}{2}$이므로

$1-(a-1)+b+1=0 \quad \therefore a-b=3 \quad \cdots\cdots ㉡$

㉠, ㉡을 연립하여 풀면 $a=0$, $b=-3$

$3x^2-3=0$에서 $3(x+1)(x-1)=0$

$\therefore x=-1$ 또는 $x=1$

$\therefore \alpha=-1$

$4x^2-2x-2=0$에서 $2x^2-x-1=0$

$(2x+1)(x-1)=0 \quad \therefore x=-\frac{1}{2}$ 또는 $x=1$

$\therefore \beta=1$

이때 두 수 $\alpha-\beta$, $\alpha\beta$, 즉 -2, -1을 근으로 하고 x^2의 계수가 1인 이차방정식은

$(x+2)(x+1)=0 \quad \therefore x^2+3x+2=0$

따라서 $p=3$, $q=2$이므로 $pq=6$

답 ③

11 $\alpha=a+bi\ (b\neq0)$라 하면 $\alpha+\overline{\beta}=0$에서

$\overline{\beta}=-\alpha=-a-bi$, $\beta=\overline{-a-bi}=-a+bi$

ㄱ. $\beta-\alpha=-a+bi-(a+bi)$

$=-a+bi-a-bi=-2a$

즉, $\beta-\alpha$는 실수이다.

ㄴ. $\frac{\alpha\beta}{i}=\frac{(a+bi)(-a+bi)}{i}=\frac{-a^2-b^2}{i}$

$=\frac{(-a^2-b^2)i}{i^2}=(a^2+b^2)i$

즉, $\frac{\alpha\beta}{i}$는 순허수이다.

ㄷ. $\frac{\overline{\alpha}}{\beta}=\frac{a-bi}{-a+bi}=\frac{a-bi}{-(a-bi)}=-1$

즉, $\frac{\overline{\alpha}}{\beta}$는 실수이다.

따라서 실수인 것은 ㄱ, ㄷ이다.

답 ③

12 $z=\frac{1-i}{1+i}=\frac{(1-i)^2}{(1+i)(1-i)}=\frac{1-2i+i^2}{1-i^2}=\frac{-2i}{2}=-i$

$z^2=(-i)^2=-1$, $z^3=(-i)^3=i$, $z^4=(-i)^4=1$

이므로

$z=z^5=z^9=\cdots=-i$, $z^2=z^6=z^{10}=\cdots=-1$

$z^3=z^7=z^{11}=\cdots=i$, $z^4=z^8=z^{12}=\cdots=1$

이때 $z+z^2+z^3+z^4=-i+(-1)+i+1=0$이고,

$z+z^2+z^3=-i+(-1)+i=-1$이므로

$z+z^2+z^3+\cdots+z^7=0+(z+z^2+z^3)=-1$

$z+z^2+z^3+\cdots+z^{11}=0+0+(z+z^2+z^3)=-1$

$z+z^2+z^3+\cdots+z^{15}=0+0+0+(z+z^2+z^3)=-1$

⋮

따라서 $z+z^2+z^3+\cdots+z^n=-1$을 만족시키는 자연수 n의 값은 3, 7, 11, 15, ⋯ 이다. 즉, n은 $4k-1$ (k는 자연수) 꼴의 자연수이므로 100 이하의 자연수 n의 최댓값은

$4\times25-1=99$

답 ④

13 이차방정식 $x^2+(k^2-4k+3)x+k-2=0$의 두 실근의 절댓값이 같고 부호가 서로 다르므로 두 근의 합은 0이고 두 근의 곱은 음수이다.

(i) 두 근의 합이 0이므로 $-(k^2-4k+3)=0$

$k^2-4k+3=0$, $(k-1)(k-3)=0$

$\therefore k=1$ 또는 $k=3$

(ii) 두 근의 곱이 음수이므로

$k-2<0 \quad \therefore k<2$

(i), (ii)에 의하여 $k=1$

답 1

Ⅱ. 방정식과 부등식

04강 이차방정식과 이차함수

교과서 필수 개념 1 이차방정식과 이차함수의 관계

본문 ☞ 28쪽

대표예제 ①

이차함수 $y=x^2+3x+2-k$의 그래프가 x축과 서로 다른 두 점에서 만나려면 이차방정식 $x^2+3x+2-k=0$의 판별식을 D라 할 때 $D>0$이어야 하므로

$D=3^2-4\times1\times(2-k)=4k+1>0$

$\therefore k>-\frac{1}{4}$

답 $k>-\frac{1}{4}$

유제 1-1

이차방정식 $x^2+4x+k-5=0$의 판별식을 D라 하면

$\frac{D}{4}=2^2-(k-5)=9-k$

(1) 주어진 이차함수의 그래프와 x축이 서로 다른 두 점에서 만나려면 $D>0$이어야 하므로 $9-k>0 \quad \therefore k<9$

(2) 주어진 이차함수의 그래프와 x축이 한 점에서 만나려면 $D=0$이어야 하므로 $9-k=0 \quad \therefore k=9$

(3) 주어진 이차함수의 그래프와 x축이 만나지 않으려면 $D<0$이어야 하므로 $9-k<0 \quad \therefore k>9$

답 (1) $k<9$ (2) $k=9$ (3) $k>9$

교과서 필수 개념 2 이차함수의 그래프와 직선의 위치 관계 본문 ☞ 29쪽

대표예제 ② 이차방정식 $-x^2+5x+k=-x+1$, 즉 $x^2-6x+1-k=0$의 판별식을 D라 하면

$\frac{D}{4}=(-3)^2-(1-k)=k+8$

이때 주어진 이차함수의 그래프와 직선이 만나려면 $D\geq 0$이어야 하므로

$k+8\geq 0 \quad \therefore k\geq -8$

답 $k\geq -8$

유제 2-1 이차방정식 $x^2-6x+12=2x+k$, 즉 $x^2-8x+12-k=0$의 판별식을 D라 하면

$\frac{D}{4}=(-4)^2-(12-k)=k+4$

(1) 주어진 이차함수의 그래프와 직선이 서로 다른 두 점에서 만나려면 $D>0$이어야 하므로 $k+4>0 \quad \therefore k>-4$

(2) 주어진 이차함수의 그래프와 직선이 한 점에서 만나려면 $D=0$이어야 하므로 $k+4=0 \quad \therefore k=-4$

(3) 주어진 이차함수의 그래프와 직선이 만나지 않으려면 $D<0$이어야 하므로 $k+4<0 \quad \therefore k<-4$

답 (1) $k>-4$ (2) $k=-4$ (3) $k<-4$

유제 2-2 직선 $y=2x-k$와 이차함수 $y=2x^2+6x-3$의 그래프는 서로 다른 두 점에서 만나므로 이차방정식 $2x^2+6x-3=2x-k$, 즉 $2x^2+4x+k-3=0$의 판별식을 D_1이라 하면

$\frac{D_1}{4}=2^2-2(k-3)>0$

$-2k+10>0 \quad \therefore k<5 \quad \cdots\cdots ㉠$

또, 직선 $y=2x-k$와 이차함수 $y=x^2-x+2$의 그래프는 만나지 않으므로 이차방정식 $x^2-x+2=2x-k$, 즉 $x^2-3x+k+2=0$의 판별식을 D_2라 하면

$D_2=(-3)^2-4(k+2)<0$

$-4k+1<0 \quad \therefore k>\frac{1}{4} \quad \cdots\cdots ㉡$

㉠, ㉡에서 $\frac{1}{4}<k<5$이므로 정수 k는 1, 2, 3, 4의 4개이다.

답 4

교과서 필수 개념 3 이차함수의 최대, 최소 본문 ☞ 30쪽

대표예제 ③ (1) $y=2x^2-4x+5=2(x-1)^2+3$

이므로 최댓값은 없고, 최솟값은 3이다.

(2) $y=-x^2-6x+9=-(x+3)^2+18$

이므로 최댓값은 18이고, 최솟값은 없다.

답 (1) 최댓값: 없다., 최솟값: 3
(2) 최댓값: 18, 최솟값: 없다.

유제 3-1 (1) $y=x^2+4x+3=(x+2)^2-1$

이므로 최댓값은 없고, 최솟값은 -1이다.

(2) $y=-3x^2+6x+2=-3(x-1)^2+5$

이므로 최댓값은 5이고, 최솟값은 없다.

답 (1) 최댓값: 없다., 최솟값: -1
(2) 최댓값: 5, 최솟값: 없다.

유제 3-2 $y=-2x^2-6x+k=-2\left(x+\frac{3}{2}\right)^2+k+\frac{9}{2}$

이므로 이 이차함수는 $x=-\frac{3}{2}$일 때 최댓값 $k+\frac{9}{2}$를 갖는다.

이때 최댓값이 10이므로

$k+\frac{9}{2}=10 \quad \therefore k=\frac{11}{2}$

답 $\frac{11}{2}$

대표예제 ④ 이차함수 $y=3x^2-ax+b$는 $x=1$에서 최솟값 $a-7$을 가지므로

$y=3x^2-ax+b=3(x-1)^2+a-7$
$=3x^2-6x+a-4$

따라서 $-a=-6$, $b=a-4$이므로 $a=6$, $b=2$

$\therefore a-b=4$

답 4

유제 4-1 이차함수 $y=x^2+px+q$가 $x=-3$에서 최솟값 8을 가지므로

$y=x^2+px+q=(x+3)^2+8$
$=x^2+6x+17$

따라서 $p=6$, $q=17$이므로 $p+q=23$

답 23

교과서 필수 개념 4 제한된 범위에서 이차함수의 최대, 최소 본문 ☞ 31쪽

대표예제 ⑤ $y=2x^2-4x+k$
$=2(x-1)^2+k-2$

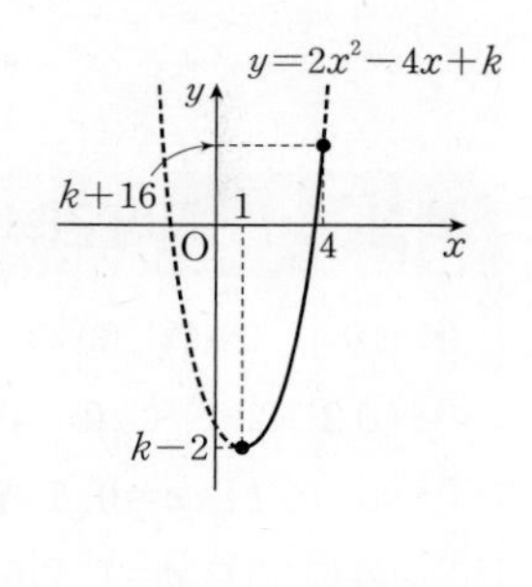

이므로 $1\leq x\leq 4$에서 이차함수 $y=2x^2-4x+k$의 그래프는 오른쪽 그림과 같다. 따라서

$x=4$일 때 최댓값 $k+16$을 갖고,

$x=1$일 때 최솟값 $k-2$를 갖는다.

이때 최댓값이 5이므로

$k+16=5 \quad \therefore k=-11$

또한, $k=-11$이므로 최솟값은

$k-2=-11-2=-13$

답 $k=-11$, 최솟값: -13

유제 5-1 $y=-x^2+6x+k$
$=-(x-3)^2+k+9$

이므로 $2\leq x\leq 5$에서 이차함수 $y=-x^2+6x+k$의 그래프는 오른쪽 그림과 같다. 따라서

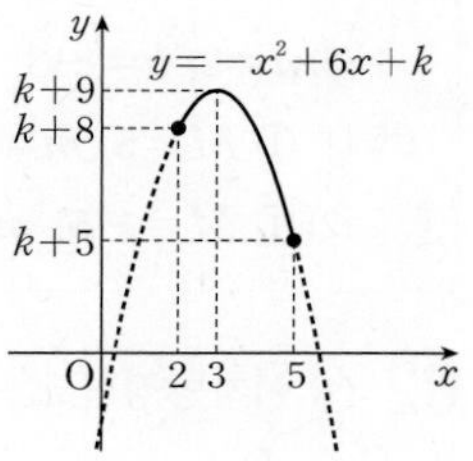

$x=3$일 때 최댓값 $k+9$를 갖고,

$x=5$일 때 최솟값 $k+5$를 갖는다.

이때 최댓값이 7이므로 $k+9=7 \quad \therefore k=-2$

또한, $k=-2$이므로 최솟값은

$k+5=-2+5=3$

답 $k=-2$, 최솟값: 3

Core 특강

이차함수의 그래프의 대칭성을 이용한 최대, 최소

이차함수 $y=a(x-p)^2+q$의 그래프의 축 $x=p$가 주어진 x의 값의 범위에 속하는 경우

(i) $a>0$일 때, 주어진 범위의 양 끝 값 중 축 $x=p$에서 더 멀리 떨어진 x의 값에서 최댓값을 갖는다.

(ii) $a<0$일 때, 주어진 범위의 양 끝 값 중 축 $x=p$에서 더 멀리 떨어진 x의 값에서 최솟값을 갖는다.

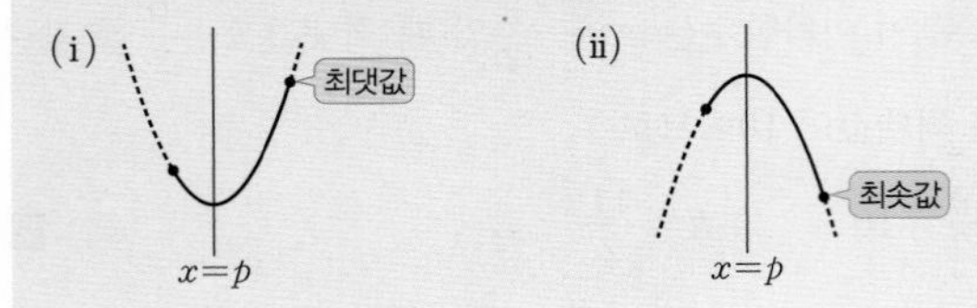

대표예제 6 나무막대기의 길이가 8 m이므로 직사각형 모양의 창문의 가로의 길이를 x m $(0<x<4)$라 하면 세로의 길이는 $(4-x)$ m이다. 이 창문의 넓이를 $y\ \mathrm{m}^2$라 하면

$y=x(4-x)=-x^2+4x=-(x-2)^2+4$

이때 $0<x<4$이므로 y는 $x=2$일 때 최댓값 4를 갖는다.

따라서 창문의 넓이의 최댓값은 $4\ \mathrm{m}^2$이다. 답 $4\ \mathrm{m}^2$

유제 6-1 직각을 낀 두 변 중 한 변의 길이를 x $(0<x<8)$라 하면 나머지 한 변의 길이는 $8-x$이다. 이 직각삼각형의 넓이를 y라 하면

$y=\frac{1}{2}x(8-x)=-\frac{1}{2}x^2+4x=-\frac{1}{2}(x-4)^2+8$

이때 $0<x<8$이므로 y는 $x=4$일 때 최댓값 8을 갖는다.

따라서 직각삼각형의 넓이의 최댓값은 8이다. 답 8

핵심 개념 & 공식 리뷰

본문 ☞ 32쪽

01 (1) × (2) ○ (3) ○ (4) ○ (5) × (6) ○ (7) × (8) ×

02 (1) 2 (2) 1 (3) 0 (4) 2

03 (1) $(0, 1)$, $x=0$, 1, 없다.

(2) $(1, 3)$, $x=1$, 없다., 3

(3) $(4, 2)$, $x=4$, 2, 없다.

(4) $(-1, -2)$, $x=-1$, 없다., -2

(5) $\left(-\frac{b}{2a}, -\frac{b^2-4ac}{4a}\right)$, $x=-\frac{b}{2a}$, 없다., $-\frac{b^2-4ac}{4a}$

04 (1) $a=8$, $b=13$ (2) $a=8$, $b=-14$

(3) $a=2$, $b=-3$ (4) $a=-11$, $b=-2$

05 (1) ① $M=5$, $m=1$ ② $M=17$, $m=2$

(2) ① $M=-5$, $m=-23$ ② $M=-7$, $m=-37$

02 (1) 이차방정식 $x^2-4=0$의 판별식을 D라 하면

$\frac{D}{4}=0^2-1\times(-4)>0$

이므로 이차함수 $y=x^2-4$의 그래프는 x축과 서로 다른 두 점에서 만난다.

따라서 구하는 교점의 개수는 2이다.

(2) 이차방정식 $-2x^2+12x-18=0$, 즉 $x^2-6x+9=0$의 판별식을 D라 하면

$\frac{D}{4}=(-3)^2-1\times9=0$

이므로 이차함수 $y=-2x^2+12x-18$의 그래프는 x축과 한 점에서 만난다.

따라서 구하는 교점의 개수는 1이다.

(3) 이차방정식 $(x+2)^2=3x-1$, 즉 $x^2+x+5=0$의 판별식을 D라 하면

$D=1^2-4\times1\times5=-19<0$

이므로 이차함수 $y=(x+2)^2$의 그래프와 직선 $y=3x-1$은 만나지 않는다.

따라서 구하는 교점의 개수는 0이다.

(4) 이차방정식 $-x^2+8x-25=-4x-5$, 즉 $x^2-12x+20=0$의 판별식을 D라 하면

$\frac{D}{4}=(-6)^2-1\times20=16>0$

이므로 이차함수 $y=-x^2+8x-25$의 그래프와 직선 $y=-4x-5$는 서로 다른 두 점에서 만난다.

따라서 구하는 교점의 개수는 2이다.

03 (3) $y=-x^2+8x-14=-(x-4)^2+2$

이므로 꼭짓점의 좌표는 $(4, 2)$, 축의 방정식은 $x=4$이다.

또, 최댓값은 2이고, 최솟값은 없다.

(4) $y=3x^2+6x+1=3(x+1)^2-2$

이므로 꼭짓점의 좌표는 $(-1, -2)$, 축의 방정식은 $x=-1$이다.

또, 최댓값은 없고, 최솟값은 -2이다.

(5) $y=ax^2+bx+c=a\left(x+\frac{b}{2a}\right)^2-\frac{b^2-4ac}{4a}$

이므로 꼭짓점의 좌표는 $\left(-\frac{b}{2a}, -\frac{b^2-4ac}{4a}\right)$, 축의 방정식은 $x=-\frac{b}{2a}$이다.

또, 최댓값은 없고, 최솟값은 $-\frac{b^2-4ac}{4a}$이다.

04 (1) 이차함수 $y=2x^2+ax+b$가 $x=-2$에서 최솟값 5를 가지므로

$y=2(x+2)^2+5=2x^2+8x+13$ $\therefore a=8, b=13$

(2) 이차함수 $y=-x^2+ax+b$가 $x=4$에서 최댓값 2를 가지므로

$y=-(x-4)^2+2=-x^2+8x-14$ $\therefore a=8, b=-14$

(3) 이차함수 $y=x^2+ax-2$가 $x=-1$에 최솟값 b를 가지므로

$y=(x+1)^2+b=x^2+2x+1+b$

즉, $a=2$, $-2=1+b$이므로 $b=-3$

$\therefore a=2, b=-3$

(4) 이차함수 $y=-3x^2-12x+a$가 $x=b$에서 최댓값 1을 가지므로

$y=-3(x-b)^2+1=-3x^2+6bx-3b^2+1$

즉, $-12=6b$, $a=-3b^2+1$이므로 $b=-2$, $a=-11$

$\therefore a=-11, b=-2$

05 (1) $y=x^2+6x+10=(x+3)^2+1$

① $-4\le x\le -1$에서 이차함수 $y=x^2+6x+10$의 그래프는 오른쪽 그림과 같다. 따라서 $x=-1$일 때 최댓값 5를 갖고, $x=-3$일 때 최솟값 1을 갖는다.

$\therefore M=5,\ m=1$

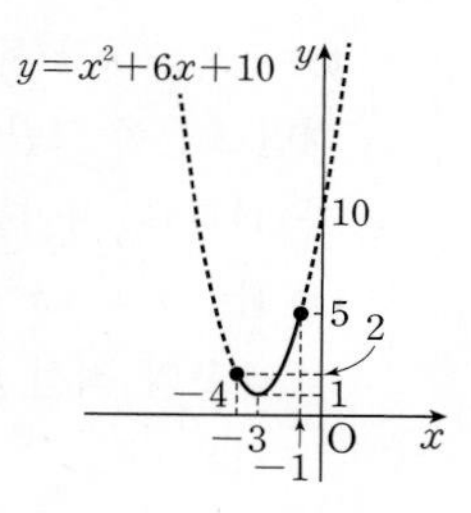

② $-2\le x\le 1$에서 이차함수 $y=x^2+6x+10$의 그래프는 오른쪽 그림과 같다. 따라서 $x=1$일 때 최댓값 17을 갖고, $x=-2$일 때 최솟값 2를 갖는다.

$\therefore M=17,\ m=2$

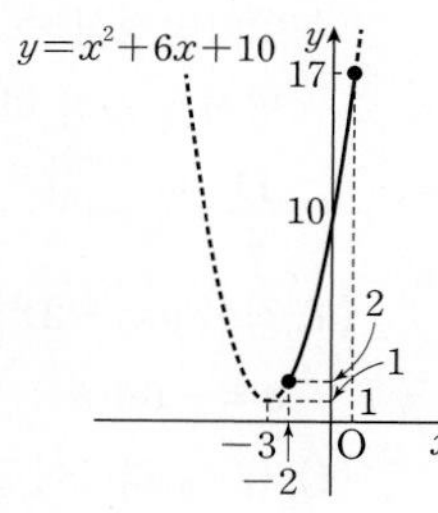

(2) $y=-2x^2+4x-7=-2(x-1)^2-5$

① $-2\le x\le 3$에서 이차함수 $y=-2x^2+4x-7$의 그래프는 오른쪽 그림과 같다. 따라서 $x=1$일 때 최댓값 -5를 갖고, $x=-2$일 때 최솟값 -23을 갖는다.

$\therefore M=-5,\ m=-23$

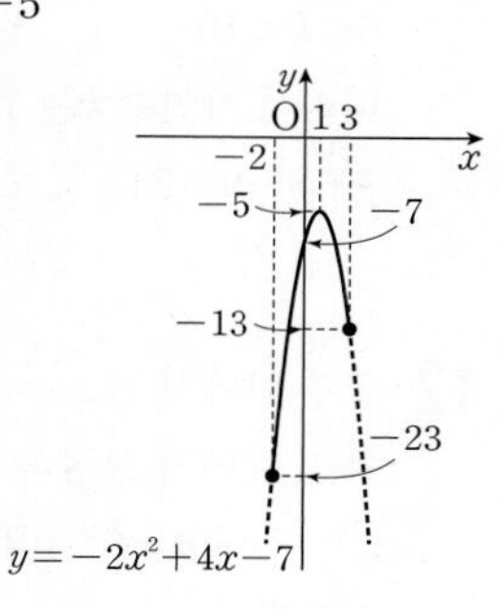

② $-3\le x\le 0$에서 이차함수 $y=-2x^2+4x-7$의 그래프는 오른쪽 그림과 같다. 따라서 $x=0$일 때 최댓값 -7을 갖고, $x=-3$일 때 최솟값 -37을 갖는다.

$\therefore M=-7,\ m=-37$

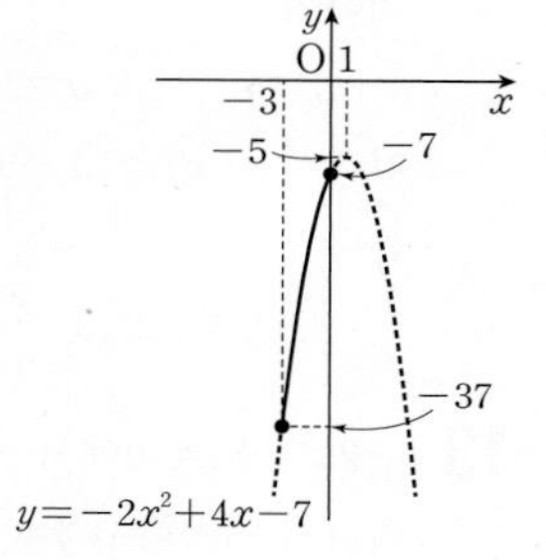

빈출 문제로 실전 연습

본문 ☞ 33~34쪽

01 ②	**02** $-\frac{7}{8}$	**03** ①	**04** 1	**05** ⑤	**06** ④
07 ①	**08** ②	**09** ④	**10** ④	**11** ③	**12** -2
13 $\frac{15}{2}$					

01 이차함수 $y=4x^2-3x-7$의 그래프와 x축의 교점의 x좌표는 이차방정식 $4x^2-3x-7=0$의 두 근이므로

$4x^2-3x-7=0,\ (x+1)(4x-7)=0$

$\therefore x=-1$ 또는 $x=\frac{7}{4}$

따라서 $\mathrm{A}(-1,\ 0)$, $\mathrm{B}\left(\frac{7}{4},\ 0\right)$ 또는 $\mathrm{A}\left(\frac{7}{4},\ 0\right)$, $\mathrm{B}(-1,\ 0)$이므로

$\overline{\mathrm{AB}}=\frac{7}{4}-(-1)=\frac{11}{4}$

답 ②

02 이차함수 $y=x^2+2(a+3)x+a^2-2a+2$의 그래프와 x축이 한 점에서 만나려면 이차방정식

$x^2+2(a+3)x+a^2-2a+2=0$의 판별식을 D라 할 때, $D=0$이어야 하므로

$\frac{D}{4}=(a+3)^2-(a^2-2a+2)=8a+7=0$

$\therefore a=-\frac{7}{8}$

답 $-\frac{7}{8}$

03 $f(x)=x^2-6x+k$라 할 때, 이차함수 $y=f(x)$의 그래프와 x축이 서로 다른 두 점 $(\alpha,\ 0)$, $(\beta,\ 0)$에서 만나고 $1<\alpha<\beta$이려면 다음 조건을 만족시켜야 한다.

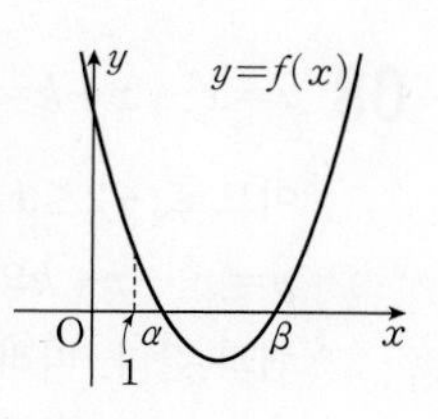

(i) 이차방정식 $f(x)=0$의 판별식을 D라 하면

$\frac{D}{4}=(-3)^2-k=9-k>0 \qquad \therefore k<9$

(ii) $f(1)=1-6+k=k-5>0 \qquad \therefore k>5$

(i), (ii)에 의하여 $5<k<9$

따라서 정수 k는 6, 7, 8이므로 그 합은

$6+7+8=21$

답 ①

04 이차함수 $y=2x^2-5x+k$의 그래프가 직선 $y=x-4$보다 항상 위쪽에 있으려면 이차함수의 그래프와 직선이 만나지 않아야 한다. 이차방정식

$2x^2-5x+k=x-4$, 즉 $2x^2-6x+k+4=0$

의 판별식을 D라 할 때, $D<0$이어야 하므로

$\frac{D}{4}=(-3)^2-2(k+4)=-2k+1<0 \qquad \therefore k>\frac{1}{2}$

따라서 정수 k의 최솟값은 1이다.

답 1

05 점 $(-1,\ 2)$를 지나는 직선의 방정식을 $y=a(x+1)+2$라 하자. 이 직선이 이차함수 $y=2x^2-4x+5$의 그래프와 접하므로 이차방정식

$2x^2-4x+5=a(x+1)+2$, 즉 $2x^2-(a+4)x+3-a=0$

의 판별식을 D라 할 때, $D=0$이어야 한다.

$D=(a+4)^2-4\times 2\times(3-a)=a^2+16a-8=0$

즉, 이차방정식 $a^2+16a-8=0$의 두 실근이 이차함수 $y=2x^2-4x+5$의 그래프와 접하는 두 직선의 기울기이므로 구하는 두 직선의 기울기의 곱은 이차방정식의 근과 계수의 관계에 의하여 -8이다.

답 ⑤

06 $y=x^2-2ax+4a-3=(x-a)^2-a^2+4a-3$이므로 이 이차함수는 $x=a$일 때 최솟값 $f(a)=-a^2+4a-3$을 갖는다.

$f(a)=-a^2+4a-3=-(a-2)^2+1$

이므로 $f(a)$는 $a=2$일 때 최댓값 1을 갖는다.

답 ④

07 이차함수 $y=x^2-5x+k$의 그래프와 직선 $y=x-3$의 한 교점의 x좌표가 2이므로 이차방정식 $x^2-5x+k=x-3$, 즉 $x^2-6x+k+3=0$의 한 실근이 $x=2$이다.

$x=2$를 $x^2-6x+k+3=0$에 대입하면

$2^2-6\times2+k+3=0 \qquad \therefore k=5$

따라서 $y=x^2-5x+5=\left(x-\frac{5}{2}\right)^2-\frac{5}{4}$이므로 이 이차함수는 $x=\frac{5}{2}$일 때 최솟값 $-\frac{5}{4}$를 갖는다.

답 ①

08 $y=x^2-x+k=\left(x-\frac{1}{2}\right)^2+k-\frac{1}{4}$

이므로 $-2\le x\le2$에서 이차함수 $y=x^2-x+k$의 그래프는 오른쪽 그림과 같다. 따라서

$x=-2$일 때 최댓값 $k+6$을 갖고,

$x=\frac{1}{2}$일 때 최솟값 $k-\frac{1}{4}$을 갖는다.

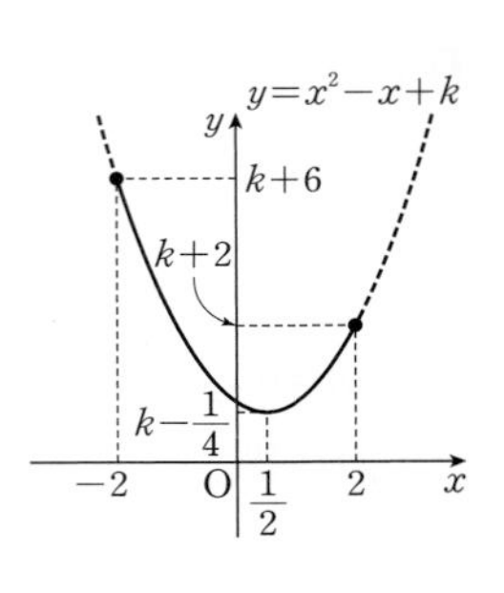

이때 최댓값과 최솟값의 합이 $\frac{31}{4}$이므로

$(k+6)+\left(k-\frac{1}{4}\right)=2k+\frac{23}{4}=\frac{31}{4} \qquad \therefore k=1$

답 ②

참고 이차함수 $y=x^2-x+k$의 그래프는 아래로 볼록한 모양이므로 주어진 범위 $-2\le x\le2$의 양 끝 값 중 축에서 더 멀리 떨어진 x의 값에서 최댓값을 갖는다. 즉, 최댓값은 $x=-2$일 때 $y=k+6$이다.

09 $y=-5x^2+10x=-5(x-1)^2+5$

이므로 $0\le x\le2$에서 이차함수 $y=-5x^2+10x$의 그래프는 오른쪽 그림과 같고, $x=1$일 때 최댓값 5를 갖는다.

따라서 구하는 최고 높이는 5 m이다.

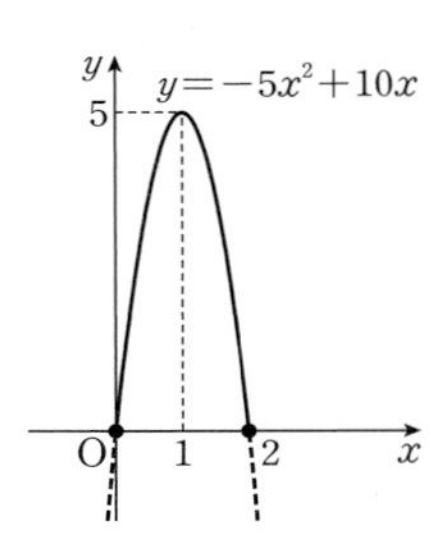

답 ④

10 $x^2-2x=t$로 놓으면 $t=(x-1)^2-1$

이므로 $-1\le x\le2$에서 이차함수 $t=x^2-2x$의 그래프는 오른쪽 그림과 같다. 따라서

$x=1$일 때 최솟값 -1을 갖고,

$x=-1$일 때 최댓값 3을 갖는다.

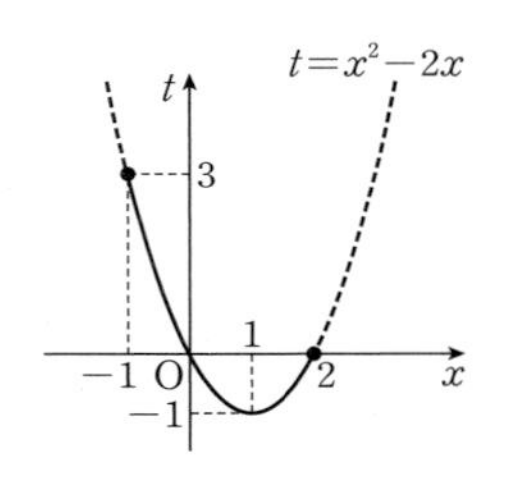

$\therefore -1\le t\le3$

$y=(x^2-2x)^2-4(x^2-2x)+5$에서

$y=t^2-4t+5=(t-2)^2+1$이므로

$-1\le t\le3$에서 이차함수 $y=t^2-4t+5$의 그래프는 오른쪽 그림과 같다. 따라서

$t=2$일 때 최솟값 $m=1$을 갖고,

$t=-1$일 때 최댓값 $M=10$을 갖는다.

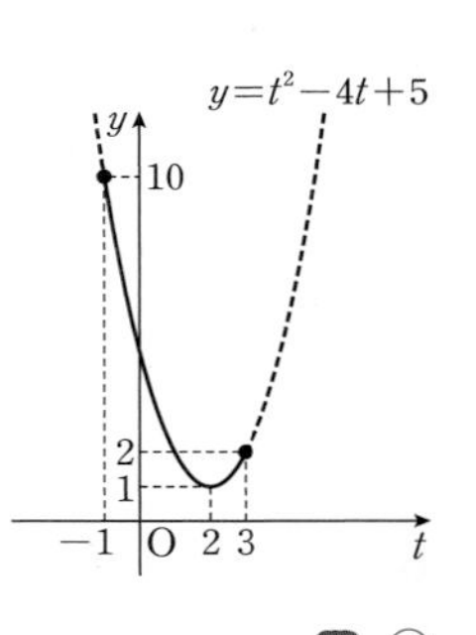

$\therefore M-m=9$

답 ④

주의 공통부분이 있는 함수의 최대, 최소는 공통부분을 치환하여 구한다. 이때 치환한 문자에 대한 범위를 반드시 구한다.

11 함수 $y=f(x)$의 그래프와 직선 $y=-2x+k$가 서로 다른 네 점에서 만나려면 오른쪽 그림에서 직선 $y=-2x+k$가 (i)과 (ii) 사이를 움직여야 한다.

(i) 함수 $y=-x^2+9\ (-3\le x\le3)$의 그래프와 직선 $y=-2x+k$가 접하는 경우

이차방정식 $-x^2+9=-2x+k$, 즉 $x^2-2x+k-9=0$의 판별식을 D라 하면

$\frac{D}{4}=(-1)^2-(k-9)=1-k+9=0 \qquad \therefore k=10$

(ii) 직선 $y=-2x+k$가 점 $(3, 0)$을 지나는 경우

$0=-6+k \qquad \therefore k=6$

(i), (ii)에 의하여 조건을 만족시키는 k의 값의 범위는

$6<k<10$

따라서 자연수 k는 7, 8, 9이므로 그 합은

$7+8+9=24$

답 ③

12 조건 (가)에서 $f(x)=(x-1)^2+a$ (a는 상수)로 놓을 수 있다.

조건 (나)에서 방정식 $(x-1)^2+a+5=0$, 즉

$x^2-2x+a+6=0$의 두 근의 곱이 4이므로 근과 계수의 관계에 의하여

$a+6=4 \qquad \therefore a=-2$

따라서 $f(x)=(x-1)^2-2$이므로 $x=1$일 때 최솟값 -2를 갖는다.

답 -2

13 $-2x^2+8x=0$에서 $-2x(x-4)=0 \qquad \therefore x=0$ 또는 $x=4$

따라서 이차함수 $y=-2x^2+8x$의 그래프가 x축과 만나는 점의 x좌표는 0, 4이다.

또, $y=-2x^2+8x=-2(x-2)^2+8$이므로 이차함수 $y=-2x^2+8x$의 그래프는 직선 $x=2$에 대하여 대칭이다.

이때 점 A의 x좌표를 $t\ (0<t<2)$라 하면 점 B의 x좌표는 $4-t$이고, 점 A의 y좌표는 $-2t^2+8t$이므로 직사각형 ACDB의 둘레의 길이를 $f(t)$라 하면

$$f(t)=2(\overline{AB}+\overline{AC})$$
$$=2[\{(4-t)-t\}+(-2t^2+8t)]$$
$$=-4t^2+12t+8=-4\left(t-\frac{3}{2}\right)^2+17$$

즉, $0<t<2$에서 함수 $y=f(t)$는 $t=\frac{3}{2}$일 때 최댓값 17을 갖는다.

따라서 직사각형 ACDB의 둘레의 길이가 최대일 때, 이 직사각형의 넓이는

$$\square ACDB=\overline{AB}\times\overline{AC}$$
$$=\left\{\left(4-\frac{3}{2}\right)-\frac{3}{2}\right\}\times\left\{-2\times\left(\frac{3}{2}\right)^2+8\times\frac{3}{2}\right\}$$
$$=1\times\frac{15}{2}=\frac{15}{2}$$

답 $\frac{15}{2}$

여러 가지 방정식

교과서 필수 개념 1 삼차방정식과 사차방정식의 풀이

본문 ☞ 35쪽

(1) $x^4-x^2-2=0$에서 $x^2=X$로 놓으면

$X^2-X-2=0$, $(X+1)(X-2)=0$

$X=-1$ 또는 $X=2$, 즉 $x^2=-1$ 또는 $x^2=2$

$\therefore x=\pm i$ 또는 $x=\pm\sqrt{2}$

(2) $x^4-12x^2+16=0$에서

$(x^4-8x^2+16)-4x^2=0$, $(x^2-4)^2-(2x)^2=0$

$(x^2+2x-4)(x^2-2x-4)=0$

$\therefore x^2+2x-4=0$ 또는 $x^2-2x-4=0$

(i) $x^2+2x-4=0$에서 $x=-1\pm\sqrt{5}$

(ii) $x^2-2x-4=0$에서 $x=1\pm\sqrt{5}$

(i), (ii)에서 $x=-1\pm\sqrt{5}$ 또는 $x=1\pm\sqrt{5}$

답 (1) $x=\pm i$ 또는 $x=\pm\sqrt{2}$

(2) $x=-1\pm\sqrt{5}$ 또는 $x=1\pm\sqrt{5}$

(1) $x^4-2x^2-3=0$에서 $x^2=X$로 놓으면

$X^2-2X-3=0$, $(X+1)(X-3)=0$

$X=-1$ 또는 $X=3$, 즉 $x^2=-1$ 또는 $x^2=3$

$\therefore x=\pm i$ 또는 $x=\pm\sqrt{3}$

(2) $(x^2+4x)^2+2(x^2+4x)-8=0$에서 $x^2+4x=X$로 놓으면

$X^2+2X-8=0$, $(X+4)(X-2)=0$

$X=-4$ 또는 $X=2$

즉, $x^2+4x=-4$ 또는 $x^2+4x=2$이므로

$x^2+4x+4=0$ 또는 $x^2+4x-2=0$

(i) $x^2+4x+4=0$에서 $(x+2)^2=0$ $\quad\therefore x=-2$ (중근)

(ii) $x^2+4x-2=0$에서 $x=-2\pm\sqrt{6}$

(i), (ii)에서 $x=-2$ (중근) 또는 $x=-2\pm\sqrt{6}$

(3) $x^4+x^2+1=0$에서

$(x^4+2x^2+1)-x^2=0$

$(x^2+1)^2-x^2=0$

$(x^2+x+1)(x^2-x+1)=0$

$\therefore x^2+x+1=0$ 또는 $x^2-x+1=0$

(i) $x^2+x+1=0$에서 $x=\dfrac{-1\pm\sqrt{3}i}{2}$

(ii) $x^2-x+1=0$에서 $x=\dfrac{1\pm\sqrt{3}i}{2}$

(i), (ii)에서 $x=\dfrac{-1\pm\sqrt{3}i}{2}$ 또는 $x=\dfrac{1\pm\sqrt{3}i}{2}$

(4) $x^4+4=0$에서

$(x^4+4x^2+4)-4x^2=0$, $(x^2+2)^2-(2x)^2=0$

$(x^2+2x+2)(x^2-2x+2)=0$

$\therefore x^2+2x+2=0$ 또는 $x^2-2x+2=0$

(i) $x^2+2x+2=0$에서 $x=-1\pm i$

(ii) $x^2-2x+2=0$에서 $x=1\pm i$

(i), (ii)에서 $x=-1\pm i$ 또는 $x=1\pm i$

답 (1) $x=\pm i$ 또는 $x=\pm\sqrt{3}$

(2) $x=-2$ (중근) 또는 $x=-2\pm\sqrt{6}$

(3) $x=\dfrac{-1\pm\sqrt{3}i}{2}$ 또는 $x=\dfrac{1\pm\sqrt{3}i}{2}$

(4) $x=-1\pm i$ 또는 $x=1\pm i$

(1) $P(x)=x^3-2x^2-5x+6$으로 놓으면 $P(1)=0$이므로 $P(x)$는 $x-1$을 인수로 갖는다.

조립제법을 이용하여 $P(x)$를 인수분해하면

1	1	−2	−5	6
		1	−1	−6
	1	−1	−6	0

$P(x)=(x-1)(x^2-x-6)$

$=(x-1)(x-3)(x+2)$

즉, 주어진 방정식은 $(x+2)(x-1)(x-3)=0$이므로

$x=-2$ 또는 $x=1$ 또는 $x=3$

(2) $P(x)=x^4-x^3-x^2-x-2$로 놓으면 $P(-1)=0$, $P(2)=0$이므로 $P(x)$는 $x+1$, $x-2$를 인수로 갖는다.

조립제법을 이용하여 $P(x)$를 인수분해하면

−1	1	−1	−1	−1	−2
		−1	2	−1	2
2	1	−2	1	−2	0
		2	0	2	
	1	0	1	0	

$P(x)=(x+1)(x-2)(x^2+1)$

즉, 주어진 방정식은 $(x+1)(x-2)(x^2+1)=0$이므로

$x=-1$ 또는 $x=2$ 또는 $x=\pm i$

답 (1) $x=-2$ 또는 $x=1$ 또는 $x=3$

(2) $x=-1$ 또는 $x=2$ 또는 $x=\pm i$

(1) $P(x)=x^3+x-10$으로 놓으면 $P(2)=0$이므로 $P(x)$는 $x-2$를 인수로 갖는다.

조립제법을 이용하여 $P(x)$를 인수분해하면

2	1	0	1	−10
		2	4	10
	1	2	5	0

$P(x)=(x-2)(x^2+2x+5)$

즉, 주어진 방정식은 $(x-2)(x^2+2x+5)=0$이므로

$x=2$ 또는 $x=-1\pm 2i$

(2) $P(x)=x^4+x^2-6x-8$로 놓으면 $P(-1)=0$, $P(2)=0$이므로 $P(x)$는 $x+1$, $x-2$를 인수로 갖는다.

조립제법을 이용하여 $P(x)$를 인수분해하면

−1	1	0	1	−6	−8
		−1	1	−2	8
2	1	−1	2	−8	0
		2	2	8	
	1	1	4	0	

$P(x)=(x+1)(x-2)(x^2+x+4)$

즉, 주어진 방정식은 $(x+1)(x-2)(x^2+x+4)=0$이므로

$x=-1$ 또는 $x=2$ 또는 $x=\frac{-1\pm\sqrt{15}i}{2}$

답 (1) $x=2$ 또는 $x=-1\pm2i$

(2) $x=-1$ 또는 $x=2$ 또는 $x=\frac{-1\pm\sqrt{15}i}{2}$

유제 2-2 $P(x)=x^3-6x^2+(3a-2)x-21$로 놓으면 $P(x)$의 한 근이 3이므로 $P(3)=0$

즉, $P(3)=27-54+9a-6-21=0$, $-54+9a=0$

$\therefore a=6$

따라서 주어진 방정식은 $x^3-6x^2+16x-21=0$이다.

이 방정식의 한 근이 3이므로

조립제법을 이용하여 $P(x)$를 인수분해하면

3	1	−6	16	−21
		3	−9	21
	1	−3	7	0

$P(x)=(x-3)(x^2-3x+7)$

이때 주어진 방정식의 나머지 두 근은 $x^2-3x+7=0$의 두 근이므로 근과 계수의 관계에 의하여

(두 근의 합)=3

따라서 나머지 두 근과 a의 값의 합은 $3+6=9$ 답 9

교과서 필수 개념 2 삼차방정식의 근과 계수의 관계

본문 ☞ 36쪽

대표예제 3 삼차방정식의 근과 계수의 관계에 의하여

$\alpha+\beta+\gamma=2$, $\alpha\beta+\beta\gamma+\gamma\alpha=-5$, $\alpha\beta\gamma=2$

(1) $\frac{1}{\alpha}+\frac{1}{\beta}+\frac{1}{\gamma}=\frac{\alpha\beta+\beta\gamma+\gamma\alpha}{\alpha\beta\gamma}=-\frac{5}{2}$

(2) $\alpha^2+\beta^2+\gamma^2=(\alpha+\beta+\gamma)^2-2(\alpha\beta+\beta\gamma+\gamma\alpha)$

$=2^2-2\times(-5)=14$ 답 (1) $-\frac{5}{2}$ (2) 14

유제 3-1 삼차방정식의 근과 계수의 관계에 의하여

$\alpha+\beta+\gamma=0$, $\alpha\beta+\beta\gamma+\gamma\alpha=-2$, $\alpha\beta\gamma=-1$

(1) $(\alpha+1)(\beta+1)(\gamma+1)$

$=\alpha\beta\gamma+(\alpha\beta+\beta\gamma+\gamma\alpha)+(\alpha+\beta+\gamma)+1$

$=-1+(-2)+0+1=-2$

(2) $\alpha+\beta+\gamma=0$에서

$\alpha+\beta=-\gamma$, $\beta+\gamma=-\alpha$, $\alpha+\gamma=-\beta$이므로

$(\alpha+\beta)(\beta+\gamma)(\gamma+\alpha)=-\alpha\beta\gamma=1$ 답 (1) -2 (2) 1

대표예제 4 주어진 삼차방정식의 근과 계수의 관계에 의하여

$\alpha+\beta+\gamma=4$, $\alpha\beta+\beta\gamma+\gamma\alpha=-2$, $\alpha\beta\gamma=1$

구하는 삼차방정식의 세 근이 $\frac{1}{\alpha}$, $\frac{1}{\beta}$, $\frac{1}{\gamma}$이므로

(세 근의 합)$=\frac{1}{\alpha}+\frac{1}{\beta}+\frac{1}{\gamma}=\frac{\alpha\beta+\beta\gamma+\gamma\alpha}{\alpha\beta\gamma}=-2$

(두 근끼리의 곱의 합)$=\frac{1}{\alpha}\times\frac{1}{\beta}+\frac{1}{\beta}\times\frac{1}{\gamma}+\frac{1}{\gamma}\times\frac{1}{\alpha}$

$=\frac{\alpha+\beta+\gamma}{\alpha\beta\gamma}=4$

(세 근의 곱)$=\frac{1}{\alpha}\times\frac{1}{\beta}\times\frac{1}{\gamma}=\frac{1}{\alpha\beta\gamma}=1$

따라서 구하는 삼차방정식은

$x^3+2x^2+4x-1=0$ 답 $x^3+2x^2+4x-1=0$

유제 4-1 주어진 삼차방정식의 근과 계수의 관계에 의하여

$\alpha+\beta+\gamma=-1$, $\alpha\beta+\beta\gamma+\gamma\alpha=1$, $\alpha\beta\gamma=-1$

구하는 삼차방정식의 세 근이 $-\alpha$, $-\beta$, $-\gamma$이므로

(세 근의 합)$=(-\alpha)+(-\beta)+(-\gamma)=-(\alpha+\beta+\gamma)=1$

(두 근끼리의 곱의 합)

$=(-\alpha)\times(-\beta)+(-\beta)\times(-\gamma)+(-\gamma)\times(-\alpha)$

$=\alpha\beta+\beta\gamma+\gamma\alpha=1$

(세 근의 곱)$=(-\alpha)\times(-\beta)\times(-\gamma)=-\alpha\beta\gamma=1$

따라서 구하는 삼차방정식은

$x^3-x^2+x-1=0$ 답 $x^3-x^2+x-1=0$

다른 풀이 세 수 $-\alpha$, $-\beta$, $-\gamma$를 근으로 하고 x^3의 계수가 1인 삼차방정식은 $(x+\alpha)(x+\beta)(x+\gamma)=0$

$x^3+(\alpha+\beta+\gamma)x^2+(\alpha\beta+\beta\gamma+\gamma\alpha)x+\alpha\beta\gamma=0$

$\therefore x^3-x^2+x-1=0$

교과서 필수 개념 3 삼차방정식의 켤레근의 성질

본문 ☞ 36쪽

대표예제 5 모든 계수가 유리수인 삼차방정식 $x^3+x^2+ax+b=0$의 한 근이 $1+\sqrt{2}$이면 $1-\sqrt{2}$도 근이다. 이 방정식의 나머지 근을 α라 하면 삼차방정식의 근과 계수의 관계에 의하여

$(1+\sqrt{2})+(1-\sqrt{2})+\alpha=-1$

$\therefore \alpha=-3$

즉, 삼차방정식의 세 근이 $1+\sqrt{2}$, $1-\sqrt{2}$, -3이므로

$(1+\sqrt{2})(1-\sqrt{2})+(1-\sqrt{2})\times(-3)+(-3)\times(1+\sqrt{2})=a$

$(1+\sqrt{2})(1-\sqrt{2})\times(-3)=-b$

$\therefore a=-7$, $b=-3$

답 $a=-7$, $b=-3$, 나머지 두 근: -3, $1-\sqrt{2}$

주의 켤레근의 성질을 이용할 때에는 계수의 조건을 반드시 확인해야 한다.

유제 5-1 모든 계수가 실수인 삼차방정식 $x^3-ax^2+bx-2=0$의 한 근이 i이면 $-i$도 근이다. 이 방정식의 나머지 근을 α라 하면 삼차방정식의 근과 계수의 관계에 의하여

$i\times(-i)\times\alpha=2$

$\therefore \alpha=2$

즉, 삼차방정식의 세 근이 i, $-i$, 2이므로

$a=i+(-i)+2=2$, $b=i\times(-i)+(-i)\times2+2\times i=1$

답 $a=2$, $b=1$, 나머지 두 근: 2, $-i$

다른 풀이 $x=i$를 주어진 방정식에 대입하면

$i^3-ai^2+bi-2=0$, $(a-2)+(b-1)i=0$

a, b가 실수이므로

$a-2=0$, $b-1=0$ $\therefore a=2$, $b=1$

따라서 주어진 방정식은 $x^3-2x^2+x-2=0$

인수정리와 조립제법을 이용하여 좌변을 인수분해하면

2	1	-2	1	-2
		2	0	2
	1	0	1	0

$(x-2)(x^2+1)=0$

$\therefore x=2$ 또는 $x=\pm i$

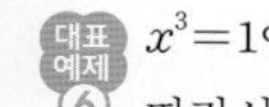

교과서 필수 개념 4 방정식 $x^3=1$, $x^3=-1$의 허근의 성질 본문 ☞ 37쪽

대표예제 6 $x^3=1$에서 $x^3-1=0$, $(x-1)(x^2+x+1)=0$

따라서 ω는 $x^3=1$과 $x^2+x+1=0$의 근이므로

$\omega^3=1$, $\omega^2+\omega+1=0$

(1) $\omega^4+\omega^2+1=\omega^3\times\omega+\omega^2+1=1\times\omega+\omega^2+1$

$=\omega^2+\omega+1=0$

(2) $x^2+x+1=0$의 두 근이 ω, $\overline{\omega}$이므로 근과 계수의 관계에 의하여 $\omega+\overline{\omega}=-1$, $\omega\overline{\omega}=1$

$\therefore \omega^2+\overline{\omega}^2=(\omega+\overline{\omega})^2-2\omega\overline{\omega}=(-1)^2-2\times1=-1$

답 (1) 0 (2) -1

주의 삼차방정식 $x^3=1$의 한 허근을 ω라 할 때, $(x-1)(x^2+x+1)=0$에서 허근 ω는 $x-1=0$의 근이 아니고 $x^2+x+1=0$의 근임에 주의한다.

유제 6-1 $x^3-1=0$에서 $(x-1)(x^2+x+1)=0$

따라서 ω는 $x^3-1=0$과 $x^2+x+1=0$의 근이므로

$\omega^3=1$, $\omega^2+\omega+1=0$

(1) $\omega^{14}=(\omega^3)^4\times\omega^2=1\times\omega^2=\omega^2$, $\omega^7=(\omega^3)^2\times\omega=1\times\omega=\omega$

$\therefore \omega^{14}+\omega^7+1=\omega^2+\omega+1=0$

(2) $x^2+x+1=0$의 두 근이 ω, $\overline{\omega}$이므로 근과 계수의 관계에 의하여

$\omega+\overline{\omega}=-1$ $\quad\therefore \overline{\omega}+1=-\omega$

$\therefore \dfrac{\omega^2+1}{\overline{\omega}+1}=\dfrac{-\omega}{-\omega}=1$

답 (1) 0 (2) 1

유제 6-2 $x^3=1$에서 $x^3-1=0$, $(x-1)(x^2+x+1)=0$

따라서 ω는 $x^2+x+1=0$의 한 허근이다.

즉, $\omega^2+\omega+1=0$이므로

$\omega^2+1=-\omega$, $\omega+1=-\omega^2$

$\therefore \dfrac{\omega^2+1}{\omega}+\dfrac{\omega+1}{\omega^2}=\dfrac{-\omega}{\omega}+\dfrac{-\omega^2}{\omega^2}$

$=-1+(-1)=-2$

답 -2

대표예제 7 $x^3+1=0$에서 $(x+1)(x^2-x+1)=0$

따라서 ω는 $x^3+1=0$과 $x^2-x+1=0$의 근이므로

$\omega^3=-1$, $\omega^2-\omega+1=0$

(1) $\omega^{101}=(\omega^3)^{33}\times\omega^2=(-1)^{33}\times\omega^2=-\omega^2$

$\omega^{100}=(\omega^3)^{33}\times\omega=(-1)^{33}\times\omega=-\omega$

$\therefore \omega^{101}-\omega^{100}=-\omega^2-(-\omega)=-\omega^2+\omega=1$

(2) $\omega\neq0$이므로 $\omega^3=-1$의 양변을 ω^2으로 나누면

$\omega=-\dfrac{1}{\omega^2}$, 즉 $\dfrac{1}{\omega^2}=-\omega$ $\qquad\therefore \omega^2+\dfrac{1}{\omega^2}=\omega^2-\omega=-1$

답 (1) 1 (2) -1

유제 7-1 $x^3=-1$에서 $x^3+1=0$, $(x+1)(x^2-x+1)=0$

따라서 ω는 $x^3=-1$과 $x^2-x+1=0$의 근이므로

$\omega^3=-1$, $\omega^2-\omega+1=0$

(1) $\omega^{104}=(\omega^3)^{34}\times\omega^2=(-1)^{34}\times\omega^2=\omega^2$

$\omega^{106}=(\omega^3)^{35}\times\omega=(-1)^{35}\times\omega=-\omega$

$\omega^{108}=(\omega^3)^{36}=(-1)^{36}=1$

$\therefore \omega^{104}+\omega^{106}+\omega^{108}=\omega^2-\omega+1=0$

(2) $\omega\neq0$이므로 $\omega^2-\omega+1=0$의 양변을 ω로 나누면

$\omega-1+\dfrac{1}{\omega}=0$ $\qquad\therefore \omega+\dfrac{1}{\omega}=1$

답 (1) 0 (2) 1

교과서 필수 개념 5 연립이차방정식의 풀이 본문 ☞ 38쪽

대표예제 8 (1) $\begin{cases} x+2y=5 & \cdots\cdots ㉠ \\ x^2+y^2=25 & \cdots\cdots ㉡ \end{cases}$

㉠에서 $x=-2y+5$ $\cdots\cdots$ ㉢

㉢을 ㉡에 대입하면 $(-2y+5)^2+y^2=25$

$y^2-4y=0$, $y(y-4)=0$ $\qquad\therefore y=0$ 또는 $y=4$

이 값을 ㉢에 각각 대입하여 해를 구하면

$\begin{cases} x=5 \\ y=0 \end{cases}$ 또는 $\begin{cases} x=-3 \\ y=4 \end{cases}$

(2) $\begin{cases} 3x-y=4 & \cdots\cdots ㉠ \\ x^2+(y+4)^2=40 & \cdots\cdots ㉡ \end{cases}$

㉠에서 $y=3x-4$ $\cdots\cdots$ ㉢

㉢을 ㉡에 대입하면 $x^2+(3x)^2=40$, $x^2=4$

$\therefore x=-2$ 또는 $x=2$

이 값을 ㉢에 각각 대입하여 해를 구하면

$\begin{cases} x=-2 \\ y=-10 \end{cases}$ 또는 $\begin{cases} x=2 \\ y=2 \end{cases}$

답 풀이 참조

유제 8-1 (1) $\begin{cases} x-y=2 & \cdots\cdots ㉠ \\ x^2-2y^2=7 & \cdots\cdots ㉡ \end{cases}$

㉠에서 $y=x-2$ $\cdots\cdots$ ㉢

㉢을 ㉡에 대입하면 $x^2-2(x-2)^2=7$

$x^2-8x+15=0$, $(x-3)(x-5)=0$

$\therefore x=3$ 또는 $x=5$

이 값을 ㉢에 각각 대입하여 해를 구하면

$\begin{cases} x=3 \\ y=1 \end{cases}$ 또는 $\begin{cases} x=5 \\ y=3 \end{cases}$

(2) $\begin{cases} x-y=3 & \cdots\cdots ㉠ \\ x^2+xy-y^2=-5 & \cdots\cdots ㉡ \end{cases}$

㉠에서 $y=x-3$ $\cdots\cdots$ ㉢

㉢을 ㉡에 대입하면 $x^2+x(x-3)-(x-3)^2=-5$

$x^2+3x-4=0$, $(x+4)(x-1)=0$

$\therefore x=-4$ 또는 $x=1$

이 값을 ⓒ에 각각 대입하여 해를 구하면

$\begin{cases} x=-4 \\ y=-7 \end{cases}$ 또는 $\begin{cases} x=1 \\ y=-2 \end{cases}$ 　　답 풀이 참조

$\begin{cases} 2x-y=k & \cdots\cdots ㉠ \\ x^2-3y=-7 & \cdots\cdots ㉡ \end{cases}$

㉠에서 $y=2x-k$ 　$\cdots\cdots$ ㉢

㉢을 ㉡에 대입하면 $x^2-3(2x-k)=-7$

$x^2-6x+3k+7=0$ 　$\cdots\cdots$ ㉣

이를 만족시키는 x의 값이 오직 한 개 존재해야 하므로 ㉣의 판별식을 D라 하면

$\frac{D}{4}=(-3)^2-(3k+7)=-3k+2=0$ 　　$\therefore k=\frac{2}{3}$ 　 $\frac{2}{3}$

Core 특강

연립이차방정식의 해의 조건

(i) 일차방정식을 한 문자에 대하여 정리한 후 이차방정식에 대입한다.

(ii) (i)에서 구한 이차방정식의 판별식을 이용하여 해의 조건을 만족시키는 미지수의 값을 구한다.

(1) $\begin{cases} x^2-y^2=0 & \cdots\cdots ㉠ \\ xy=9 & \cdots\cdots ㉡ \end{cases}$

㉠의 좌변을 인수분해하면 $(x+y)(x-y)=0$이므로

$x+y=0$ 또는 $x-y=0$ 　　$\therefore y=-x$ 또는 $y=x$

(i) $y=-x$를 ㉡에 대입하면 $x^2=-9$에서 $x=\pm 3i$

즉, $x=-3i$일 때 $y=3i$, $x=3i$일 때 $y=-3i$

(ii) $y=x$를 ㉡에 대입하면 $x^2=9$에서 $x=\pm 3$

즉, $x=-3$일 때 $y=-3$, $x=3$일 때 $y=3$

(i), (ii)에 의하여 주어진 연립방정식의 해는

$\begin{cases} x=-3i \\ y=3i \end{cases}$ 또는 $\begin{cases} x=3i \\ y=-3i \end{cases}$ 또는 $\begin{cases} x=-3 \\ y=-3 \end{cases}$ 또는 $\begin{cases} x=3 \\ y=3 \end{cases}$

(2) $\begin{cases} x^2-xy-2y^2=0 & \cdots\cdots ㉠ \\ x^2+y^2=10 & \cdots\cdots ㉡ \end{cases}$

㉠에서 $(x+y)(x-2y)=0$이므로 $x=-y$ 또는 $x=2y$

(i) $x=-y$를 ㉡에 대입하면 $2y^2=10$에서 $y=\pm\sqrt{5}$

즉, $y=-\sqrt{5}$일 때 $x=\sqrt{5}$, $y=\sqrt{5}$일 때 $x=-\sqrt{5}$

(ii) $x=2y$를 ㉡에 대입하면 $5y^2=10$에서 $y=\pm\sqrt{2}$

즉, $y=-\sqrt{2}$일 때 $x=-2\sqrt{2}$, $y=\sqrt{2}$일 때 $x=2\sqrt{2}$

(i), (ii)에 의하여 주어진 연립방정식의 해는

$\begin{cases} x=-\sqrt{5} \\ y=\sqrt{5} \end{cases}$ 또는 $\begin{cases} x=\sqrt{5} \\ y=-\sqrt{5} \end{cases}$ 또는 $\begin{cases} x=-2\sqrt{2} \\ y=-\sqrt{2} \end{cases}$ 또는 $\begin{cases} x=2\sqrt{2} \\ y=\sqrt{2} \end{cases}$

답 풀이 참조

(1) $\begin{cases} x^2-xy=0 & \cdots\cdots ㉠ \\ 2xy+y^2=3 & \cdots\cdots ㉡ \end{cases}$

㉠에서 $x(x-y)=0$이므로 $x=0$ 또는 $x=y$

(i) $x=0$을 ㉡에 대입하면 $y^2=3$에서 $y=\pm\sqrt{3}$

즉, $x=0$일 때 $y=\pm\sqrt{3}$

(ii) $x=y$를 ㉡에 대입하면 $3y^2=3$에서 $y=\pm 1$

즉, $y=-1$일 때 $x=-1$, $y=1$일 때 $x=1$

(i), (ii)에 의하여 주어진 연립방정식의 해는

$\begin{cases} x=0 \\ y=-\sqrt{3} \end{cases}$ 또는 $\begin{cases} x=0 \\ y=\sqrt{3} \end{cases}$ 또는 $\begin{cases} x=-1 \\ y=-1 \end{cases}$ 또는 $\begin{cases} x=1 \\ y=1 \end{cases}$

(2) $\begin{cases} 2x^2+2y^2=5xy & \cdots\cdots ㉠ \\ x^2+xy=12 & \cdots\cdots ㉡ \end{cases}$

㉠에서 $2x^2-5xy+2y^2=0$, $(2x-y)(x-2y)=0$이므로

$y=2x$ 또는 $x=2y$

(i) $y=2x$를 ㉡에 대입하면 $3x^2=12$에서 $x=\pm 2$

즉, $x=-2$일 때 $y=-4$, $x=2$일 때 $y=4$

(ii) $x=2y$를 ㉡에 대입하면 $6y^2=12$에서 $y=\pm\sqrt{2}$

즉, $y=-\sqrt{2}$일 때 $x=-2\sqrt{2}$, $y=\sqrt{2}$일 때 $x=2\sqrt{2}$

(i), (ii)에 의하여 주어진 연립방정식의 해는

$\begin{cases} x=-2 \\ y=-4 \end{cases}$ 또는 $\begin{cases} x=2 \\ y=4 \end{cases}$ 또는 $\begin{cases} x=-2\sqrt{2} \\ y=-\sqrt{2} \end{cases}$ 또는 $\begin{cases} x=2\sqrt{2} \\ y=\sqrt{2} \end{cases}$

답 풀이 참조

핵심 개념 & 공식 리뷰

본문 ☞ 39쪽

01 (1) × 　(2) × 　(3) ○ 　(4) × 　(5) ○ 　(6) ○ 　(7) ×

02 (1) $x=2$ 　(2) $x=-2$ 또는 $x=-1$ 또는 $x=\frac{3}{2}$

(3) $x=\pm 1$ 또는 $x=\pm 3$ 　(4) $x=-2$ 또는 $x=1$ 또는 $x=1\pm i$

03 (1) ① -1 ② 2 ③ 3 　(2) ① -2 ② -5 ③ -4

04 (1) $a=-3$, $b=0$ 　(2) $a=-1$, $b=1$

05 (1) 1 　(2) -1 　(3) 1 　(4) 1

06 (1) $\begin{cases} x=-4 \\ y=-2 \end{cases}$ 　(2) $\begin{cases} x=1 \\ y=1 \end{cases}$ 또는 $\begin{cases} x=5 \\ y=3 \end{cases}$

(3) $\begin{cases} x=-\sqrt{3} \\ y=\sqrt{3} \end{cases}$ 또는 $\begin{cases} x=\sqrt{3} \\ y=-\sqrt{3} \end{cases}$ 또는 $\begin{cases} x=-2 \\ y=-1 \end{cases}$ 또는 $\begin{cases} x=2 \\ y=1 \end{cases}$

(4) $\begin{cases} x=-2 \\ y=-2 \end{cases}$ 또는 $\begin{cases} x=2 \\ y=2 \end{cases}$ 또는 $\begin{cases} x=-3 \\ y=-1 \end{cases}$ 또는 $\begin{cases} x=3 \\ y=1 \end{cases}$

02 (1) $x^3-6x^2+12x-8=0$에서

$x^3-3\times x^2\times 2+3\times x\times 2^2-2^3=0$, $(x-2)^3=0$

$\therefore x=2$

(2) $P(x)=2x^3+3x^2-5x-6$으로 놓으면 $P(-1)=0$이므로

$P(x)$는 $x+1$을 인수로 갖는다.

조립제법을 이용하여 $P(x)$를 인수분해하면

-1	2	3	-5	-6
		-2	-1	6
	2	1	-6	0

$P(x)$

$=(x+1)(2x^2+x-6)$

$=(x+1)(x+2)(2x-3)$

따라서 주어진 방정식은 $(x+2)(x+1)(2x-3)=0$이므로 구하는 해는

$x=-2$ 또는 $x=-1$ 또는 $x=\frac{3}{2}$

(3) $x^4-10x^2+9=0$에서 $x^2=X$로 놓으면

$X^2-10X+9=0$, $(X-1)(X-9)=0$

$X=1$ 또는 $X=9$, 즉 $x^2=1$ 또는 $x^2=9$

$\therefore x=\pm1$ 또는 $x=\pm3$

(4) $P(x)=x^4-x^3-2x^2+6x-4$로 놓으면 $P(-2)=0$, $P(1)=0$이므로 $P(x)$는 $x+2$, $x-1$을 인수로 갖는다.

조립제법을 이용하여 $P(x)$를 인수분해하면

-2	1	-1	-2	6	-4
		-2	6	-8	4
1	1	-3	4	-2	0
		1	-2	2	
	1	-2	2	0	

$P(x)=(x+2)(x-1)(x^2-2x+2)$

따라서 주어진 방정식은 $(x+2)(x-1)(x^2-2x+2)=0$이므로 구하는 해는

$x=-2$ 또는 $x=1$ 또는 $x=1\pm i$

05

$x^3-1=0$에서 $(x-1)(x^2+x+1)=0$

따라서 ω는 $x^3-1=0$과 $x^2+x+1=0$의 근이므로

$\omega^3=1$, $\omega^2+\omega+1=0$

(1) $(1+\omega)(1+\omega^2)=1+\omega^2+\omega+\omega^3=(\omega^2+\omega+1)+\omega^3$

$=0+1=1$

(2) $\frac{\omega^5}{\omega+1}=\frac{\omega^5}{-\omega^2}=-\omega^3=-1$

(3) $-\omega-\frac{1}{\omega}=-\frac{\omega^2+1}{\omega}=-\frac{-\omega}{\omega}=1$

(4) $x^2+x+1=0$의 두 근이 ω, $\overline{\omega}$이므로 근과 계수의 관계에 의하여

$\omega+\overline{\omega}=-1$, $\omega\overline{\omega}=1$

$\therefore \frac{1}{1-\omega}+\frac{1}{1-\overline{\omega}}=\frac{1-\overline{\omega}+1-\omega}{(1-\omega)(1-\overline{\omega})}=\frac{2-(\omega+\overline{\omega})}{1-(\omega+\overline{\omega})+\omega\overline{\omega}}$

$=\frac{2-(-1)}{1-(-1)+1}=1$

06

(1) $\begin{cases} x-y=-2 & \cdots\cdots ㉠ \\ x^2-y^2=12 & \cdots\cdots ㉡ \end{cases}$

㉠에서 $y=x+2$ $\cdots\cdots$ ㉢

㉢을 ㉡에 대입하면

$x^2-(x+2)^2=12$

$-4x-4=12$ $\therefore x=-4$

이 값을 ㉢에 대입하여 해를 구하면

$\begin{cases} x=-4 \\ y=-2 \end{cases}$

(2) $\begin{cases} x-2y=-1 & \cdots\cdots ㉠ \\ x^2-3y^2=-2 & \cdots\cdots ㉡ \end{cases}$

㉠에서 $x=2y-1$ $\cdots\cdots$ ㉢

㉢을 ㉡에 대입하면 $(2y-1)^2-3y^2=-2$

$y^2-4y+3=0$, $(y-1)(y-3)=0$

$\therefore y=1$ 또는 $y=3$

이 값을 ㉢에 각각 대입하여 해를 구하면

$\begin{cases} x=1 \\ y=1 \end{cases}$ 또는 $\begin{cases} x=5 \\ y=3 \end{cases}$

(3) $\begin{cases} x^2-xy-2y^2=0 & \cdots\cdots ㉠ \\ 2x^2+y^2=9 & \cdots\cdots ㉡ \end{cases}$

㉠에서 $(x+y)(x-2y)=0$이므로

$x=-y$ 또는 $x=2y$

(i) $x=-y$를 ㉡에 대입하면 $3y^2=9$에서 $y=\pm\sqrt{3}$

즉, $y=\sqrt{3}$일 때 $x=-\sqrt{3}$, $y=-\sqrt{3}$일 때 $x=\sqrt{3}$

(ii) $x=2y$를 ㉡에 대입하면 $9y^2=9$에서 $y=\pm1$

즉, $y=-1$일 때 $x=-2$, $y=1$일 때 $x=2$

(i), (ii)에 의하여 주어진 연립방정식의 해는

$\begin{cases} x=-\sqrt{3} \\ y=\sqrt{3} \end{cases}$ 또는 $\begin{cases} x=\sqrt{3} \\ y=-\sqrt{3} \end{cases}$ 또는 $\begin{cases} x=-2 \\ y=-1 \end{cases}$ 또는 $\begin{cases} x=2 \\ y=1 \end{cases}$

(4) $\begin{cases} x^2-4xy+3y^2=0 & \cdots\cdots ㉠ \\ x^2-xy+2y^2=8 & \cdots\cdots ㉡ \end{cases}$

㉠에서 $(x-y)(x-3y)=0$이므로

$x=y$ 또는 $x=3y$

(i) $x=y$를 ㉡에 대입하면 $2y^2=8$에서 $y=\pm2$

즉, $y=-2$일 때 $x=-2$, $y=2$일 때 $x=2$

(ii) $x=3y$를 ㉡에 대입하면 $8y^2=8$에서 $y=\pm1$

즉, $y=-1$일 때 $x=-3$, $y=1$일 때 $x=3$

(i), (ii)에 의하여 주어진 연립방정식의 해는

$\begin{cases} x=-2 \\ y=-2 \end{cases}$ 또는 $\begin{cases} x=2 \\ y=2 \end{cases}$ 또는 $\begin{cases} x=-3 \\ y=-1 \end{cases}$ 또는 $\begin{cases} x=3 \\ y=1 \end{cases}$

빈출 문제로 실전 연습

본문 ☞ 40~41쪽

01 ④ **02** ② **03** 6 **04** -2 **05** ② **06** ①
07 ③ **08** ③ **09** ⑤ **10** ① **11** 20 **12** 1
13 50 m

01

$P(x)=x^3-7x^2+7x+15$로 놓으면 $P(-1)=0$이므로 $P(x)$는 $x+1$을 인수로 갖는다.

조립제법을 이용하여 $P(x)$를 인수분해하면

-1	1	-7	7	15
		-1	8	-15
	1	-8	15	0

$P(x)=(x+1)(x^2-8x+15)$

$=(x+1)(x-3)(x-5)$

즉, 주어진 방정식은 $(x+1)(x-3)(x-5)=0$이므로

$x=-1$ 또는 $x=3$ 또는 $x=5$

따라서 $a=5$, $b=-1$이므로 $a+b=4$

답 ④

02 $x^2-4x=X$로 놓으면

$(X+4)(X-2)=-5$, $X^2+2X-3=0$

$(X+3)(X-1)=0$ $\therefore X=-3$ 또는 $X=1$

(i) $X=-3$일 때, 즉 $x^2-4x=-3$에서 $x^2-4x+3=0$

$(x-1)(x-3)=0$ $\therefore x=1$ 또는 $x=3$

(ii) $X=1$일 때, 즉 $x^2-4x=1$에서 $x^2-4x-1=0$

$\therefore x=2\pm\sqrt{5}$

(i), (ii)에 의하여 무리수인 두 근의 곱은

$(2+\sqrt{5})(2-\sqrt{5})=2^2-(\sqrt{5})^2=-1$

답 ②

03 $x^4+ax^3-x^2+5x+b=0$의 두 근이 -1, 2이므로

$1-a-1-5+b=0$ $\therefore a-b=-5$ ...... ㉠

$16+8a-4+10+b=0$ $\therefore 8a+b=-22$ ...... ㉡

㉠, ㉡을 연립하여 풀면 $a=-3$, $b=2$

$x^4-3x^3-x^2+5x+2=0$에서 조립제법을 이용하여 좌변을 인수분해하면

-1	1	-3	-1	5	2
		-1	4	-3	-2
2	1	-4	3	2	0
		2	-4	-2	
	1	-2	-1	0	

$(x+1)(x-2)(x^2-2x-1)=0$

주어진 사차방정식의 나머지 두 근은 이차방정식

$x^2-2x-1=0$의 근이므로 근과 계수의 관계에 의하여

$\alpha+\beta=2$, $\alpha\beta=-1$

$\therefore \alpha^2+\beta^2=(\alpha+\beta)^2-2\alpha\beta=4+2=6$

답 6

04 삼차방정식의 근과 계수의 관계에 의하여

$\alpha+\beta+\gamma=-1$, $\alpha\beta+\beta\gamma+\gamma\alpha=-2$, $\alpha\beta\gamma=2$

$$\therefore \frac{\beta+\gamma}{\alpha}+\frac{\gamma+\alpha}{\beta}+\frac{\alpha+\beta}{\gamma}=\frac{-1-\alpha}{\alpha}+\frac{-1-\beta}{\beta}+\frac{-1-\gamma}{\gamma}$$
$$=-\left(\frac{1}{\alpha}+\frac{1}{\beta}+\frac{1}{\gamma}\right)-3$$
$$=-\frac{\alpha\beta+\beta\gamma+\gamma\alpha}{\alpha\beta\gamma}-3$$
$$=-\frac{-2}{2}-3$$
$$=-2$$

답 -2

05 모든 계수가 실수인 삼차방정식 $x^3+ax^2+9x+b=0$의 한 근이 $2+i$이면 $2-i$도 근이다. 이 방정식의 나머지 근을 α라 하면 삼차방정식의 근과 계수의 관계에 의하여

$(2+i)(2-i)+\alpha(2+i)+\alpha(2-i)=9$, $5+4\alpha=9$

$\therefore \alpha=1$

따라서 $x=1$이 한 근이므로 $x=1$을 주어진 방정식에 대입하면

$1+a+9+b=0$

$\therefore a+b=-10$

답 ②

06 모든 계수가 유리수인 삼차방정식 $f(x)=0$의 한 근이 $1-\sqrt{3}$이면 $1+\sqrt{3}$도 근이다.

따라서 방정식 $f(x)=0$의 세 근이 -2, $1-\sqrt{3}$, $1+\sqrt{3}$이므로 삼차방정식의 근과 계수의 관계에 의하여

$(-2)+(1-\sqrt{3})+(1+\sqrt{3})=-a$

$(-2)(1-\sqrt{3})+(1-\sqrt{3})(1+\sqrt{3})+(-2)(1+\sqrt{3})=b$

$(-2)(1-\sqrt{3})(1+\sqrt{3})=-c$

$\therefore a=0$, $b=-6$, $c=-4$

따라서 $f(x)=x^3-6x-4$이므로

$f(2)=8-12-4=-8$

답 ①

07 $x^3=1$에서 $x^3-1=0$, $(x-1)(x^2+x+1)=0$

따라서 ω는 $x^3=1$과 $x^2+x+1=0$의 근이므로

$\omega^3=1$, $\omega^2+\omega+1=0$

$$\therefore \frac{2}{\omega^3+2\omega+1}=\frac{2}{1+2\omega+1}=\frac{1}{\omega+1}$$
$$=\frac{1}{-\omega^2}=\frac{\omega}{-\omega^3}=-\omega$$

답 ③

08 $x^3+1=0$에서 $(x+1)(x^2-x+1)=0$

따라서 ω는 $x^3+1=0$과 $x^2-x+1=0$의 근이므로

$\omega^3=-1$, $\omega^2-\omega+1=0$

$\therefore \omega^{10}-\omega^5+1=(\omega^3)^3\times\omega-\omega^3\times\omega^2+1$

$=-\omega+\omega^2+1=\omega^2-\omega+1=0$

답 ③

09 $\begin{cases} 3x^2+2xy-y^2=0 & \cdots\cdots ㉠ \\ x^2+y^2=20 & \cdots\cdots ㉡ \end{cases}$

㉠에서 $(x+y)(3x-y)=0$이므로 $y=-x$ 또는 $y=3x$

(i) $y=-x$를 ㉡에 대입하면 $2x^2=20$에서 $x=\pm\sqrt{10}$

즉, $x=-\sqrt{10}$일 때 $y=\sqrt{10}$, $x=\sqrt{10}$일 때 $y=-\sqrt{10}$

(ii) $y=3x$를 ㉡에 대입하면 $10x^2=20$에서 $x=\pm\sqrt{2}$

즉, $x=-\sqrt{2}$일 때 $y=-3\sqrt{2}$, $x=\sqrt{2}$일 때 $y=3\sqrt{2}$

(i), (ii)에 의하여 주어진 연립방정식의 해는

$\begin{cases} x=-\sqrt{10} \\ y=\sqrt{10} \end{cases}$ 또는 $\begin{cases} x=\sqrt{10} \\ y=-\sqrt{10} \end{cases}$ 또는 $\begin{cases} x=-\sqrt{2} \\ y=-3\sqrt{2} \end{cases}$ 또는 $\begin{cases} x=\sqrt{2} \\ y=3\sqrt{2} \end{cases}$

따라서 $xy=-10$ 또는 $xy=6$이므로 xy의 최댓값은 6이다.

답 ⑤

10 $\begin{cases} x+y=k & \cdots\cdots ㉠ \\ x^2+y^2=18 & \cdots\cdots ㉡ \end{cases}$

㉠에서 $y=-x+k$ ...... ㉢

㉢을 ㉡에 대입하면

$x^2+(-x+k)^2=18$, 즉 $2x^2-2kx+k^2-18=0$ ...... ㉣

이를 만족시키는 x의 값이 오직 한 개 존재해야 하므로 ㉣의 판별식을 D라 하면

$\frac{D}{4}=(-k)^2-2(k^2-18)=0$, $k^2-36=0$

$\therefore k=-6$ 또는 $k=6$

따라서 구하는 모든 실수 k의 값의 곱은

$(-6)\times 6=-36$ 답 ①

11 $x^4-mx^2+36=0$에서 $x^2=X$로 놓으면

$X^2-mX+36=0$

이때 이 이차방정식의 근이 α^2, β^2이므로 근과 계수의 관계에 의하여

$\alpha^2+\beta^2=m$, $\alpha^2\beta^2=36$

두 양수 α, β에 대하여 $\alpha^2\beta^2=36$이므로

$\alpha\beta=6$ …… ㉠

또, $\alpha:\beta=1:3$에서 $\beta=3\alpha$이므로 ㉠에 대입하면

$3\alpha^2=6$ $\quad\therefore \alpha=\sqrt{2}$ $\quad\therefore \beta=3\sqrt{2}$

$\therefore m=\alpha^2+\beta^2=(\sqrt{2})^2+(3\sqrt{2})^2=20$ 답 20

12 $P(x)=x^3+2x^2+2x+1$로 놓으면 $P(-1)=0$이므로 $P(x)$는 $x+1$을 인수로 갖는다.

조립제법을 이용하여 $P(x)$를 인수분해하면

-1	1	2	2	1
		-1	-1	-1
	1	1	1	0

$P(x)=(x+1)(x^2+x+1)$

이므로 주어진 방정식은 $(x+1)(x^2+x+1)=0$

따라서 주어진 방정식의 허근 ω는 $x^2+x+1=0$의 근이므로

$\omega^2+\omega+1=0$ …… ㉠

㉠의 양변에 $\omega-1$을 곱하면

$(\omega-1)(\omega^2+\omega+1)=0$ $\quad\therefore \omega^3=1$ …… ㉡

㉠, ㉡에 의하여

$1+\omega+\omega^2+\cdots+\omega^{30}$

$=(1+\omega+\omega^2)+\omega^3(1+\omega+\omega^2)+\cdots+\omega^{27}(1+\omega+\omega^2)+\omega^{30}$

$=\omega^{30}=(\omega^3)^{10}=1$ 답 1

13 수영장의 가로, 세로의 길이를 각각 x m, y m $(x>y>0)$라 하면

$\begin{cases} x^2+y^2=4100 & \cdots\cdots ㉠ \\ xy=2000 & \cdots\cdots ㉡ \end{cases}$

㉠, ㉡에서 $(x+y)^2=x^2+y^2+2xy=8100$

이때 $x>0$, $y>0$이므로 $x+y=90$

$\therefore y=90-x$ …… ㉢

㉢을 ㉡에 대입하면 $x(90-x)=2000$

$x^2-90x+2000=0$, $(x-40)(x-50)=0$

$\therefore x=40$ 또는 $x=50$

이 값을 ㉢에 각각 대입하여 해를 구하면

$\begin{cases} x=40 \\ y=50 \end{cases}$ 또는 $\begin{cases} x=50 \\ y=40 \end{cases}$

그런데 $x>y$이므로 $x=50$, $y=40$

따라서 수영장의 가로의 길이는 50 m이다. 답 50 m

06강 여러 가지 부등식

교과서 필수 개념 1 연립일차부등식의 풀이

본문 ☞ 42쪽

대표예제 ①

(1) $4x-5\le 2x+1$에서 $2x\le 6$ $\quad\therefore x\le 3$ …… ㉠

$3x+4>x$에서 $2x>-4$ $\quad\therefore x>-2$ …… ㉡

㉠, ㉡을 수직선 위에 나타내면 오른쪽 그림과 같으므로 구하는 연립부등식의 해는 $-2<x\le 3$

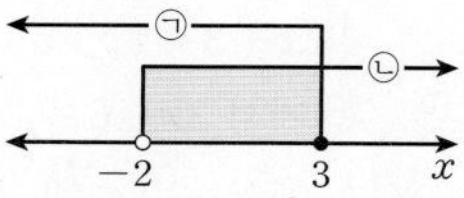

(2) $2x-5\le -x+1$에서 $3x\le 6$ $\quad\therefore x\le 2$ …… ㉠

$x-2\ge -x+2$에서 $2x\ge 4$ $\quad\therefore x\ge 2$ …… ㉡

㉠, ㉡을 수직선 위에 나타내면 오른쪽 그림과 같으므로 구하는 연립부등식의 해는 $x=2$

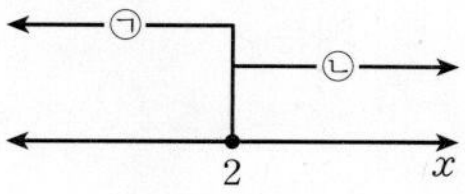

(3) $3x<2(2x+1)$에서 $3x<4x+2$

$-x<2$ $\quad\therefore x>-2$ …… ㉠

$3(2x+3)\le 4x+5$에서 $6x+9\le 4x+5$

$2x\le -4$ $\quad\therefore x\le -2$ …… ㉡

㉠, ㉡을 수직선 위에 나타내면 오른쪽 그림과 같으므로 구하는 연립부등식의 해는 없다.

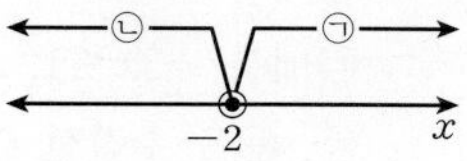

답 (1) $-2<x\le 3$ (2) $x=2$ (3) 해는 없다.

유제 1-1

(1) $x-1\le 2x$에서 $-x\le 1$ $\quad\therefore x\ge -1$ …… ㉠

$3x\ge x+4$에서 $2x\ge 4$ $\quad\therefore x\ge 2$ …… ㉡

㉠, ㉡을 수직선 위에 나타내면 오른쪽 그림과 같으므로 구하는 연립부등식의 해는 $x\ge 2$

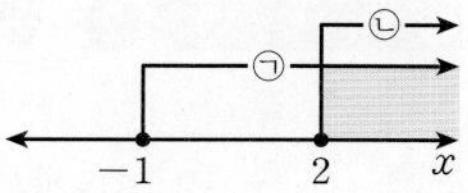

(2) $x-1\le -x+1$에서 $2x\le 2$ $\quad\therefore x\le 1$ …… ㉠

$3x-2\ge x$에서 $2x\ge 2$ $\quad\therefore x\ge 1$ …… ㉡

㉠, ㉡을 수직선 위에 나타내면 오른쪽 그림과 같으므로 구하는 연립부등식의 해는 $x=1$

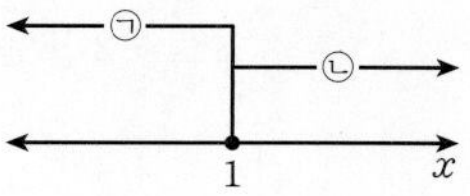

(3) $x+2\le -x$에서 $2x\le -2$ $\quad\therefore x\le -1$ …… ㉠

$3x-6\ge x$에서 $2x\ge 6$ $\quad\therefore x\ge 3$ …… ㉡

㉠, ㉡을 수직선 위에 나타내면 오른쪽 그림과 같으므로 구하는 연립부등식의 해는 없다.

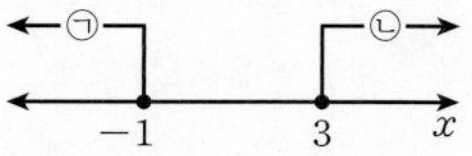

답 (1) $x\ge 2$ (2) $x=1$ (3) 해는 없다.

유제 1-2

$5x+2>3(2x-1)$에서 $5x+2>6x-3$

$-x>-5$ $\quad\therefore x<5$ …… ㉠

$-3(x+2)\le 4x+1$에서 $-3x-6\le 4x+1$

$-7x\le 7$ $\quad\therefore x\ge -1$ …… ㉡

㉠, ㉡을 수직선 위에 나타내면 오른쪽 그림과 같으므로 구하는 연립 부등식의 해는

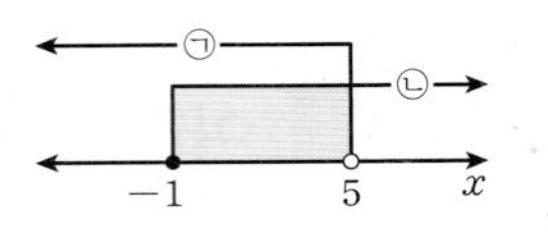

$-1 \le x < 5$

따라서 정수 x는 -1, 0, 1, 2, 3, 4의 6개이다.

답 6

대표예제 2

$5x-3 \le 2x+3 < 4x+5$에서

$\begin{cases} 5x-3 \le 2x+3 & \cdots\cdots ㉠ \\ 2x+3 < 4x+5 & \cdots\cdots ㉡ \end{cases}$

㉠에서 $3x \le 6$ $\quad \therefore x \le 2$ $\quad \cdots\cdots$ ㉢

㉡에서 $-2x < 2$ $\quad \therefore x > -1$ $\quad \cdots\cdots$ ㉣

㉢, ㉣을 수직선 위에 나타내면 오른쪽 그림과 같으므로 구하는 부등식의 해는

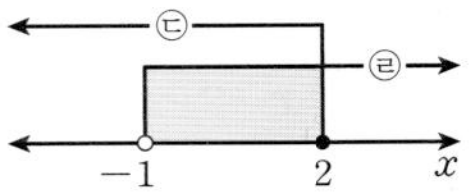

$-1 < x \le 2$

답 $-1 < x \le 2$

유제 2-1

$x-4 < 4-3x \le 16$에서

$\begin{cases} x-4 < 4-3x & \cdots\cdots ㉠ \\ 4-3x \le 16 & \cdots\cdots ㉡ \end{cases}$

㉠에서 $4x < 8$ $\quad \therefore x < 2$ $\quad \cdots\cdots$ ㉢

㉡에서 $-3x \le 12$ $\quad \therefore x \ge -4$ $\quad \cdots\cdots$ ㉣

㉢, ㉣을 수직선 위에 나타내면 오른쪽 그림과 같으므로 구하는 부등식의 해는

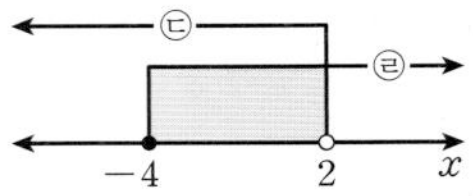

$-4 \le x < 2$

답 $-4 \le x < 2$

교과서 필수 개념 2 절댓값 기호를 포함한 일차부등식의 풀이

본문 ☞ 43쪽

대표예제 3

(1) $|x-2| \le 5$에서 $-5 \le x-2 \le 5$

$\therefore -3 \le x \le 7$

(2) $|3x+2| \ge 4$에서 $3x+2 \le -4$ 또는 $3x+2 \ge 4$

$\therefore x \le -2$ 또는 $x \ge \frac{2}{3}$

답 (1) $-3 \le x \le 7$ (2) $x \le -2$ 또는 $x \ge \frac{2}{3}$

유제 3-1

(1) $|2x-1| < 3$에서 $-3 < 2x-1 < 3$

$-2 < 2x < 4$ $\quad \therefore -1 < x < 2$

(2) $|3-x| > 1$에서 $3-x < -1$ 또는 $3-x > 1$

$\therefore x < 2$ 또는 $x > 4$

답 (1) $-1 < x < 2$ (2) $x < 2$ 또는 $x > 4$

유제 3-2

$|2x-a| \le 4$에서 $-4 \le 2x-a \le 4$

$-4+a \le 2x \le 4+a$

$\therefore \frac{-4+a}{2} \le x \le \frac{4+a}{2}$

주어진 부등식의 해가 $-3 \le x \le b$이므로

$\frac{-4+a}{2} = -3$, $\frac{4+a}{2} = b$

$\therefore a=-2$, $b=1$

$\therefore a+b=-1$

답 -1

대표예제 4

(1) (i) $x < \frac{1}{2}$일 때, $-(2x-1) < x+4$에서

$-3x < 3$ $\quad \therefore x > -1$

그런데 $x < \frac{1}{2}$이므로 $-1 < x < \frac{1}{2}$

(ii) $x \ge \frac{1}{2}$일 때, $2x-1 < x+4$에서 $x < 5$

그런데 $x \ge \frac{1}{2}$이므로 $\frac{1}{2} \le x < 5$

(i), (ii)에 의하여 $-1 < x < 5$

(2) (i) $x < 0$일 때, $(-x)+\{-(x-1)\} \le 3$에서

$-2x \le 2$ $\quad \therefore x \ge -1$

그런데 $x < 0$이므로 $-1 \le x < 0$

(ii) $0 \le x < 1$일 때, $x+\{-(x-1)\} \le 3$에서 $1 \le 3$이므로 주어진 범위에서 항상 성립한다.

$\therefore 0 \le x < 1$

(iii) $x \ge 1$일 때, $x+(x-1) \le 3$에서

$2x \le 4$ $\quad \therefore x \le 2$

그런데 $x \ge 1$이므로 $1 \le x \le 2$

(i), (ii), (iii)에 의하여 $-1 \le x \le 2$

답 (1) $-1 < x < 5$ (2) $-1 \le x \le 2$

유제 4-1

(1) (i) $x < 4$일 때, $-(x-4) < 5x$에서

$-6x < -4$ $\quad \therefore x > \frac{2}{3}$

그런데 $x < 4$이므로 $\frac{2}{3} < x < 4$

(ii) $x \ge 4$일 때, $x-4 < 5x$에서

$-4x < 4$ $\quad \therefore x > -1$

그런데 $x \ge 4$이므로 $x \ge 4$

(i), (ii)에 의하여 $x > \frac{2}{3}$

(2) (i) $x < 3$일 때, $2x+3 \ge 3-x$에서

$3x \ge 0$ $\quad \therefore x \ge 0$

그런데 $x < 3$이므로 $0 \le x < 3$

(ii) $x \ge 3$일 때, $2x+3 \ge -(3-x)$에서 $x \ge -6$

그런데 $x \ge 3$이므로 $x \ge 3$

(i), (ii)에 의하여 $x \ge 0$

(3) (i) $x < -1$일 때, $-(x+1)+\{-(x-2)\} < 5$에서

$-2x < 4$ $\quad \therefore x > -2$

그런데 $x < -1$이므로 $-2 < x < -1$

(ii) $-1 \le x < 2$일 때, $(x+1)+\{-(x-2)\} < 5$에서

$3 < 5$이므로 주어진 범위에서 항상 성립한다.

$\therefore -1 \le x < 2$

(iii) $x\geq2$일 때, $(x+1)+(x-2)<5$에서

$2x<6$ $\quad\therefore x<3$

그런데 $x\geq2$이므로 $2\leq x<3$

(i), (ii), (iii)에 의하여 $-2<x<3$

(4) (i) $x<1$일 때, $-(x-1)-\{-(x-3)\}<1$에서

$-2<1$이므로 주어진 범위에서 항상 성립한다.

$\therefore x<1$

(ii) $1\leq x<3$일 때, $(x-1)-\{-(x-3)\}<1$에서

$2x<5$ $\quad\therefore x<\frac{5}{2}$

그런데 $1\leq x<3$이므로 $1\leq x<\frac{5}{2}$

(iii) $x\geq3$일 때, $(x-1)-(x-3)<1$에서 $2<1$이므로 주어진 범위에서 항상 성립하지 않는다.

(i), (ii), (iii)에 의하여 $x<\frac{5}{2}$

답 (1) $x>\frac{2}{3}$ (2) $x\geq0$ (3) $-2<x<3$ (4) $x<\frac{5}{2}$

교과서 필수 개념 3 이차부등식의 풀이

본문 ☞ 44쪽

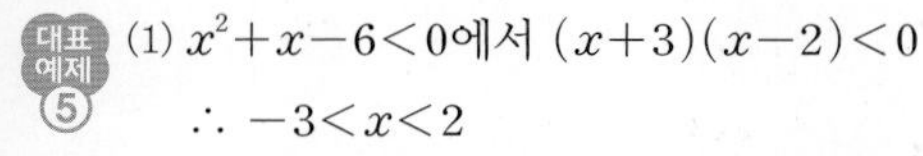

대표예제 5

(1) $x^2+x-6<0$에서 $(x+3)(x-2)<0$

$\therefore -3<x<2$

(2) $x^2+6x+9\geq0$에서 $(x+3)^2\geq0$ $\quad\therefore$ 모든 실수

(3) $x^2-2x+2>0$에서 $(x-1)^2+1>0$ $\quad\therefore$ 모든 실수

(4) $-4x^2+4x-1>0$에서 $4x^2-4x+1<0$

이때 $4x^2-4x+1=(2x-1)^2\geq0$이므로 주어진 부등식의 해는 없다.

(5) $-x^2\geq8x+16$에서 $x^2+8x+16\leq0$

$(x+4)^2\leq0$ $\quad\therefore x=-4$

(6) $x^2-3x>10$에서 $x^2-3x-10>0$, $(x+2)(x-5)>0$

$\therefore x<-2$ 또는 $x>5$

답 (1) $-3<x<2$ (2) 모든 실수 (3) 모든 실수 (4) 해는 없다. (5) $x=-4$ (6) $x<-2$ 또는 $x>5$

유제 5-1

(1) $x^2-4x+3\geq0$에서 $(x-1)(x-3)\geq0$

$\therefore x\leq1$ 또는 $x\geq3$

(2) $-x^2+4x-4<0$에서 $x^2-4x+4>0$

$(x-2)^2>0$ $\quad\therefore x\neq2$인 모든 실수

(3) $7x-4\geq3x^2$에서 $3x^2-7x+4\leq0$, $(x-1)(3x-4)\leq0$

$\therefore 1\leq x\leq\frac{4}{3}$

(4) $-x^2\geq-x+2$에서 $x^2-x+2\leq0$

이때 $x^2-x+2=\left(x-\frac{1}{2}\right)^2+\frac{7}{4}>0$이므로 주어진 부등식의 해는 없다.

답 (1) $x\leq1$ 또는 $x\geq3$ (2) $x\neq2$인 모든 실수 (3) $1\leq x\leq\frac{4}{3}$ (4) 해는 없다.

대표예제 6

이차함수 $y=x^2+kx+k-1$의 그래프는 아래로 볼록한 모양이다. 이때 모든 실수 x에 대하여 $x^2+kx+k-1\geq0$이 성립하려면 이차방정식 $x^2+kx+k-1=0$의 판별식을 D라 할 때 $D\leq0$이어야 하므로

$D=k^2-4(k-1)=k^2-4k+4\leq0$

$(k-2)^2\leq0$ $\quad\therefore k=2$

답 2

유제 6-1

이차함수 $y=-x^2+(a+4)x+4-5a$의 그래프는 위로 볼록한 모양이다.

이때 모든 실수 x에 대하여 $-x^2+(a+4)x+4-5a<0$이 성립하려면 이차방정식 $-x^2+(a+4)x+4-5a=0$의 판별식을 D라 할 때 $D<0$이어야 하므로

$D=(a+4)^2+4(4-5a)=a^2-12a+32<0$

$(a-4)(a-8)<0$ $\quad\therefore 4<a<8$

따라서 $\alpha=4$, $\beta=8$이므로 $\alpha+\beta=12$

답 12

교과서 필수 개념 4 연립이차부등식의 풀이

본문 ☞ 45쪽

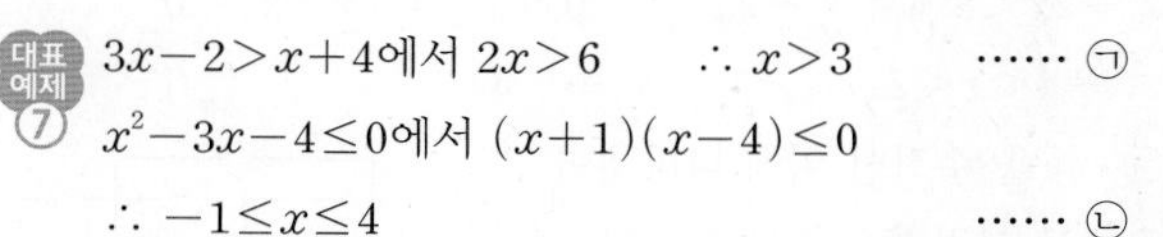

대표예제 7

$3x-2>x+4$에서 $2x>6$ $\quad\therefore x>3$ ...... ㉠

$x^2-3x-4\leq0$에서 $(x+1)(x-4)\leq0$

$\therefore -1\leq x\leq4$ ...... ㉡

㉠, ㉡을 수직선 위에 나타내면 오른쪽 그림과 같으므로 구하는 연립부등식의 해는 $3<x\leq4$

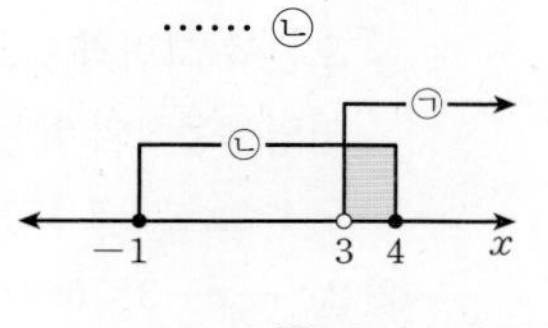

답 $3<x\leq4$

유제 7-1

(1) $\begin{cases} x>1 & \cdots\cdots ㉠ \\ x(x-2)<0 & \cdots\cdots ㉡ \end{cases}$

㉡에서 $0<x<2$ ...... ㉢

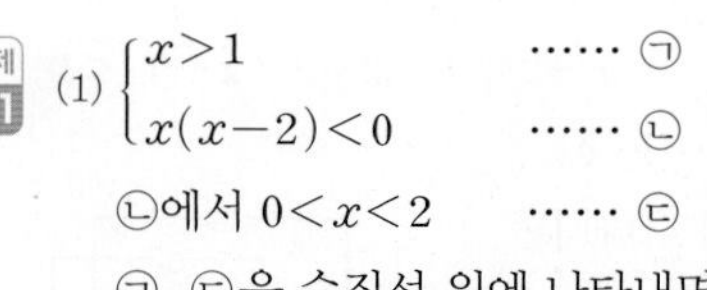

㉠, ㉢을 수직선 위에 나타내면 오른쪽 그림과 같으므로 구하는 연립부등식의 해는 $1<x<2$

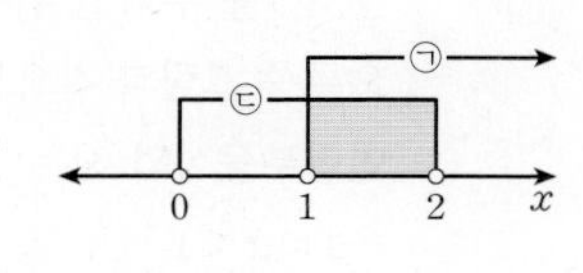

(2) $\begin{cases} x\leq1 & \cdots\cdots ㉠ \\ x(x-2)\geq0 & \cdots\cdots ㉡ \end{cases}$

㉡에서 $x\leq0$ 또는 $x\geq2$ ...... ㉢

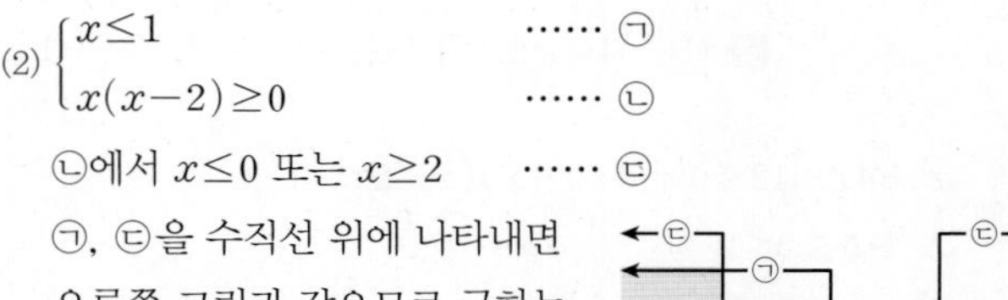

㉠, ㉢을 수직선 위에 나타내면 오른쪽 그림과 같으므로 구하는 연립부등식의 해는 $x\leq0$

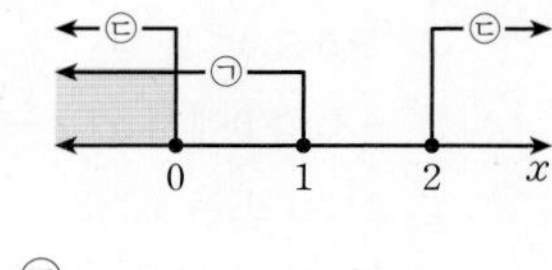

(3) $2x\geq x+2$에서 $x\geq2$ ...... ㉠

$x^2-x-12<0$에서 $(x+3)(x-4)<0$

$\therefore -3<x<4$ ...... ㉡

㉠, ㉡을 수직선 위에 나타내면 오른쪽 그림과 같으므로 구하는 연립부등식의 해는 $2\leq x<4$

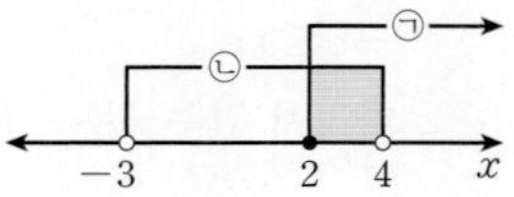

(4) $5x-3<7$에서 $5x<10$ $\quad\therefore x<2$ ...... ㉠

$x^2-2x\leq3$에서 $x^2-2x-3\leq0$, $(x+1)(x-3)\leq0$

$\therefore -1\leq x\leq3$ ...... ㉡

㉠, ㉡을 수직선 위에 나타내면 오른쪽 그림과 같으므로 구하는 연립부등식의 해는

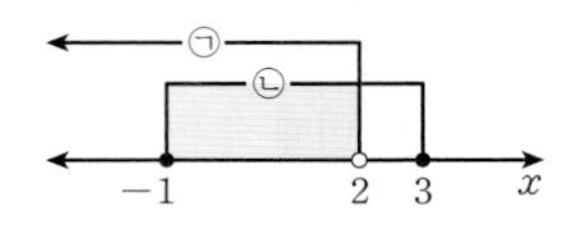

$-1\le x<2$

답 (1) $1<x<2$ (2) $x\le 0$
(3) $2\le x<4$ (4) $-1\le x<2$

대표예제 8 $x^2+8\le 6x$에서 $x^2-6x+8\le 0$, $(x-2)(x-4)\le 0$

$\therefore\ 2\le x\le 4$ ...... ㉠

$x^2+x\ge 2(x^2-3)$에서 $x^2-x-6\le 0$, $(x+2)(x-3)\le 0$

$\therefore\ -2\le x\le 3$ ...... ㉡

㉠, ㉡을 수직선 위에 나타내면 오른쪽 그림과 같으므로 구하는 연립부등식의 해는

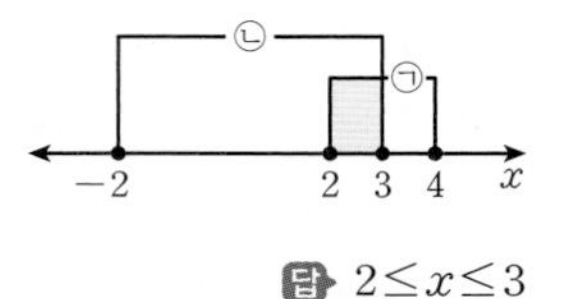

$2\le x\le 3$

답 $2\le x\le 3$

유제 8-1 (1) $x^2-1\ge 0$에서 $(x+1)(x-1)\ge 0$

$\therefore\ x\le -1$ 또는 $x\ge 1$ ...... ㉠

$x^2+2x<8$에서 $x^2+2x-8<0$, $(x+4)(x-2)<0$

$\therefore\ -4<x<2$ ...... ㉡

㉠, ㉡을 수직선 위에 나타내면 오른쪽 그림과 같으므로 구하는 연립부등식의 해는

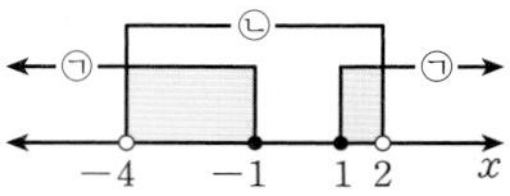

$-4<x\le -1$ 또는 $1\le x<2$

(2) $2x^2-x-3<0$에서 $(x+1)(2x-3)<0$

$\therefore\ -1<x<\dfrac{3}{2}$ ...... ㉠

$-x^2-x+2>0$에서 $x^2+x-2<0$, $(x+2)(x-1)<0$

$\therefore\ -2<x<1$ ...... ㉡

㉠, ㉡을 수직선 위에 나타내면 오른쪽 그림과 같으므로 구하는 연립부등식의 해는

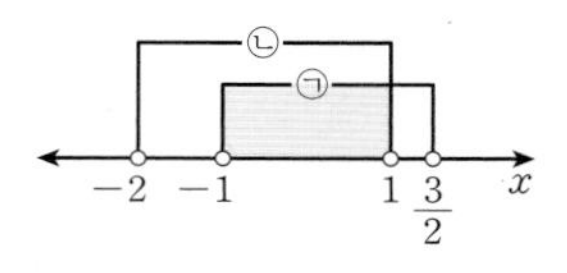

$-1<x<1$

답 (1) $-4<x\le -1$ 또는 $1\le x<2$ (2) $-1<x<1$

유제 8-2 $x^2+4x-12\le 0$에서 $(x+6)(x-2)\le 0$

$\therefore\ -6\le x\le 2$ ...... ㉠

$x^2-3x>0$에서 $x(x-3)>0$

$\therefore\ x<0$ 또는 $x>3$ ...... ㉡

㉠, ㉡을 수직선 위에 나타내면 오른쪽 그림과 같으므로 구하는 연립부등식의 해는

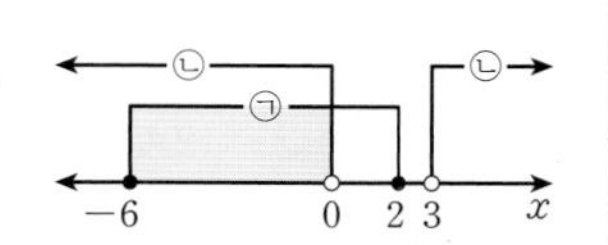

$-6\le x<0$

따라서 정수 x는 $-6, -5, -4, \cdots, -1$의 6개이다.

답 6

대표예제 9 $3x+3<x^2+x<-x+15$에서

$\begin{cases} 3x+3<x^2+x & \cdots\cdots ㉠ \\ x^2+x<-x+15 & \cdots\cdots ㉡ \end{cases}$

㉠에서 $x^2-2x-3>0$, $(x+1)(x-3)>0$

$\therefore\ x<-1$ 또는 $x>3$ ...... ㉢

㉡에서 $x^2+2x-15<0$, $(x+5)(x-3)<0$

$\therefore\ -5<x<3$ ...... ㉣

㉢, ㉣을 수직선 위에 나타내면 오른쪽 그림과 같으므로 구하는 부등식의 해는

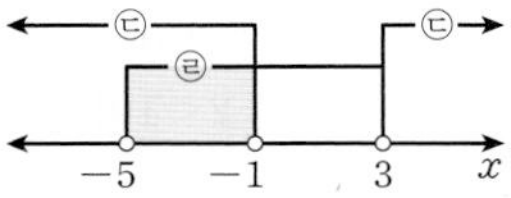

$-5<x<-1$

답 $-5<x<-1$

유제 9-1 $x+2<x^2<4x+5$에서

$\begin{cases} x+2<x^2 & \cdots\cdots ㉠ \\ x^2<4x+5 & \cdots\cdots ㉡ \end{cases}$

㉠에서 $x^2-x-2>0$, $(x+1)(x-2)>0$

$\therefore\ x<-1$ 또는 $x>2$ ...... ㉢

㉡에서 $x^2-4x-5<0$, $(x+1)(x-5)<0$

$\therefore\ -1<x<5$ ...... ㉣

㉢, ㉣을 수직선 위에 나타내면 오른쪽 그림과 같으므로 구하는 부등식의 해는

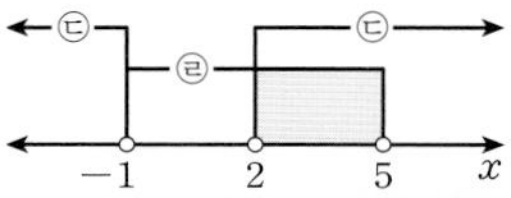

$2<x<5$

답 $2<x<5$

핵심 개념 & 공식 리뷰

본문 ☞ 46쪽

01 (1) ○ (2) × (3) × (4) × (5) ○ (6) ○ (7) × (8) ○

02 (1) 해는 없다. (2) $x\le -3$ (3) $-9<x<-2$ (4) $1<x\le 3$

03 (1) $x<-2$ 또는 $x>12$ (2) $0\le x\le 3$

(3) $-\dfrac{1}{2}<x<\dfrac{3}{2}$ (4) $-6\le x\le 1$

04 (1) ① $\alpha<x<\beta$ ② $x\le\alpha$ 또는 $x\ge\beta$

(2) ① $x=\alpha$ ② $x\ne\alpha$인 모든 실수

(3) $1\le x\le 4$ (4) 해는 없다. (5) 모든 실수

(6) $x\le -1$ 또는 $x\ge\dfrac{1}{3}$

05 (1) $x<-5$ 또는 $\dfrac{1}{2}<x<6$ (2) $x>2$

(3) $-2\le x<-\dfrac{3}{2}$ 또는 $2<x\le 9$

(4) $-7\le x<-\dfrac{7}{5}$ 또는 $1<x\le 4$

(5) $0\le x<4$

02 (1) $x+3>4x$에서 $-3x>-3$ $\therefore\ x<1$ ...... ㉠

$-2x+3\le x-9$에서 $-3x\le -12$ $\therefore\ x\ge 4$ ...... ㉡

㉠, ㉡을 수직선 위에 나타내면 오른쪽 그림과 같으므로 구하는 연립부등식의 해는 없다.

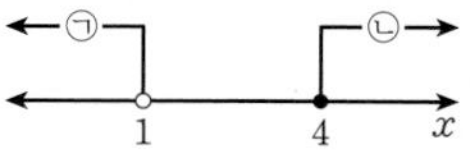

(2) $\dfrac{2x+1}{3}\le\dfrac{x-2}{4}$, 즉 $4(2x+1)\le 3(x-2)$에서

$5x\le -10$ $\therefore\ x\le -2$ ...... ㉠

$2x+1 \le -3x-14$에서

$5x \le -15$ $\quad \therefore x \le -3$ $\quad \cdots\cdots$ ㉡

㉠, ㉡을 수직선 위에 나타내면 오른쪽 그림과 같으므로 구하는 연립부등식의 해는 $x \le -3$

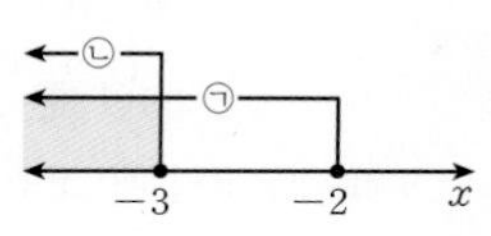

(3) $-2 < x+7 < -x+3$에서

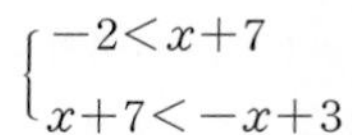

$\begin{cases} -2 < x+7 & \cdots\cdots ㉠ \\ x+7 < -x+3 & \cdots\cdots ㉡ \end{cases}$

㉠에서 $x > -9$ $\quad \cdots\cdots$ ㉢

㉡에서 $2x < -4$ $\quad \therefore x < -2$ $\quad \cdots\cdots$ ㉣

㉢, ㉣을 수직선 위에 나타내면 오른쪽 그림과 같으므로 구하는 부등식의 해는 $-9 < x < -2$

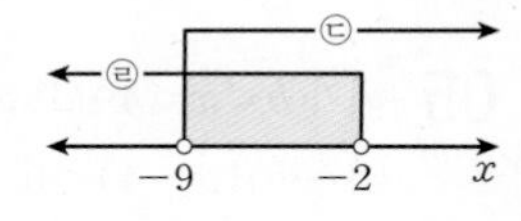

(4) $7x-8 \le 4x+1 < 6x-1$에서

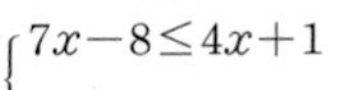

$\begin{cases} 7x-8 \le 4x+1 & \cdots\cdots ㉠ \\ 4x+1 < 6x-1 & \cdots\cdots ㉡ \end{cases}$

㉠에서 $3x \le 9$ $\quad \therefore x \le 3$ $\quad \cdots\cdots$ ㉢

㉡에서 $-2x < -2$ $\quad \therefore x > 1$ $\quad \cdots\cdots$ ㉣

㉢, ㉣을 수직선 위에 나타내면 오른쪽 그림과 같으므로 구하는 부등식의 해는 $1 < x \le 3$

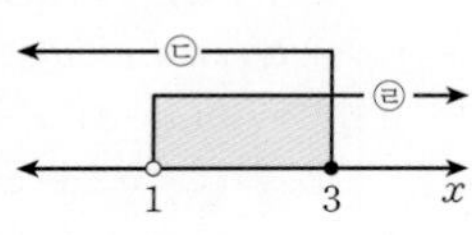

03

(1) $|-x+5| > 7$에서 $-x+5 < -7$ 또는 $-x+5 > 7$

$\therefore x < -2$ 또는 $x > 12$

(2) $|2x-3| \le 3$에서 $-3 \le 2x-3 \le 3$

$0 \le 2x \le 6$ $\quad \therefore 0 \le x \le 3$

(3) (i) $x < 0$일 때, $-x + \{-(x-1)\} < 2$에서

$-2x < 1$ $\quad \therefore x > -\frac{1}{2}$

그런데 $x < 0$이므로 $-\frac{1}{2} < x < 0$

(ii) $0 \le x < 1$일 때, $x + \{-(x-1)\} < 2$에서 $1 < 2$이므로 주어진 범위에서 항상 성립한다.

$\therefore 0 \le x < 1$

(iii) $x \ge 1$일 때, $x + (x-1) < 2$에서 $2x < 3$

$\therefore x < \frac{3}{2}$

그런데 $x \ge 1$이므로 $1 \le x < \frac{3}{2}$

(i), (ii), (iii)에 의하여 $-\frac{1}{2} < x < \frac{3}{2}$

(4) $|x+3| \le 7 - |x+2|$에서 $|x+3| + |x+2| \le 7$

(i) $x < -3$일 때, $-(x+3) + \{-(x+2)\} \le 7$에서

$-2x \le 12$ $\quad \therefore x \ge -6$

그런데 $x < -3$이므로 $-6 \le x < -3$

(ii) $-3 \le x < -2$일 때, $(x+3) + \{-(x+2)\} \le 7$에서 $1 \le 7$이므로 주어진 범위에서 항상 성립한다.

$\therefore -3 \le x < -2$

(iii) $x \ge -2$일 때, $(x+3) + (x+2) \le 7$에서

$2x \le 2$ $\quad \therefore x \le 1$

그런데 $x \ge -2$이므로 $-2 \le x \le 1$

(i), (ii), (iii)에 의하여 $-6 \le x \le 1$

04

(3) $x^2-5x+4 \le 0$에서 $(x-1)(x-4) \le 0$

$\therefore 1 \le x \le 4$

(4) $-x^2+2x-1 > 0$에서 $x^2-2x+1 < 0$

이때 $x^2-2x+1 = (x-1)^2 \ge 0$이므로 주어진 부등식의 해는 없다.

(5) $x^2-8x+20 > 0$에서 $(x-4)^2+4 > 0$ $\quad \therefore$ 모든 실수

(6) $1-2x-3x^2 \le 0$에서 $3x^2+2x-1 \ge 0$

$(x+1)(3x-1) \ge 0$ $\quad \therefore x \le -1$ 또는 $x \ge \frac{1}{3}$

05

(1) $-x+1 > -5$에서 $-x > -6$ $\quad \therefore x < 6$ $\quad \cdots\cdots$ ㉠

$2x^2+9x+2 > 7$에서 $2x^2+9x-5 > 0$

$(x+5)(2x-1) > 0$ $\quad \therefore x < -5$ 또는 $x > \frac{1}{2}$ $\quad \cdots\cdots$ ㉡

㉠, ㉡을 수직선 위에 나타내면 오른쪽 그림과 같으므로 구하는 연립부등식의 해는

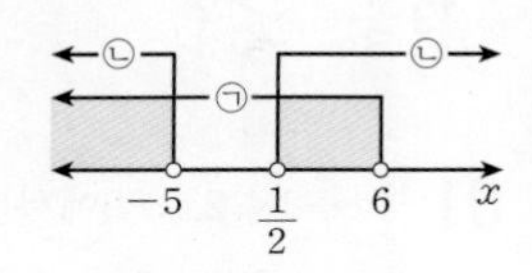

$x < -5$ 또는 $\frac{1}{2} < x < 6$

(2) $5x+2 \ge -3$에서 $5x \ge -5$ $\quad \therefore x \ge -1$ $\quad \cdots\cdots$ ㉠

$-2x^2+x < -6$에서 $2x^2-x-6 > 0$

$(2x+3)(x-2) > 0$ $\quad \therefore x < -\frac{3}{2}$ 또는 $x > 2$ $\quad \cdots\cdots$ ㉡

㉠, ㉡을 수직선 위에 나타내면 오른쪽 그림과 같으므로 구하는 연립부등식의 해는 $x > 2$

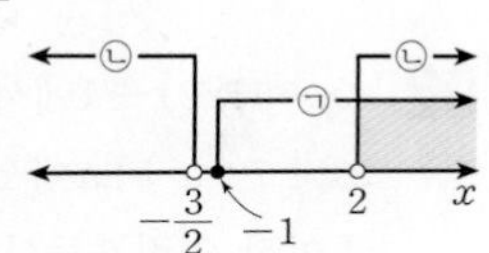

(3) $x^2-7x-18 \le 0$에서 $(x+2)(x-9) \le 0$

$\therefore -2 \le x \le 9$ $\quad \cdots\cdots$ ㉠

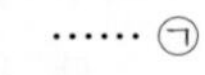

$4x^2-2x-9 > 3$에서 $4x^2-2x-12 > 0$

$2(2x+3)(x-2) > 0$ $\quad \therefore x < -\frac{3}{2}$ 또는 $x > 2$ $\quad \cdots\cdots$ ㉡

㉠, ㉡을 수직선 위에 나타내면 오른쪽 그림과 같으므로 구하는 연립부등식의 해는

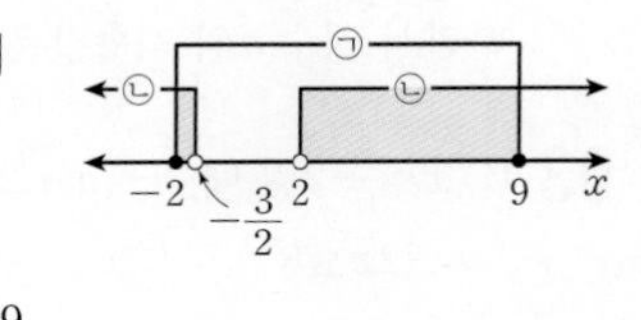

$-2 \le x < -\frac{3}{2}$ 또는 $2 < x \le 9$

(4) $x^2+5x \le 2(x+14)$에서 $x^2+3x-28 \le 0$

$(x+7)(x-4) \le 0$ $\quad \therefore -7 \le x \le 4$ $\quad \cdots\cdots$ ㉠

$5x^2-3x > -5x+7$에서 $5x^2+2x-7 > 0$

$(5x+7)(x-1) > 0$ $\quad \therefore x < -\frac{7}{5}$ 또는 $x > 1$ $\quad \cdots\cdots$ ㉡

㉠, ㉡을 수직선 위에 나타내면 오른쪽 그림과 같으므로 구하는 연립부등식의 해는

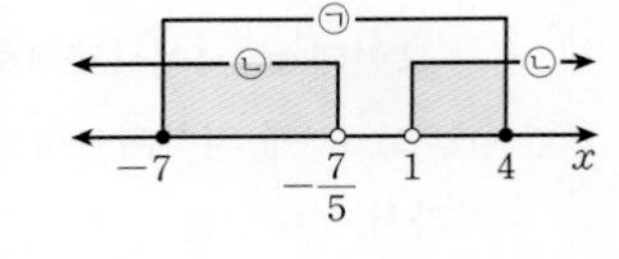

$-7 \le x < -\frac{7}{5}$ 또는 $1 < x \le 4$

(5) $8(x-1)<10x-x^2\le 13x$에서

$\begin{cases} 8(x-1)<10x-x^2 & \cdots\cdots ㉠ \\ 10x-x^2\le 13x & \cdots\cdots ㉡ \end{cases}$

㉠에서 $x^2-2x-8<0$, $(x+2)(x-4)<0$

$\therefore -2<x<4$ ······ ㉢

㉡에서 $x^2+3x\ge 0$, $x(x+3)\ge 0$

$\therefore x\le -3$ 또는 $x\ge 0$ ······ ㉣

㉢, ㉣을 수직선 위에 나타내면 오른쪽 그림과 같으므로 구하는 부등식의 해는

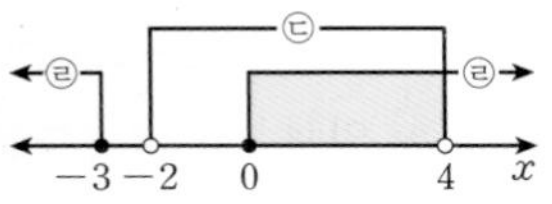

$0\le x<4$

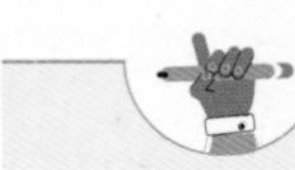

빈출 문제로 실전 연습

본문 ☞ 47~48쪽

01 ②	**02** ③	**03** ③	**04** ②	**05** ⑤	**06** ①
07 7	**08** ③	**09** ④	**10** ①	**11** ④	**12** 9
13 $\frac{4}{3}<x<\frac{8}{3}$					

01 $4x-1<2x+9$에서 $2x<10$ $\therefore x<5$ ······ ㉠

$-x+2\ge -3x+6$에서 $2x\ge 4$ $\therefore x\ge 2$ ······ ㉡

㉠, ㉡을 수직선 위에 나타내면 오른쪽 그림과 같으므로 구하는 연립부등식의 해는 $2\le x<5$

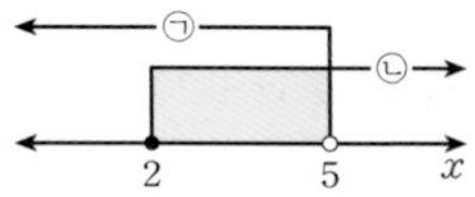

따라서 정수 x는 2, 3, 4의 3개이다. 답 ②

02 $4x-5>2x+1$에서 $2x>6$ $\therefore x>3$ ······ ㉠

$2x+7<x+2a$에서 $x<2a-7$ ······ ㉡

주어진 연립부등식의 해가 존재하려면 ㉠, ㉡을 수직선 위에 나타내었을 때, 오른쪽 그림과 같아야 한다.

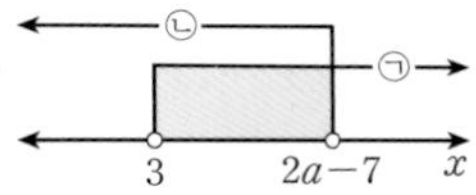

즉, $2a-7>3$에서 $2a>10$

$\therefore a>5$

따라서 정수 a의 최솟값은 6이다. 답 ③

03 (i) $x<-2$일 때, $-(x+2)+\{-(x-4)\}\le 10$에서

$-2x\le 8$ $\therefore x\ge -4$

그런데 $x<-2$이므로 $-4\le x<-2$

(ii) $-2\le x<4$일 때, $(x+2)+\{-(x-4)\}\le 10$에서 $6\le 10$이므로 주어진 범위에서 항상 성립한다.

$\therefore -2\le x<4$

(iii) $x\ge 4$일 때, $(x+2)+(x-4)\le 10$에서

$2x\le 12$ $\therefore x\le 6$

그런데 $x\ge 4$이므로 $4\le x\le 6$

(i), (ii), (iii)에 의하여 $-4\le x\le 6$

따라서 정수 x는 $-4, -3, -2, \cdots, 6$이므로 그 합은

$(-4)+(-3)+(-2)+\cdots+4+5+6=11$ 답 ③

04 (i) $x<0$일 때, $-x+\{-(x-3)\}<a$에서

$-2x<a-3$ $\therefore x>\frac{3-a}{2}$

(ii) $0\le x<3$일 때, $x+\{-(x-3)\}<a$에서 $a>3$

(iii) $x\ge 3$일 때, $x+(x-3)<a$에서

$2x<a+3$ $\therefore x<\frac{a+3}{2}$

(i), (ii), (iii)에서 주어진 부등식의 해가 $-1<x<4$이기 위해서는

$\frac{3-a}{2}=-1$, $a>3$, $\frac{a+3}{2}=4$가 성립해야 하므로

$a=5$ 답 ②

05 해가 $b<x<4$이고 x^2의 계수가 1인 이차부등식은

$(x-b)(x-4)<0$ $\therefore x^2-(b+4)x+4b<0$

이 부등식이 $x^2-ax<4$, 즉 $x^2-ax-4<0$과 같으므로

$a=b+4$, $4b=-4$ $\therefore a=3$, $b=-1$

$\therefore a+b=2$ 답 ⑤

Core 특강

해가 주어진 이차부등식의 작성

① 해가 $\alpha<x<\beta$이고 x^2의 계수가 1인 이차부등식은

$(x-\alpha)(x-\beta)<0$, 즉 $x^2-(\alpha+\beta)x+\alpha\beta<0$

② 해가 $x<\alpha$ 또는 $x>\beta$이고 x^2의 계수가 1인 이차부등식은

$(x-\alpha)(x-\beta)>0$, 즉 $x^2-(\alpha+\beta)x+\alpha\beta>0$

06 $x^2+4x-12<0$에서 $(x+6)(x-2)<0$

$\therefore -6<x<2$ ······ ㉠

$|x-a|<b$에서 $a-b<x<a+b$ ······ ㉡

㉠, ㉡이 서로 같으므로 $a-b=-6$, $a+b=2$

두 식을 연립하여 풀면 $a=-2$, $b=4$

$\therefore ab=-8$ 답 ①

07 $f(x)=x^2+(a-1)x+4$로 놓을 때, 이차함수 $y=f(x)$의 그래프에서 $y\le 0$인 x가 존재하지 않으려면 이 함수의 그래프가 오른쪽 그림과 같이 x축과 만나지 않아야 한다.

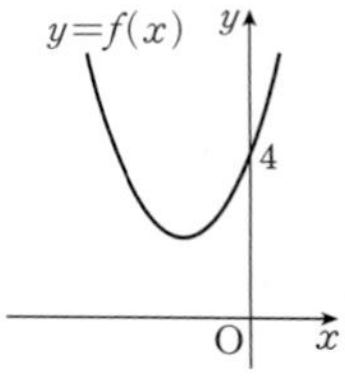

즉, 이차방정식 $x^2+(a-1)x+4=0$의 판별식을 D라 할 때 $D<0$이어야 하므로

$D=(a-1)^2-4\times 1\times 4<0$

$a^2-2a-15<0$, $(a+3)(a-5)<0$ $\therefore -3<a<5$

따라서 정수 a는 $-2, -1, 0, \cdots, 4$의 7개이다. 답 7

08 $f(x)=x^2-4x-2a$로 놓을 때, 이차함수 $y=f(x)$의 그래프에서 $y>0$인 x의 값이 $x\ne k$인 모든 실수이려면 이 함수의 그래프는 오른쪽 그림과 같이 $x=k$에서 x축과 접해야 한다. 즉, 이차방정식 $x^2-4x-2a=0$의 판별식을 D라 할 때, $D=0$이어야 하므로

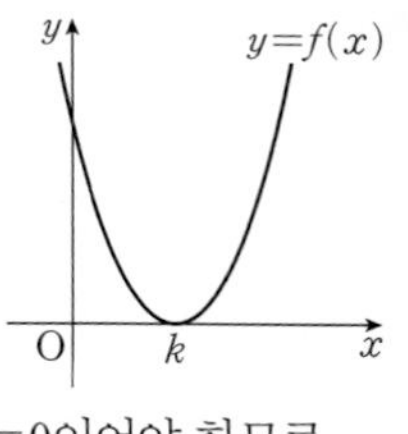

$\frac{D}{4}=(-2)^2-(-2a)=0$, $4+2a=0$ $\therefore a=-2$

이때 이차부등식 $x^2-4x+4>0$에서 $(x-2)^2>0$이고, 그 해는 $x\neq2$인 모든 실수이므로 $k=2$

$\therefore a+k=0$

답 ③

09 $|2x-3|<5$에서 $-5<2x-3<5$

$-2<2x<8 \quad \therefore -1<x<4 \quad \cdots\cdots$ ㉠

$x^2-7x+10\geq0$에서 $(x-2)(x-5)\geq0$

$\therefore x\leq2$ 또는 $x\geq5 \quad \cdots\cdots$ ㉡

㉠, ㉡을 수직선 위에 나타내면 오른쪽 그림과 같으므로 주어진 연립부등식의 해는 $-1<x\leq2$

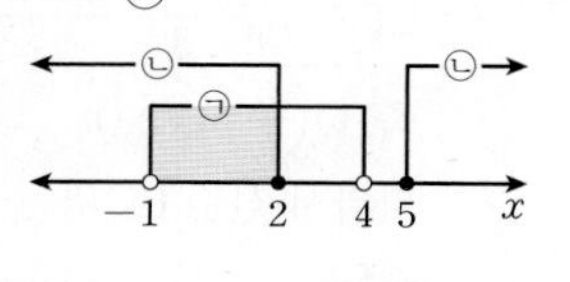

따라서 정수 x는 0, 1, 2의 3개이다.

답 ④

10 $x^2-4x-5\leq0$에서 $(x+1)(x-5)\leq0$

$\therefore -1\leq x\leq5 \quad \cdots\cdots$ ㉠

$x^2-(2+a)x+2a<0$에서

$(x-2)(x-a)<0 \quad \cdots\cdots$ ㉡

주어진 연립부등식의 해가 $-1\leq x<2$가 되도록 ㉠, ㉡을 수직선 위에 나타내었을 때, 오른쪽 그림과 같아야 하므로 $a<-1$

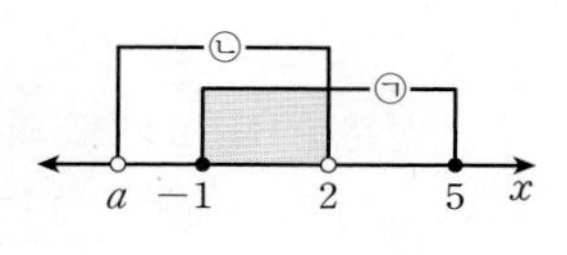

따라서 정수 a의 최댓값은 -2이다.

답 ①

11 긴 의자의 개수를 x라 하면 단체 관람을 위해 공연장을 찾은 학생 수는 $6x+7$

한편, 7명씩 앉으면 의자가 1개 남으므로 학생 수는 $7(x-2)$보다 크고 $7(x-1)$보다 작거나 같다.

즉, $7(x-2)<6x+7\leq7(x-1)$에서

$$\begin{cases} 7(x-2)<6x+7 & \cdots\cdots ㉠ \\ 6x+7\leq7(x-1) & \cdots\cdots ㉡ \end{cases}$$

㉠에서 $7x-14<6x+7 \quad \therefore x<21 \quad \cdots\cdots$ ㉢

㉡에서 $6x+7\leq7x-7 \quad \therefore x\geq14 \quad \cdots\cdots$ ㉣

㉢, ㉣에 의하여 $14\leq x<21$이고, x는 자연수이므로 x의 최댓값은 20이다.

따라서 공연장을 찾은 학생 수의 최댓값은

$6x+7=6\times20+7=127$

답 ④

12 이차함수 $y=ax^2+bx+c$의 그래프가 아래로 볼록하므로

$a>0 \quad \cdots\cdots$ ㉠

이차방정식 $ax^2+bx+c=0$의 두 근이 -4, 1이므로

$ax^2+bx+c=a(x+4)(x-1)=ax^2+3ax-4a$

$\therefore b=3a,\ c=-4a \quad \cdots\cdots$ ㉡

㉠, ㉡에 의하여 부등식 $ax^2-bx+c\leq0$은

$ax^2-3ax-4a\leq0,\ a(x^2-3x-4)\leq0$

$a(x+1)(x-4)\leq0$

$\therefore -1\leq x\leq4\ (\because a>0)$

따라서 정수 x는 -1, 0, 1, 2, 3, 4이므로 그 합은

$-1+0+1+2+3+4=9$

답 9

13 $\overline{BQ}=x$이므로 $0<x<4$

삼각형 ABC가 직각이등변삼각형이고

$\triangle ABC\backsim\triangle PBQ$이므로

$\overline{PQ}=\overline{BQ}=x$

또, $\triangle ABC\backsim\triangle APR$이므로

$\overline{AR}=\overline{PR}=4-x$

이때 직사각형 PQCR, 삼각형 APR, 삼각형 PBQ의 넓이를 각각 S_1, S_2, S_3이라 하면

$S_1=x(4-x),\ S_2=\frac{1}{2}(4-x)^2,\ S_3=\frac{1}{2}x^2$

주어진 조건에 의하여 $S_2<S_1$, $S_3<S_1$이므로

$$\begin{cases} \frac{1}{2}(4-x)^2<x(4-x) & \cdots\cdots ㉠ \\ \frac{1}{2}x^2<x(4-x) & \cdots\cdots ㉡ \end{cases}$$

㉠에서 $(4-x)(4-3x)<0 \quad \therefore \frac{4}{3}<x<4 \quad \cdots\cdots$ ㉢

㉡에서 $3x^2-8x<0,\ x(3x-8)<0 \quad \therefore 0<x<\frac{8}{3} \quad \cdots\cdots$ ㉣

㉢, ㉣에 의하여 $\frac{4}{3}<x<\frac{8}{3}$

그런데 $0<x<4$이므로 구하는 x의 값의 범위는

$\frac{4}{3}<x<\frac{8}{3}$

답 $\frac{4}{3}<x<\frac{8}{3}$

Ⅲ. 도형의 방정식

07강 평면좌표

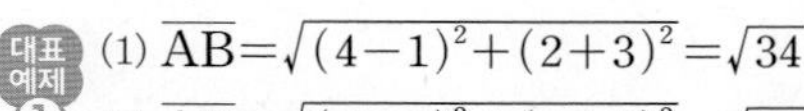

교과서 필수 개념 1 두 점 사이의 거리

본문 ☞ 49쪽

대표예제 1

(1) $\overline{AB}=\sqrt{(4-1)^2+(2+3)^2}=\sqrt{34}$

(2) $\overline{AB}=\sqrt{(3+2)^2+(7+5)^2}=\sqrt{169}=13$

(3) $\overline{OA}=\sqrt{3^2+4^2}=\sqrt{25}=5$

답 (1) $\sqrt{34}$ (2) 13 (3) 5

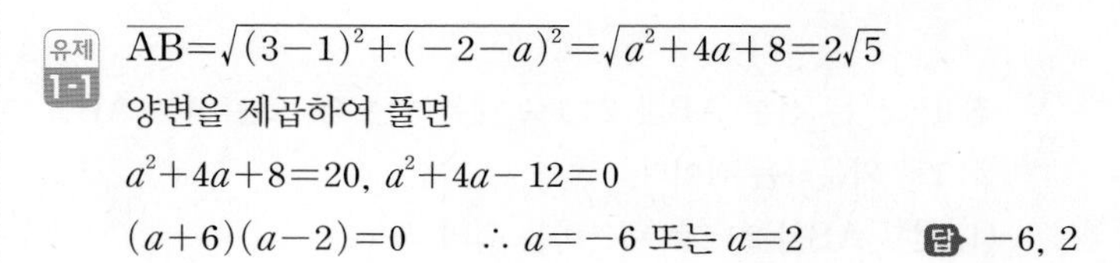

유제 1-1 $\overline{AB}=\sqrt{(3-1)^2+(-2-a)^2}=\sqrt{a^2+4a+8}=2\sqrt{5}$

양변을 제곱하여 풀면

$a^2+4a+8=20,\ a^2+4a-12=0$

$(a+6)(a-2)=0 \quad \therefore a=-6$ 또는 $a=2$

답 -6, 2

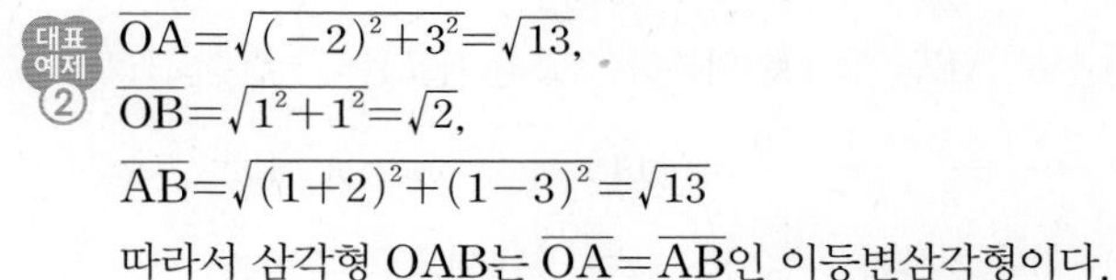

대표예제 2 $\overline{OA}=\sqrt{(-2)^2+3^2}=\sqrt{13}$,

$\overline{OB}=\sqrt{1^2+1^2}=\sqrt{2}$,

$\overline{AB}=\sqrt{(1+2)^2+(1-3)^2}=\sqrt{13}$

따라서 삼각형 OAB는 $\overline{OA}=\overline{AB}$인 이등변삼각형이다.

답 $\overline{OA}=\overline{AB}$인 이등변삼각형

유제 2-1

$\overline{AB}=\sqrt{(-1-1)^2+(5-1)^2}=\sqrt{20}=2\sqrt{5}$,

$\overline{BC}=\sqrt{(3+1)^2+(2-5)^2}=\sqrt{25}=5$,

$\overline{CA}=\sqrt{(1-3)^2+(1-2)^2}=\sqrt{5}$

따라서 $\overline{AB}^2+\overline{CA}^2=\overline{BC}^2$이므로 삼각형 ABC는 $\angle A=90°$인 직각삼각형이다.

답 $\angle A=90°$인 직각삼각형

대표예제 ③

점 P의 좌표를 $(x, 0)$이라 하면 $\overline{AP}=\overline{BP}$에서 $\overline{AP}^2=\overline{BP}^2$이므로

$(x-0)^2+(0-4)^2=(x-6)^2+(0-2)^2$

$x^2+16=x^2-12x+40$

$12x=24 \quad \therefore x=2$

$\therefore$ P(2, 0)

답 P(2, 0)

유제 3-1

점 P의 좌표를 $(0, y)$라 하면 $\overline{AP}=\overline{BP}$에서 $\overline{AP}^2=\overline{BP}^2$이므로

$(0+3)^2+(y-3)^2=(0-1)^2+(y-5)^2$

$y^2-6y+18=y^2-10y+26$

$4y=8 \quad \therefore y=2$

$\therefore$ P(0, 2)

답 P(0, 2)

교과서 필수 개념 2 수직선 위의 선분의 내분점과 외분점 본문 ☞ 50쪽

대표예제 ④

(1) $\dfrac{3\times27+1\times a}{3+1}=21 \quad \therefore a=3$

(2) $\dfrac{2\times a-3\times(-9)}{2-3}=3 \quad \therefore a=-15$

답 (1) 3 (2) -15

유제 4-1

점 P의 좌표를 p라 하면

$p=\dfrac{3\times5+1\times1}{3+1}=4$

점 Q의 좌표를 q라 하면

$q=\dfrac{1\times5-2\times1}{1-2}=-3$

$\therefore \overline{PQ}=|-3-4|=7$

답 7

유제 4-2

점 P(x)는 선분 AB를 2 : 1로 내분하는 점 또는 선분 AB를 2 : 1로 외분하는 점이다.

(i) 선분 AB를 2 : 1로 내분하는 점의 좌표는

$\dfrac{2\times(-2)+1\times10}{2+1}=2$

(ii) 선분 AB를 2 : 1로 외분하는 점의 좌표는

$\dfrac{2\times(-2)-1\times10}{2-1}=-14$

(i), (ii)에 의하여 $x=2$ 또는 $x=-14$이므로 그 합은

$2+(-14)=-12$

답 -12

교과서 필수 개념 3 좌표평면 위의 선분의 내분점과 외분점 본문 ☞ 51쪽

대표예제 ⑤

선분 AB를 1 : 3으로 내분하는 점 P의 좌표는

$\mathrm{P}\left(\dfrac{1\times10+3\times2}{1+3}, \dfrac{1\times(-4)+3\times4}{1+3}\right)$

즉, P(4, 2)

선분 AB를 2 : 3으로 외분하는 점 Q의 좌표는

$\mathrm{Q}\left(\dfrac{2\times10-3\times2}{2-3}, \dfrac{2\times(-4)-3\times4}{2-3}\right)$

즉, Q$(-14, 20)$

따라서 선분 PQ의 중점의 좌표는

$\left(\dfrac{4+(-14)}{2}, \dfrac{2+20}{2}\right)$

즉, $(-5, 11)$

답 $(-5, 11)$

유제 5-1

선분 AB를 3 : 2로 내분하는 점 P의 좌표는

$\mathrm{P}\left(\dfrac{3\times4+2\times(-1)}{3+2}, \dfrac{3\times(-6)+2\times4}{3+2}\right)$

즉, P$(2, -2)$

선분 AB를 2 : 1로 외분하는 점 Q의 좌표는

$\mathrm{Q}\left(\dfrac{2\times4-1\times(-1)}{2-1}, \dfrac{2\times(-6)-1\times4}{2-1}\right)$

즉, Q$(9, -16)$

$\therefore \overline{PQ}=\sqrt{(9-2)^2+(-16+2)^2}$

$=\sqrt{245}$

$=7\sqrt{5}$

답 $7\sqrt{5}$

유제 5-2

선분 AB를 1 : 2로 내분하는 점 P의 좌표가 $(3, -2)$이므로

$\dfrac{1\times a+2\times(-4)}{1+2}=-2$

$a-8=-6$

$\therefore a=2$

따라서 점 Q는 두 점 A$(5, -4)$, B$(-1, 2)$에 대하여 선분 AB를 4 : 1로 외분하는 점이므로 점 Q의 좌표는

$\mathrm{Q}\left(\dfrac{4\times(-1)-1\times5}{4-1}, \dfrac{4\times2-1\times(-4)}{4-1}\right)$

즉, Q$(-3, 4)$

답 Q$(-3, 4)$

대표예제 ⑥

삼각형 ABC의 무게중심 G의 좌표가 $(1, b)$이므로

$\dfrac{9+(-4)+a}{3}=1 \quad \therefore a=-2$

$\dfrac{0+4+8}{3}=b \quad \therefore b=4$

답 $a=-2$, $b=4$

유제 6-1

삼각형 ABC의 무게중심 G의 좌표는

$\mathrm{G}\left(\dfrac{(1-a)+3+3b}{3}, \dfrac{2b+a-2}{3}\right)$

즉, $\mathrm{G}\left(\dfrac{-a+3b+4}{3}, \dfrac{a+2b-2}{3}\right)$

이 점의 좌표가 $(3, -4)$이므로

$\dfrac{-a+3b+4}{3}=3$, $\dfrac{a+2b-2}{3}=-4$

$\therefore -a+3b=5,\ a+2b=-10$

두 식을 연립하여 풀면

$a=-8,\ b=-1$

$\therefore a+b=-9$

답 -9

핵심 개념 & 공식 리뷰

본문 ☞ 52쪽

01 (1) × (2) ○ (3) ○ (4) ○ (5) × (6) ○ (7) ○ (8) ×

02 (1) 10 (2) $3\sqrt{2}$ (3) $\sqrt{17}$ (4) $\sqrt{53}$

03 (1) ① B(-2) ② B(-2) ③ C(0)

(2) ① E(3) ② A(-4) ③ C(-1) ④ F(5)

04 (1) P$(-3,\ 4)$ (2) Q$\left(-\frac{11}{5},\ \frac{4}{5}\right)$ (3) R$(-7,\ 20)$

(4) S$(5,\ -28)$

05 (1) G$(-2,\ 1)$ (2) G$(-1,\ -3)$

02 (1) $\overline{OA}=\sqrt{6^2+(-8)^2}=\sqrt{100}=10$

(2) $\overline{AB}=\sqrt{(1+2)^2+(4-1)^2}=\sqrt{18}=3\sqrt{2}$

(3) $\overline{AB}=\sqrt{(7-3)^2+(-4+5)^2}=\sqrt{17}$

(4) $\overline{AB}=\sqrt{(-2+4)^2+(6+1)^2}=\sqrt{53}$

04 (1) 선분 AB를 1 : 2로 내분하는 점 P의 좌표는

$P\left(\frac{1\times(-1)+2\times(-4)}{1+2},\ \frac{1\times(-4)+2\times8}{1+2}\right)$

즉, P$(-3,\ 4)$

(2) 선분 AB를 3 : 2로 내분하는 점 Q의 좌표는

$Q\left(\frac{3\times(-1)+2\times(-4)}{3+2},\ \frac{3\times(-4)+2\times8}{3+2}\right)$

즉, Q$\left(-\frac{11}{5},\ \frac{4}{5}\right)$

(3) 선분 AB를 1 : 2로 외분하는 점 R의 좌표는

$R\left(\frac{1\times(-1)-2\times(-4)}{1-2},\ \frac{1\times(-4)-2\times8}{1-2}\right)$

즉, R$(-7,\ 20)$

(4) 선분 AB를 3 : 2로 외분하는 점 S의 좌표는

$S\left(\frac{3\times(-1)-2\times(-4)}{3-2},\ \frac{3\times(-4)-2\times8}{3-2}\right)$

즉, S$(5,\ -28)$

05 (1) 삼각형 ABC의 무게중심 G의 좌표는

$G\left(\frac{(-10)+8+(-4)}{3},\ \frac{7+(-3)+(-1)}{3}\right)$

즉, G$(-2,\ 1)$

(2) 삼각형 ABC의 무게중심 G의 좌표는

$G\left(\frac{2+1+(-6)}{3},\ \frac{(-1)+(-3)+(-5)}{3}\right)$

즉, G$(-1,\ -3)$

빈출 문제로 실전 연습

본문 ☞ 53쪽

01 ③ **02** 14 **03** ⑤ **04** 37 **05** ③ **06** $\frac{3}{5}$시간

07 R$\left(\frac{14}{3},\ \frac{2}{3}\right)$

01 $\overline{PQ}=\sqrt{(6-2)^2+(a-1)^2}=5$

양변을 제곱하여 정리하면 $a^2-2a-8=0$

$(a+2)(a-4)=0 \quad \therefore a=-2$ 또는 $a=4$

점 Q$(6,\ a)$가 제1사분면 위의 점이므로 $a>0$

$\therefore a=4$

답 ③

02 $\overline{AP}^2=(a-1)^2+(b-2)^2,\ \overline{BP}^2=(a+1)^2+(b+1)^2,$

$\overline{CP}^2=(a-3)^2+(b-2)^2$이므로

$\overline{AP}^2+\overline{BP}^2+\overline{CP}^2=3a^2-6a+3b^2-6b+20$

$=3(a-1)^2+3(b-1)^2+14$

따라서 $\overline{AP}^2+\overline{BP}^2+\overline{CP}^2$은 $a=1,\ b=1$일 때 최솟값 14를 갖는다.

답 14

03 선분 AB를 2 : 1로 내분하는 점 P의 좌표는

$P\left(\frac{2\times6+1\times0}{2+1},\ \frac{2\times a+1\times(-2)}{2+1}\right)$, 즉 $P\left(4,\ \frac{2a-2}{3}\right)$

따라서 $b=4,\ \frac{2a-2}{3}=0$이므로

$a=1,\ b=4 \quad \therefore a+b=5$

답 ⑤

04 $\overline{AB}=4\overline{BC}$에서 $\overline{AB}:\overline{BC}=4:1$이고, 점 C가 선분 AB 위의 점이므로 점 C는 선분 AB를 3 : 1로 내분하는 점이다.

$a=\frac{3\times2+1\times(-2)}{3+1}=1,\ b=\frac{3\times9+1\times(-3)}{3+1}=6$

$\therefore a^2+b^2=1^2+6^2=37$

답 37

05 두 점 B, C의 좌표를 각각 B$(x_1,\ y_1)$, C$(x_2,\ y_2)$라 하면

선분 BC의 중점이 M$(-2,\ 2)$이므로

$\frac{x_1+x_2}{2}=-2,\ \frac{y_1+y_2}{2}=2$

$\therefore x_1+x_2=-4,\ y_1+y_2=4$

삼각형 ABC의 무게중심이 G$(a,\ b)$이므로

$a=\frac{2+x_1+x_2}{3}=\frac{2+(-4)}{3}=-\frac{2}{3}$

$b=\frac{8+y_1+y_2}{3}=\frac{8+4}{3}=4$

$\therefore 3ab=3\times\left(-\frac{2}{3}\right)\times4=-8$

답 ③

다른 풀이 점 G$(a,\ b)$는 선분 AM을 2 : 1로 내분하는 점이므로

$a=\frac{2\times(-2)+1\times2}{2+1}=-\frac{2}{3},\ b=\frac{2\times2+1\times8}{2+1}=4$

$\therefore 3ab=3\times\left(-\frac{2}{3}\right)\times4=-8$

06 지점 O를 원점으로 하는 좌표평면을 생각하면 출발한 지 t시간 후 수지가 위치한 지점의 좌표는 $(0, 8t)$, 지민이가 위치한 지점의 좌표는 $(10-6t, 0)$이므로 t시간 후 두 사람 사이의 거리는

$$\sqrt{(10-6t)^2+(-8t)^2}=\sqrt{100-120t+36t^2+64t^2}$$
$$=\sqrt{100t^2-120t+100}$$
$$=\sqrt{100\left(t-\frac{3}{5}\right)^2+64}$$

따라서 두 사람 사이의 거리가 가장 가까워지는 것은 $t=\frac{3}{5}$일 때이므로 $\frac{3}{5}$시간 후이다.

답 $\frac{3}{5}$시간

07 $\overline{OP}=\sqrt{3^2+4^2}=\sqrt{25}=5$

$\overline{OQ}=\sqrt{8^2+(-6)^2}=\sqrt{100}=10$

삼각형 POQ에서 각의 이등분선의 성질에 의하여

$\overline{PR}:\overline{RQ}=\overline{OP}:\overline{OQ}=5:10=1:2$

즉, 점 R는 선분 PQ를 $1:2$로 내분하는 점이므로

$R\left(\frac{1\times8+2\times3}{1+2}, \frac{1\times(-6)+2\times4}{1+2}\right)$

$\therefore R\left(\frac{14}{3}, \frac{2}{3}\right)$

답 $R\left(\frac{14}{3}, \frac{2}{3}\right)$

Ⅲ. 도형의 방정식

08강 직선의 방정식

교과서 필수 개념 1 직선의 방정식

본문 ☞ 54쪽

대표예제 ① 선분 AB의 중점의 좌표는

$\left(\frac{5+(-1)}{2}, \frac{-3+(-5)}{2}\right)$, 즉 $(2, -4)$

따라서 점 $(2, -4)$를 지나고 기울기가 -1인 직선의 방정식은

$y-(-4)=-(x-2)$ $\therefore y=-x-2$

답 $y=-x-2$

유제 1-1 (1) 구하는 직선의 기울기는 $\tan60°=\sqrt{3}$

따라서 구하는 직선의 방정식은

$y-1=\sqrt{3}(x-\sqrt{3})$ $\therefore y=\sqrt{3}x-2$

(2) x절편이 3, y절편이 6인 직선은 두 점 $(3, 0)$, $(0, 6)$을 지나므로 구하는 직선의 방정식은

$y-0=\frac{6-0}{0-3}(x-3)$ $\therefore y=-2x+6$

답 (1) $y=\sqrt{3}x-2$ (2) $y=-2x+6$

다른 풀이 (2) x절편이 3, y절편이 6이므로

$\frac{x}{3}+\frac{y}{6}=1$, 즉 $y=-2x+6$

유제 1-2 두 점 $A(2, -2)$, $B(4, -6)$을 지나는 직선의 방정식은

$y-(-2)=\frac{-6-(-2)}{4-2}(x-2)$

$y+2=-2(x-2)$, 즉 $y=-2x+2$

즉, 점 $C(a+4, 4a)$가 직선 $y=-2x+2$ 위에 있으므로

$4a=-2(a+4)+2$, $6a=-6$

$\therefore a=-1$

답 -1

대표예제 ② 일차방정식 $kx+(k-4)y+3+k=0$이 나타내는 도형은

(i) $k=0$이면 $y=\frac{3}{4}$이므로 x축에 평행한 직선이다.

(ii) $k=4$이면 $x=-\frac{7}{4}$이므로 y축에 평행한 직선이다.

(iii) $k\neq0$, $k\neq4$이면 $y=-\frac{k}{k-4}x-\frac{k+3}{k-4}$이므로 기울기가 $-\frac{k}{k-4}$이고, y절편이 $-\frac{k+3}{k-4}$인 직선이다.

기울기가 양수이려면 $-\frac{k}{k-4}>0$에서 $\frac{k}{k-4}<0$

이때 k와 $k-4$는 서로 다른 부호이므로

$k(k-4)<0$ $\therefore 0<k<4$

(i), (ii), (iii)에 의하여 $0<k<4$

답 $0<k<4$

유제 2-1 일차방정식 $(k-1)x+ky-2=0$이 나타내는 도형이 x축에 평행한 직선이 되려면 $k-1=0$, $k\neq0$이어야 하므로

$k=1$

답 1

교과서 필수 개념 2 두 직선의 교점을 지나는 직선의 방정식

본문 ☞ 55쪽

대표예제 ③ 주어진 두 직선의 교점을 지나는 직선의 방정식은

$x+2y-5+k(3x-2y+1)=0$ (단, k는 실수)

이 직선이 원점을 지나므로

$-5+k=0$ $\therefore k=5$

따라서 구하는 직선의 방정식은

$x+2y-5+5(3x-2y+1)=0$ $\therefore 2x-y=0$

답 $2x-y=0$

다른 풀이 두 직선 $x+2y-5=0$, $3x-2y+1=0$의 교점의 좌표는 $(1, 2)$이므로 점 $(1, 2)$와 원점을 지나는 직선의 방정식은

$y=2x$

유제 3-1 주어진 두 직선의 교점을 지나는 직선의 방정식은

$2x+y+4+k(x-y+2)=0$ (단, k는 실수)

이 직선이 점 $(1, 1)$을 지나므로

$2+1+4+k(1-1+2)=0$ $\therefore k=-\frac{7}{2}$

따라서 구하는 직선의 방정식은

$2x+y+4-\frac{7}{2}(x-y+2)=0$

$\therefore x-3y+2=0$

답 $x-3y+2=0$

교과서 필수 개념 3 두 직선의 위치 관계

본문 ☞ 55쪽

대표예제 4 두 점 $(-1,\ -7)$, $(-3,\ 11)$을 지나는 직선의 기울기는

$\dfrac{11-(-7)}{-3-(-1)}=-9$

따라서 기울기가 -9이고 점 $(1,\ 0)$을 지나는 직선의 방정식은

$y=-9(x-1)$

$\therefore\ y=-9x+9$

답 $y=-9x+9$

(1) 두 직선 $y=ax+b$, $y=3x+5$가 서로 평행하므로

$a=3$

따라서 직선 $y=3x+b$가 점 $(2,\ 1)$을 지나므로

$1=6+b \qquad \therefore\ b=-5$

(2) 두 직선 $kx+2y-3=0$, $(k-5)x+4y+1=0$이 서로 평행하려면

$\dfrac{k}{k-5}=\dfrac{2}{4}\neq\dfrac{-3}{1}$

$4k=2k-10 \qquad \therefore\ k=-5$

답 (1) $a=3,\ b=-5$ (2) -5

직선 $y=3x+2$의 기울기는 3이므로 구하는 직선의 기울기를 m이라 하면

$3\times m=-1 \qquad \therefore\ m=-\dfrac{1}{3}$

따라서 기울기가 $-\dfrac{1}{3}$이고 점 $(2,\ 4)$를 지나는 직선의 방정식은

$y-4=-\dfrac{1}{3}(x-2)$

$\therefore\ y=-\dfrac{1}{3}x+\dfrac{14}{3}$

답 $y=-\dfrac{1}{3}x+\dfrac{14}{3}$

두 점 $\mathrm{A}(-1,\ 3)$, $\mathrm{B}(1,\ -1)$을 지나는 직선의 기울기는

$\dfrac{-1-3}{1-(-1)}=-2$

이때 직선 AB에 수직인 직선의 기울기를 m이라 하면

$(-2)\times m=-1 \qquad \therefore\ m=\dfrac{1}{2}$

선분 AB의 중점의 좌표는

$\left(\dfrac{-1+1}{2},\ \dfrac{3+(-1)}{2}\right)$, 즉 $(0,\ 1)$

따라서 선분 AB의 수직이등분선은 기울기가 $\dfrac{1}{2}$이고 점 $(0,\ 1)$을 지나는 직선이므로 그 방정식은

$y-1=\dfrac{1}{2}(x-0) \qquad \therefore\ y=\dfrac{1}{2}x+1$

답 $y=\dfrac{1}{2}x+1$

교과서 필수 개념 4 점과 직선 사이의 거리

본문 ☞ 56쪽

(1) $\dfrac{|3\times2+4\times2+1|}{\sqrt{3^2+4^2}}=3$

(2) 점 $\mathrm{P}(0,\ 0)$과 직선 $y=-2x+5$, 즉 $2x+y-5=0$ 사이의 거리는

$\dfrac{|-5|}{\sqrt{2^2+1^2}}=\sqrt{5}$

답 (1) 3 (2) $\sqrt{5}$

유제 6-1 $\dfrac{|a\times3+2\times(-2)+1|}{\sqrt{a^2+2^2}}=3$, $|3a-3|=3\sqrt{a^2+4}$

위 식의 양변을 제곱하여 정리하면

$18a+27=0 \qquad \therefore\ a=-\dfrac{3}{2}$

답 $-\dfrac{3}{2}$

대표예제 7 구하는 직선의 방정식을 $y=mx+n$ (m, n은 상수)이라 하면 이 직선은 직선 $3x+4y-1=0$, 즉 $y=-\dfrac{3}{4}x+\dfrac{1}{4}$에 수직이므로

$m\times\left(-\dfrac{3}{4}\right)=-1 \qquad \therefore\ m=\dfrac{4}{3}$

즉, 구하는 직선의 방정식은

$y=\dfrac{4}{3}x+n \qquad \therefore\ 4x-3y+3n=0$

원점과 이 직선 사이의 거리가 2이므로

$\dfrac{|3n|}{\sqrt{4^2+(-3)^2}}=2$, $\dfrac{|3n|}{5}=2 \qquad \therefore\ 3n=\pm10$

따라서 구하는 직선의 방정식은

$4x-3y+10=0$, $4x-3y-10=0$

답 $4x-3y+10=0$, $4x-3y-10=0$

직선 $y=-2x+3$의 기울기는 -2이므로 이 직선과 평행한 직선의 방정식을 $y=-2x+n$, 즉 $2x+y-n=0$ (n은 상수)이라 하자.

원점과 이 직선 사이의 거리가 $\sqrt{5}$이므로

$\dfrac{|-n|}{\sqrt{2^2+1^2}}=\sqrt{5} \qquad \therefore\ n=\pm5$

따라서 구하는 직선의 방정식은 $2x+y+5=0$, $2x+y-5=0$

답 $2x+y+5=0$, $2x+y-5=0$

유제 7-2 구하는 직선의 기울기를 m이라 하면 점 $(1,\ 1)$을 지나므로 구하는 직선의 방정식은

$y-1=m(x-1)$, 즉 $mx-y-m+1=0$

원점과 이 직선 사이의 거리가 $\sqrt{2}$이므로

$\dfrac{|-m+1|}{\sqrt{m^2+(-1)^2}}=\sqrt{2}$, $|m-1|=\sqrt{2}\sqrt{m^2+1}$

위 식의 양변을 제곱하여 정리하면

$(m+1)^2=0 \qquad \therefore\ m=-1$

따라서 구하는 직선의 방정식은

$-x-y+2=0 \qquad \therefore\ x+y-2=0$

답 $x+y-2=0$

주어진 두 직선 사이의 거리는 직선 $2x-3y-2=0$ 위의 한 점 $(1,\ 0)$과 직선 $2x-3y+k=0$ 사이의 거리와 같으므로

$\dfrac{|2+k|}{\sqrt{2^2+(-3)^2}}=\sqrt{13}$

$|k+2|=13 \qquad \therefore\ k=-15$ 또는 $k=11$

따라서 모든 실수 k의 값의 합은 $-15+11=-4$

답 -4

유제 8-1 주어진 두 직선 사이의 거리는 직선 $3x+4y-4=0$ 위의 한 점 $(0,\ 1)$과 직선 $3x+4y+k=0$ 사이의 거리와 같으므로

$\frac{|4+k|}{\sqrt{3^2+4^2}}=2,\ |k+4|=10$

$\therefore k=6\ (\because k>0)$ 답 6

핵심 개념 & 공식 리뷰

본문 ☞ 57쪽

01 (1) ○ (2) ○ (3) × (4) ○ (5) ○ (6) × (7) × (8) ○

02 (1) $\frac{\sqrt{3}}{3}$ (2) 1 (3) -5 (4) -3

03 (1) $y=4x-10$ (2) $y=-\frac{1}{2}x+2$ (3) $y=\frac{1}{3}x-\frac{7}{3}$

04 (1) 수직 (2) 평행 (3) 일치

05 (1) $5\sqrt{2}$ (2) $\frac{7\sqrt{2}}{3}$

06 (1) $\frac{3\sqrt{2}}{2}$ (2) $\frac{4\sqrt{5}}{15}$

02 (1) x축의 양의 방향과 이루는 각의 크기가 $30°$인 직선의 기울기는 $\tan 30°=\frac{\sqrt{3}}{3}$

(2) 두 점 $(-4,\ -2)$, $(2,\ 4)$를 지나는 직선의 기울기는

$\frac{4-(-2)}{2-(-4)}=1$

(3) x절편이 1, y절편이 5인 직선은 두 점 $(1,\ 0)$, $(0,\ 5)$를 지나므로 구하는 직선의 기울기는 $\frac{5-0}{0-1}=-5$

(4) 구하는 직선의 기울기는 두 점 $(7,\ -5)$, $(2,\ 10)$을 지나는 직선의 기울기와 같으므로 $\frac{10-(-5)}{2-7}=-3$

다른 풀이 (3) x절편이 1, y절편이 5인 직선의 방정식은

$x+\frac{y}{5}=1$, 즉 $y=-5x+5$이므로 기울기는 -5

03 (1) 점 $(3,\ 2)$를 지나고 기울기가 4인 직선의 방정식은

$y-2=4(x-3)$ $\therefore y=4x-10$

(2) 직선 $y=2x-6$의 기울기는 2이므로 구하는 직선의 기울기를 m이라 하면

$2\times m=-1$ $\therefore m=-\frac{1}{2}$

따라서 기울기가 $-\frac{1}{2}$이고 점 $(-2,\ 3)$을 지나는 직선의 방정식은

$y-3=-\frac{1}{2}(x+2)$ $\therefore y=-\frac{1}{2}x+2$

(3) 두 점 $A(-2,\ 7)$, $B(4,\ -11)$을 지나는 직선의 기울기는

$\frac{-11-7}{4-(-2)}=-3$

이때 직선 AB에 수직인 직선의 기울기를 m이라 하면

$(-3)\times m=-1$ $\therefore m=\frac{1}{3}$

선분 AB의 중점의 좌표는

$\left(\frac{(-2)+4}{2},\ \frac{7+(-11)}{2}\right)$, 즉 $(1,\ -2)$

따라서 선분 AB의 수직이등분선은 기울기가 $\frac{1}{3}$이고 점 $(1,\ -2)$를 지나는 직선이므로 그 방정식은

$y-(-2)=\frac{1}{3}(x-1)$ $\therefore y=\frac{1}{3}x-\frac{7}{3}$

04 (1) 직선 $y=-\frac{3}{2}x-1$, 즉 $3x+2y+2=0$과 직선 $2x-3y+12=0$의 위치 관계는 $3\times2+2\times(-3)=0$이므로 두 직선은 수직이다.

(2) 두 직선 $3x+4y-8=0$, $3x+4y+20=0$의 위치 관계는

$\frac{3}{3}=\frac{4}{4}\neq\frac{-8}{20}$이므로 두 직선은 평행하다.

(3) 직선 $y=\frac{1}{2}x-5$, 즉 $x-2y-10=0$과 직선 $3x-6y-30=0$의 위치 관계는 $\frac{1}{3}=\frac{-2}{-6}=\frac{-10}{-30}$이므로 두 직선은 일치한다.

다른 풀이 (1) $2x-3y+12=0$에서 $y=\frac{2}{3}x+4$

따라서 두 직선의 기울기의 곱은 $\left(-\frac{3}{2}\right)\times\frac{2}{3}=-1$이므로 두 직선은 수직이다.

05 (1) $\frac{|1\times(-4)-1\times3-3|}{\sqrt{1^2+(-1)^2}}=5\sqrt{2}$

(2) $\frac{|-4\times6+\sqrt{2}\times\sqrt{2}+8|}{\sqrt{(-4)^2+(\sqrt{2})^2}}=\frac{14}{3\sqrt{2}}=\frac{7\sqrt{2}}{3}$

06 (1) 주어진 두 직선 사이의 거리는 직선 $x-y-1=0$ 위의 한 점 $(1,\ 0)$과 직선 $y=x+2$, 즉 $x-y+2=0$ 사이의 거리와 같으므로

$\frac{|1+2|}{\sqrt{1^2+(-1)^2}}=\frac{3\sqrt{2}}{2}$

(2) 주어진 두 직선 사이의 거리는 직선 $y=-\frac{1}{2}x+1$ 위의 한 점 $(0,\ 1)$과 직선 $3x+6y-2=0$ 사이의 거리와 같으므로

$\frac{|6-2|}{\sqrt{3^2+6^2}}=\frac{4}{3\sqrt{5}}=\frac{4\sqrt{5}}{15}$

빈출 문제로 실전 연습

본문 ☞ 58~59쪽

01 ③ **02** ⑤ **03** ④ **04** ③ **05** ④ **06** ⑤

07 ② **08** 34 **09** ③ **10** $\frac{1}{6}<m<\frac{3}{2}$ **11** ④

12 9

01 두 점 $(-1,\ 2)$, $(2,\ a)$를 지나는 직선의 방정식은

$y-2=\frac{a-2}{2-(-1)}(x+1)$ $\therefore y=\frac{a-2}{3}x+\frac{a+4}{3}$

이 직선이 y축과 만나는 점의 좌표가 $(0,\ 4)$이므로

$\frac{a+4}{3}=4 \qquad \therefore a=8$

답 ③

다른 풀이 구하는 직선은 두 점 $(-1,\ 2)$, $(0,\ 4)$를 지나므로 직선의 방정식은

$y-4=\frac{4-2}{0-(-1)}(x-0) \qquad \therefore y=2x+4$

점 $(2,\ a)$가 직선 $y=2x+4$ 위의 점이므로

$a=2\times2+4=8$

02 (직선 AB의 기울기)=(직선 BC의 기울기)이므로

$\frac{k-7}{0+3}=\frac{-3-k}{(k+1)-0}$, $(k-7)(k+1)=-3k-9$

$k^2-3k+2=0$, $(k-1)(k-2)=0$

$\therefore k=1$ 또는 $k=2$

따라서 모든 실수 k의 값의 합은 $1+2=3$

답 ⑤

Core 특강

세 점이 한 직선 위에 있을 조건

세 점 A, B, C가 한 직선 위에 있다.

→ (직선 AB의 기울기)=(직선 BC의 기울기)=(직선 CA의 기울기)

03 점 A를 지나는 직선이 삼각형 ABC의 넓이를 이등분하려면 선분 BC의 중점을 지나야 한다.

선분 BC의 중점을 M이라 하면 점 M의 좌표는

$M\left(\frac{-2+4}{2},\ \frac{1+(-1)}{2}\right)$, 즉 $M(1,\ 0)$

따라서 구하는 직선은 두 점 $A(2,\ 5)$, $M(1,\ 0)$을 지나므로 그 기울기는 $\frac{0-5}{1-2}=5$

답 ④

Core 특강

삼각형의 넓이를 이등분하는 직선

$\triangle ABC$의 꼭짓점 A를 지나면서 그 넓이를 이등분하는 직선

→ $\overline{BC}$의 중점을 지난다.

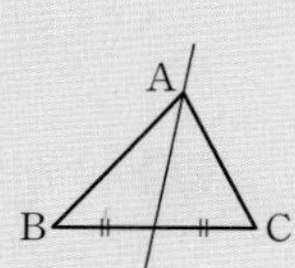

04 직선 $\frac{x}{a}+\frac{y}{3}=1\ (a>0)$의 x절편은 a, y절편은 3이고 이 직선과 x축 및 y축으로 둘러싸인 부분의 넓이는 6이므로

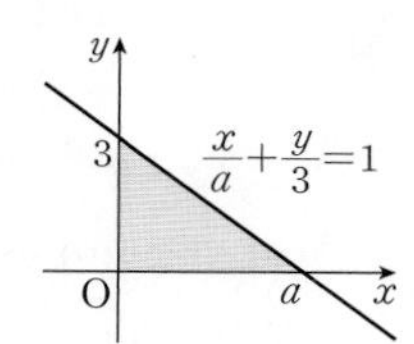

$\frac{1}{2}\times a\times3=6 \qquad \therefore a=4$

따라서 직선 $\frac{x}{4}+\frac{y}{3}=1$, 즉 $y=-\frac{3}{4}x+3$의 기울기는 $-\frac{3}{4}$이다.

답 ③

05 두 직선 $y=\frac{5-k}{4}x+3$, $y=5-kx$가 서로 수직이므로

$\frac{5-k}{4}\times(-k)=-1$, $k^2-5k+4=0$

$(k-1)(k-4)=0 \qquad \therefore k=1$ 또는 $k=4$

따라서 모든 상수 k의 값의 곱은 $1\times4=4$

답 ④

06 직선 $2x+ay+5=0$이 직선 $2x-(b-3)y+2=0$에 평행하므로

$\frac{2}{2}=\frac{a}{-(b-3)}\neq\frac{5}{2}$에서 $a=-b+3 \qquad \therefore a+b=3$

직선 $2x+ay+5=0$이 직선 $(a+1)x-(b+2)y+3=0$에 수직이므로

$2\times(a+1)+a\times(-b-2)=0 \qquad \therefore ab=2$

$\therefore a^2+b^2=(a+b)^2-2ab=3^2-2\times2=5$

답 ⑤

07 점 $(k,\ 0)$과 두 직선 $3x+6y-2=0$, $6x-3y+1=0$ 사이의 거리가 서로 같으므로

$\frac{|3k-2|}{\sqrt{3^2+6^2}}=\frac{|6k+1|}{\sqrt{6^2+(-3)^2}}$

$|3k-2|=|6k+1|$

$3k-2=\pm(6k+1)$

$3k-2=6k+1$ 또는 $3k-2=-6k-1$

$\therefore k=-1$ 또는 $k=\frac{1}{9}$

따라서 모든 실수 k의 값의 곱은

$(-1)\times\frac{1}{9}=-\frac{1}{9}$

답 ②

08 두 직선 $3x-4y+20=0$, $ax-4y+b=0$이 서로 평행하므로

$\frac{3}{a}=\frac{-4}{-4}\neq\frac{20}{b} \qquad \therefore a=3$

원점과 직선 $3x-4y+b=0$ 사이의 거리가 1이므로

$\frac{|b|}{\sqrt{3^2+(-4)^2}}=\frac{|b|}{5}=1$에서 $b^2=25$

$\therefore a^2+b^2=3^2+25=34$

답 34

09 $3x-y+3=0$에서

$y=0$일 때 $x=-1$이고,

$x=0$일 때 $y=3$이므로

$A(-1,\ 0)$, $B(0,\ 3)$

$\therefore \overline{AB}=\sqrt{(0+1)^2+(3-0)^2}$

$=\sqrt{10}$

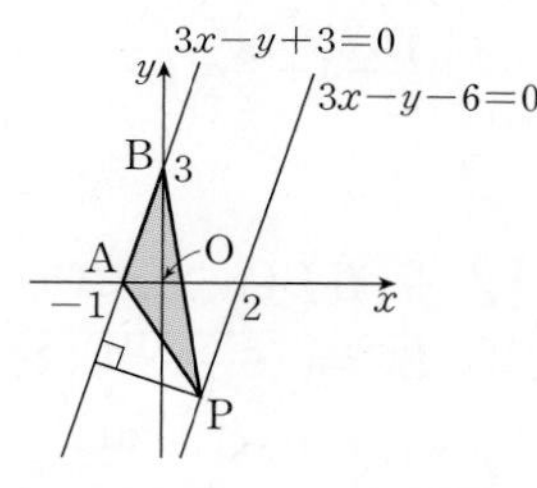

한편, 두 직선 $3x-y+3=0$, $3x-y-6=0$은 서로 평행하므로 점 P와 직선 AB 사이의 거리는 직선 $3x-y+3=0$ 위의 한 점 $A(-1,\ 0)$과 직선 $3x-y-6=0$ 사이의 거리와 같다. 즉,

$\frac{|3\times(-1)-6|}{\sqrt{3^2+(-1)^2}}=\frac{9}{\sqrt{10}}$

$\therefore \triangle ABP=\frac{1}{2}\times\sqrt{10}\times\frac{9}{\sqrt{10}}=\frac{9}{2}$

답 ③

10 직선 $mx-y-6m+3=0$을 m에 대하여 정리하면

$m(x-6)-y+3=0 \qquad \cdots\cdots$ ㉠

직선 ㉠이 m의 값에 관계없이 항상 지나는 점의 좌표는

$x-6=0$, $-y+3=0$에서

$x=6$, $y=3$, 즉 $(6,\ 3)$

이때 m의 값에 관계없이 점 (6, 3)을 지나는 직선 ㉠과 직선 $x+2y=4$의 교점이 제1사분면 위에 있으려면 오른쪽 그림과 같이 직선 ㉠이 점 (4, 0)을 지나거나 점 (0, 2)를 지나는 직선 사이에 있어야 한다.

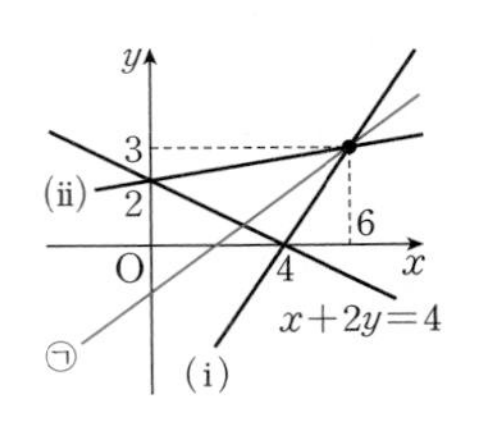

(i) 직선 ㉠이 점 (4, 0)을 지날 때

$-2m+3=0 \quad \therefore m=\frac{3}{2}$

(ii) 직선 ㉠이 점 (0, 2)를 지날 때

$-6m+1=0 \quad \therefore m=\frac{1}{6}$

(i), (ii)에 의하여 실수 m의 값의 범위는

$\frac{1}{6}<m<\frac{3}{2}$

답 $\frac{1}{6}<m<\frac{3}{2}$

11 $x-2y=-4$에서 $y=\frac{1}{2}x+2$ ...... ㉠

$4x-y=5$에서 $y=4x-5$ ...... ㉡

$ax-y=0$에서 $y=ax$ ...... ㉢

㉠, ㉡을 연립하여 풀면 $x=2$, $y=3$

즉, 두 직선 ㉠, ㉡의 교점의 좌표는 (2, 3)

(i) 세 직선 ㉠, ㉡, ㉢에 의하여 생기는 교점이 2개인 경우

직선 ㉢이 직선 ㉠ 또는 직선 ㉡과 평행해야 하므로

$a=\frac{1}{2}$ 또는 $a=4$

(ii) 세 직선 ㉠, ㉡, ㉢에 의하여 생기는 교점이 1개인 경우

직선 ㉢이 두 직선 ㉠, ㉡의 교점 (2, 3)을 지나야 하므로

$3=2a \quad \therefore a=\frac{3}{2}$

(i), (ii)에 의하여 모든 실수 a의 값의 합은

$\frac{1}{2}+4+\frac{3}{2}=6$

답 ④

12 두 점 B(1, 1), C(5, 3)에 대하여

$\overline{BC}=\sqrt{(5-1)^2+(3-1)^2}=2\sqrt{5}$

두 점 B, C를 지나는 직선의 방정식은

$y-1=\frac{3-1}{5-1}(x-1) \quad \therefore x-2y+1=0$

점 A(2, 6)과 직선 $x-2y+1=0$ 사이의 거리 d는

$d=\frac{|2-2\times6+1|}{\sqrt{1^2+(-2)^2}}=\frac{9\sqrt{5}}{5}$

$\therefore \triangle ABC=\frac{1}{2}\times\overline{BC}\times d=\frac{1}{2}\times2\sqrt{5}\times\frac{9\sqrt{5}}{5}=9$

답 9

Core 특강

세 꼭짓점의 좌표가 주어진 삼각형의 넓이

세 점 A, B, C를 꼭짓점으로 하는 삼각형 ABC의 넓이는 다음과 같이 구한다.

(i) $\overline{BC}$의 길이와 직선 BC의 방정식을 구한다.

(ii) 점 A와 직선 BC 사이의 거리 d를 구한다.

→ $\triangle ABC=\frac{1}{2}\times\overline{BC}\times d$

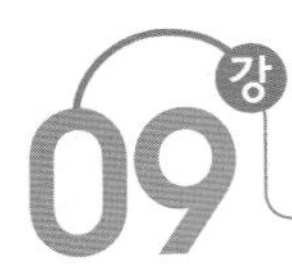

09강 원의 방정식

교과서 필수 개념 1 원의 방정식

본문 ☞ 60쪽

대표예제 1 구하는 원의 중심은 선분 AB의 중점이므로 원의 중심의 좌표는

$\left(\frac{4+0}{2}, \frac{-1+3}{2}\right)$, 즉 (2, 1)

또한, 원의 반지름의 길이는

$\frac{1}{2}\overline{AB}=\frac{1}{2}\sqrt{(0-4)^2+(3+1)^2}=2\sqrt{2}$

따라서 구하는 원의 방정식은

$(x-2)^2+(y-1)^2=(2\sqrt{2})^2 \quad \therefore (x-2)^2+(y-1)^2=8$

답 $(x-2)^2+(y-1)^2=8$

참고 원의 중심이 점 C(2, 1)이므로 원의 반지름의 길이를 $\overline{AC}=\sqrt{(2-4)^2+(1+1)^2}=2\sqrt{2}$와 같이 구할 수도 있다.

유제 1-1 (1) 구하는 원의 중심은 선분 AB의 중점이므로 원의 중심의 좌표는

$\left(\frac{5+(-1)}{2}, \frac{2+(-2)}{2}\right)$, 즉 (2, 0)

또한, 원의 반지름의 길이는

$\frac{1}{2}\overline{AB}=\frac{1}{2}\sqrt{(-1-5)^2+(-2-2)^2}=\sqrt{13}$

따라서 구하는 원의 방정식은

$(x-2)^2+y^2=13$

(2) 중심이 점 (−3, 2)이고 y축에 접하는 원의 반지름의 길이는

$|-3|=3$

따라서 구하는 원의 방정식은

$(x+3)^2+(y-2)^2=9$

답 (1) $(x-2)^2+y^2=13$ (2) $(x+3)^2+(y-2)^2=9$

참고 (1) 원의 중심이 점 C(2, 0)이므로 원의 반지름의 길이를 $\overline{AC}=\sqrt{(2-5)^2+(0-2)^2}=\sqrt{13}$과 같이 구할 수도 있다.

유제 1-2 $x^2+y^2-4x+2y+k=0$에서

$(x^2-4x+4)+(y^2+2y+1)=5-k$

$\therefore (x-2)^2+(y+1)^2=5-k$

이 방정식이 원을 나타내려면 $5-k>0$이어야 한다.

$\therefore k<5$

답 $k<5$

대표예제 2 원의 중심을 점 P(a, b)라 하면 $\overline{PA}=\overline{PB}=\overline{PC}$

$\overline{PA}=\overline{PB}$에서 $\overline{PA}^2=\overline{PB}^2$이므로

$(a-1)^2+(b-2)^2=(a+3)^2+b^2$

$\therefore 2a+b+1=0$ ...... ㉠

$\overline{PB}=\overline{PC}$에서 $\overline{PB}^2=\overline{PC}^2$이므로

$(a+3)^2+b^2=(a+6)^2+(b-1)^2$

$\therefore 3a-b+14=0$ ...... ㉡

㉠, ㉡을 연립하여 풀면 $a=-3$, $b=5$

따라서 원의 중심은 점 P$(-3, 5)$이고 반지름의 길이는
$\overline{PB}=\sqrt{(-3+3)^2+5^2}=5$
이므로 구하는 원의 방정식은
$(x+3)^2+(y-5)^2=25$ 답 $(x+3)^2+(y-5)^2=25$

유제 2-1 원의 중심을 점 P(a, b)라 하면 $\overline{PA}=\overline{PB}=\overline{PC}$
$\overline{PA}=\overline{PB}$에서 $\overline{PA}^2=\overline{PB}^2$이므로
$a^2+b^2=(a+1)^2+(b+1)^2$
$\therefore a+b+1=0$ ······ ㉠
$\overline{PA}=\overline{PC}$에서 $\overline{PA}^2=\overline{PC}^2$이므로
$a^2+b^2=(a-4)^2+b^2$
$-8a+16=0$ $\therefore a=2$
$a=2$를 ㉠에 대입하면 $b=-3$
따라서 원의 중심은 점 P$(2, -3)$이고 반지름의 길이는
$\overline{PA}=\sqrt{2^2+(-3)^2}=\sqrt{13}$
이므로 구하는 원의 방정식은
$(x-2)^2+(y+3)^2=13$ 답 $(x-2)^2+(y+3)^2=13$

교과서 필수 개념 2 원과 직선의 위치 관계

본문 ☞ 61쪽

대표 예제 ③ 원 $x^2+y^2-4x-2=0$, 즉 $(x-2)^2+y^2=6$의 반지름의 길이는 $\sqrt{6}$이고, 이 원의 중심 $(2, 0)$과 직선 $y=-x+2$, 즉 $x+y-2=0$ 사이의 거리를 d라 하면
$d=\dfrac{|2-2|}{\sqrt{1^2+1^2}}=0<\sqrt{6}$
따라서 원과 직선은 서로 다른 두 점에서 만난다.
답 서로 다른 두 점에서 만난다.

유제 3-1 원 $x^2+y^2+4x-2y=0$, 즉 $(x+2)^2+(y-1)^2=5$의 반지름의 길이는 $\sqrt{5}$이고, 이 원의 중심 $(-2, 1)$과 직선 $y=2x-1$, 즉 $2x-y-1=0$ 사이의 거리를 d라 하면
$d=\dfrac{|2\times(-2)-1-1|}{\sqrt{2^2+(-1)^2}}=\dfrac{6\sqrt{5}}{5}>\sqrt{5}$
따라서 원과 직선은 만나지 않는다. 답 만나지 않는다.

유제 3-2 $x-2y-10=0$에서 $x=2y+10$
이를 $x^2+y^2-6x+2y+5=0$에 대입하면
$(2y+10)^2+y^2-6(2y+10)+2y+5=0$
$5y^2+30y+45=0$ $\therefore y^2+6y+9=0$
이 이차방정식의 판별식을 D라 하면
$\dfrac{D}{4}=3^2-9=0$
따라서 교점의 개수는 1이다. 답 1
다른 풀이 원 $x^2+y^2-6x+2y+5=0$, 즉 $(x-3)^2+(y+1)^2=5$의 반지름의 길이는 $\sqrt{5}$이고, 이 원의 중심 $(3, -1)$과 직선 $x-2y-10=0$ 사이의 거리를 d라 하면
$d=\dfrac{|3-2\times(-1)-10|}{\sqrt{1^2+(-2)^2}}=\dfrac{5}{\sqrt{5}}=\sqrt{5}$
따라서 원과 직선은 한 점에서 만나므로 교점의 개수는 1이다.

대표 예제 ④ $y=2x+k$를 $x^2+y^2=4$에 대입하면
$x^2+(2x+k)^2=4$
$\therefore 5x^2+4kx+k^2-4=0$
이 이차방정식의 판별식을 D라 하면
$\dfrac{D}{4}=(2k)^2-5(k^2-4)=20-k^2$
원과 직선이 서로 다른 두 점에서 만나려면 $D>0$이어야 하므로
$20-k^2>0$
$\therefore -2\sqrt{5}<k<2\sqrt{5}$ 답 $-2\sqrt{5}<k<2\sqrt{5}$
다른 풀이 원의 중심 $(0, 0)$과 직선 $y=2x+k$, 즉 $2x-y+k=0$ 사이의 거리를 d라 하면
$d=\dfrac{|k|}{\sqrt{2^2+(-1)^2}}=\dfrac{|k|}{\sqrt{5}}$
원의 반지름의 길이가 2이므로 원과 직선이 서로 다른 두 점에서 만나려면 $d<2$이어야 한다.
$\dfrac{|k|}{\sqrt{5}}<2$, $|k|<2\sqrt{5}$
$\therefore -2\sqrt{5}<k<2\sqrt{5}$

유제 4-1 $y=kx+2$를 $x^2+y^2=1$에 대입하면
$x^2+(kx+2)^2=1$
$\therefore (k^2+1)x^2+4kx+3=0$
이 이차방정식의 판별식을 D라 하면
$\dfrac{D}{4}=(2k)^2-(k^2+1)\times 3=k^2-3$
(1) 원과 직선이 서로 다른 두 점에서 만나려면 $D>0$이어야 하므로
$k^2-3>0$ $\therefore k<-\sqrt{3}$ 또는 $k>\sqrt{3}$
(2) 원과 직선이 한 점에서 만나려면 $D=0$이어야 하므로
$k^2-3=0$ $\therefore k=-\sqrt{3}$ 또는 $k=\sqrt{3}$
(3) 원과 직선이 만나지 않으려면 $D<0$이어야 하므로
$k^2-3<0$ $\therefore -\sqrt{3}<k<\sqrt{3}$
답 (1) $k<-\sqrt{3}$ 또는 $k>\sqrt{3}$ (2) $k=-\sqrt{3}$ 또는 $k=\sqrt{3}$
(3) $-\sqrt{3}<k<\sqrt{3}$
다른 풀이 원 $x^2+y^2=1$의 반지름의 길이는 1이고, 이 원의 중심 $(0, 0)$과 직선 $y=kx+2$, 즉 $kx-y+2=0$ 사이의 거리를 d라 하면
$d=\dfrac{|2|}{\sqrt{k^2+(-1)^2}}=\dfrac{2}{\sqrt{k^2+1}}$
(1) 원과 직선이 서로 다른 두 점에서 만나려면 $d<1$이어야 하므로
$\dfrac{2}{\sqrt{k^2+1}}<1$, $\sqrt{k^2+1}>2$
양변을 제곱하여 정리하면 $k^2>3$
$\therefore k<-\sqrt{3}$ 또는 $k>\sqrt{3}$

(2) 원과 직선이 한 점에서 만나려면 $d=1$이어야 하므로

$\frac{2}{\sqrt{k^2+1}}=1$, $\sqrt{k^2+1}=2$

양변을 제곱하여 정리하면 $k^2=3$

$\therefore k=-\sqrt{3}$ 또는 $k=\sqrt{3}$

(3) 원과 직선이 만나지 않으려면 $d>1$이어야 하므로

$\frac{2}{\sqrt{k^2+1}}>1$, $\sqrt{k^2+1}<2$

양변을 제곱하여 정리하면 $k^2<3$

$\therefore -\sqrt{3}<k<\sqrt{3}$

교과서 필수 개념 3 원의 접선의 방정식

본문 ☞ 62쪽

대표 예제 5 직선 $y=2x+1$에 평행한 직선의 기울기는 2이고

원 $x^2+y^2=25$의 반지름의 길이는 5이므로 접선의 방정식은

$y=2x\pm5\sqrt{2^2+1}$ $\therefore y=2x\pm5\sqrt{5}$

답 $y=2x\pm5\sqrt{5}$

유제 5-1 직선 $x-3y+2=0$, 즉 $y=\frac{1}{3}x+\frac{2}{3}$에 수직인 직선의 기울기는 -3이다.

직선의 기울기는 -3이고 원 $x^2+y^2=16$의 반지름의 길이는 4이므로 접선의 방정식은

$y=-3x\pm4\sqrt{(-3)^2+1}$ $\therefore y=-3x\pm4\sqrt{10}$

답 $y=-3x\pm4\sqrt{10}$

대표 예제 6 원 $x^2+y^2=10$ 위의 점 $P(-3, a)$에서의 접선의 방정식은

$-3x+ay=10$, 즉 $y=\frac{3}{a}x+\frac{10}{a}$

이 직선이 직선 $x+3y+5=0$, 즉 $y=-\frac{1}{3}x-\frac{5}{3}$와 수직이므로

$\frac{3}{a}\times\left(-\frac{1}{3}\right)=-1$ $\therefore a=1$

답 1

유제 6-1 원 $x^2+y^2=20$ 위의 점 $P(a, b)$에서의 접선의 방정식은

$ax+by=20$, 즉 $ax+by-20=0$

이 직선이 직선 $2x-y+3=0$과 평행하므로

$\frac{a}{2}=\frac{b}{-1}\neq\frac{-20}{3}$ $\therefore a=-2b$ …… ㉠

점 $P(a, b)$는 원 $x^2+y^2=20$ 위의 점이므로

$a^2+b^2=20$ …… ㉡

㉠, ㉡을 연립하여 풀면

$a=-4$, $b=2$ 또는 $a=4$, $b=-2$

$\therefore ab=-8$

답 -8

대표 예제 7 접점을 $P(x_1, y_1)$이라 하면 접선의 방정식은 $x_1x+y_1y=5$

이 직선이 점 $(3, 1)$을 지나므로

$3x_1+y_1=5$ …… ㉠

한편, 점 $P(x_1, y_1)$은 원 $x^2+y^2=5$ 위의 점이므로

${x_1}^2+{y_1}^2=5$ …… ㉡

㉠, ㉡을 연립하여 풀면

$x_1=1$, $y_1=2$ 또는 $x_1=2$, $y_1=-1$

따라서 구하는 접선의 방정식은

$x+2y=5$ 또는 $2x-y=5$

답 $x+2y=5$ 또는 $2x-y=5$

다른 풀이 점 $(3, 1)$을 지나는 접선의 기울기를 m이라 하면 접선의 방정식은

$y-1=m(x-3)$, 즉 $mx-y-3m+1=0$

원의 중심 $(0, 0)$과 직선 $mx-y-3m+1=0$ 사이의 거리는 원의 반지름의 길이 $\sqrt{5}$와 같아야 하므로

$\frac{|-3m+1|}{\sqrt{m^2+(-1)^2}}=\sqrt{5}$, $|-3m+1|=\sqrt{5}\sqrt{m^2+1}$

양변을 제곱하여 정리하면 $2m^2-3m-2=0$

$(2m+1)(m-2)=0$ $\therefore m=-\frac{1}{2}$ 또는 $m=2$

따라서 구하는 접선의 방정식은

$x+2y-5=0$ 또는 $2x-y-5=0$

유제 7-1 점 $(3, 5)$를 지나는 접선의 기울기를 m이라 하면 접선의 방정식은 $y-5=m(x-3)$, 즉 $mx-y-3m+5=0$

원의 중심 $(1, 1)$과 직선 $mx-y-3m+5=0$ 사이의 거리는 원의 반지름의 길이 $\sqrt{2}$와 같아야 하므로

$\frac{|m-1-3m+5|}{\sqrt{m^2+(-1)^2}}=\sqrt{2}$, $|-2m+4|=\sqrt{2}\sqrt{m^2+1}$

양변을 제곱하여 정리하면

$2m^2-16m+14=0$, 즉 $m^2-8m+7=0$

$(m-1)(m-7)=0$ $\therefore m=1$ 또는 $m=7$

따라서 구하는 접선의 방정식은

$x-y+2=0$ 또는 $7x-y-16=0$

답 $x-y+2=0$ 또는 $7x-y-16=0$

핵심 개념 & 공식 리뷰

본문 ☞ 63쪽

01 (1) × (2) ○ (3) ○ (4) × (5) × (6) × (7) ○

02 (1) $(x-2)^2+(y-1)^2=9$ (2) $x^2+y^2=5$
(3) $(x+1)^2+(y+4)^2=20$ (4) $(x+5)^2+(y-3)^2=9$

03 (1) $(0, 3)$, 4 (2) $(-1, 5)$, 3 (3) $(1, -2)$, 1
(4) $(-12, -4)$, 4

04 (1) ① $k<-\frac{\sqrt{5}}{2}$ 또는 $k>\frac{\sqrt{5}}{2}$ ② $k=-\frac{\sqrt{5}}{2}$ 또는 $k=\frac{\sqrt{5}}{2}$
③ $-\frac{\sqrt{5}}{2}<k<\frac{\sqrt{5}}{2}$
(2) ① $-1<k<9$ ② $k=-1$ 또는 $k=9$
③ $k<-1$ 또는 $k>9$

05 (1) $y=2x\pm3\sqrt{5}$ (2) $y=\frac{3}{4}x\pm\frac{5}{4}$ (3) $4x+3y=25$
(4) $x-\sqrt{3}y+6=0$ 또는 $x+\sqrt{3}y+6=0$

02 (3) 두 점 $(-1,\ -4)$, $(3,\ -2)$ 사이의 거리는
$\sqrt{(3+1)^2+(-2+4)^2}=\sqrt{20}$
이므로 구하는 원의 방정식은
$(x+1)^2+(y+4)^2=20$
(4) 중심이 점 $(-5,\ 3)$이고 x축에 접하는 원의 반지름의 길이는
$|3|=3$
따라서 구하는 원의 방정식은
$(x+5)^2+(y-3)^2=9$

03 (3) $x^2+y^2-2x+4y+4=0$에서 $(x-1)^2+(y+2)^2=1$
따라서 중심의 좌표는 $(1,\ -2)$, 반지름의 길이는 1
(4) $x^2+y^2+24x+8y+144=0$에서 $(x+12)^2+(y+4)^2=16$
따라서 중심의 좌표는 $(-12,\ -4)$, 반지름의 길이는 4

04 (1) $y=kx-3$을 $x^2+y^2=4$에 대입하면
$x^2+(kx-3)^2=4$ $\quad\therefore (k^2+1)x^2-6kx+5=0$
이 이차방정식의 판별식을 D라 하면
$\frac{D}{4}=(-3k)^2-(k^2+1)\times 5=4k^2-5$
① $D>0$이어야 하므로
$4k^2-5>0,\ k^2-\frac{5}{4}>0$ $\quad\therefore k<-\frac{\sqrt{5}}{2}$ 또는 $k>\frac{\sqrt{5}}{2}$
② $D=0$이어야 하므로
$4k^2-5=0,\ k^2-\frac{5}{4}=0$ $\quad\therefore k=-\frac{\sqrt{5}}{2}$ 또는 $k=\frac{\sqrt{5}}{2}$
③ $D<0$이어야 하므로
$4k^2-5<0,\ k^2-\frac{5}{4}<0$ $\quad\therefore -\frac{\sqrt{5}}{2}<k<\frac{\sqrt{5}}{2}$
(2) $x^2+y^2-2x+4y=0$에서 $(x-1)^2+(y+2)^2=5$
원의 반지름의 길이는 $\sqrt{5}$이고, 이 원의 중심 $(1,\ -2)$와 직선 $y=2x-k$, 즉 $2x-y-k=0$ 사이의 거리를 d라 하면
$d=\frac{|2-(-2)-k|}{\sqrt{2^2+(-1)^2}}=\frac{|4-k|}{\sqrt{5}}$
① $d<\sqrt{5}$이어야 하므로
$\frac{|4-k|}{\sqrt{5}}<\sqrt{5},\ |4-k|<5$
$-5<4-k<5$ $\quad\therefore -1<k<9$
② $d=\sqrt{5}$이어야 하므로
$\frac{|4-k|}{\sqrt{5}}=\sqrt{5},\ |4-k|=5,\ 4-k=5$ 또는 $4-k=-5$
$\therefore k=-1$ 또는 $k=9$
③ $d>\sqrt{5}$이어야 하므로
$\frac{|4-k|}{\sqrt{5}}>\sqrt{5},\ |4-k|>5$
$4-k<-5$ 또는 $4-k>5$
$\therefore k<-1$ 또는 $k>9$

05 (1) 직선의 기울기는 2이고 원 $x^2+y^2=9$의 반지름의 길이는 3이므로 접선의 방정식은
$y=2x\pm 3\sqrt{2^2+1}$ $\quad\therefore y=2x\pm 3\sqrt{5}$
(2) 직선 $4x+3y=3$, 즉 $y=-\frac{4}{3}x+1$에 수직인 직선의 기울기는 $\frac{3}{4}$이다.
직선의 기울기는 $\frac{3}{4}$이고 원 $x^2+y^2=1$의 반지름의 길이는 1이므로 접선의 방정식은
$y=\frac{3}{4}x\pm\sqrt{\left(\frac{3}{4}\right)^2+1}$ $\quad\therefore y=\frac{3}{4}x\pm\frac{5}{4}$
(3) 원 $x^2+y^2=25$ 위의 점 $(4,\ 3)$에서의 접선의 방정식은
$4x+3y=25$
(4) 점 $(-6,\ 0)$을 지나는 접선의 기울기를 m이라 하면 접선의 방정식은
$y=m(x+6)$, 즉 $mx-y+6m=0$
원의 중심 $(0,\ 0)$과 직선 $mx-y+6m=0$ 사이의 거리는 원의 반지름의 길이 3과 같아야 하므로
$\frac{|6m|}{\sqrt{m^2+(-1)^2}}=3,\ |6m|=3\sqrt{m^2+1}$
양변을 제곱하여 정리하면
$m^2=\frac{1}{3},\ m=\pm\frac{1}{\sqrt{3}}$
따라서 구하는 접선의 방정식은
$x-\sqrt{3}y+6=0$ 또는 $x+\sqrt{3}y+6=0$

빈출 문제로 실전 연습

본문 ☞ 64~65쪽

01 ④	**02** ③	**03** $x^2+y^2-12x-2y+33=0$	**04** ①
05 ⑤	**06** ②	**07** ⑤	**08** ③
09 $\frac{27}{2}$	**10** ③	**11** 8	**12** $\frac{32\sqrt{3}}{3}$
13 36			

01 원의 중심을 C라 하면 점 C는 선분 OA의 중점이므로
$C\left(\frac{0+4}{2},\ \frac{0+2}{2}\right)$, 즉 $C(2,\ 1)$
한편, 원의 반지름의 길이는 $\overline{OC}=\sqrt{2^2+1^2}=\sqrt{5}$이므로 원의 방정식은
$(x-2)^2+(y-1)^2=5$ $\quad\cdots\cdots$ ㉠
$x=1$을 ㉠에 대입하면
$(1-2)^2+(y-1)^2=5$
$(y-1)^2=4$ $\quad\therefore y=-1$ 또는 $y=3$
따라서 $a=-1,\ b=3$이므로 $b-a=4$

답 ④

02 $\overline{AB}$를 $2:1$로 내분하는 점을 C라 하면
$C\left(\frac{2\times 0+1\times 3}{2+1},\ \frac{2\times(-5)+1\times 4}{2+1}\right)$, 즉 $C(1,\ -2)$
$\therefore a=1,\ b=-2$
한편, $r^2=\overline{AC}^2=(1-3)^2+(-2-4)^2=40$
$\therefore a^2+b^2+r^2=1^2+(-2)^2+40=45$

답 ③

03 점 P의 좌표를 $(x,\ y)$라 하면 $\overline{PA}:\overline{PB}=2:1$에서

$\overline{PA}=2\overline{PB}$, 즉 $\overline{PA}^2=4\overline{PB}^2$이므로

$(x-2)^2+(y-1)^2=4\{(x-5)^2+(y-1)^2\}$

$\therefore\ x^2+y^2-12x-2y+33=0$ 답 $x^2+y^2-12x-2y+33=0$

04 점 $(1,\ -2)$가 제4사분면 위의 점이므로 x축, y축에 동시에 접하는 원의 중심을 점 $(a,\ -a)\ (a>0)$, 반지름의 길이를 a라 하면 원의 방정식은

$(x-a)^2+(y+a)^2=a^2$

이 원이 점 $(1,\ -2)$를 지나므로

$(1-a)^2+(-2+a)^2=a^2$

$a^2-6a+5=0,\ (a-1)(a-5)=0$

$\therefore\ a=1$ 또는 $a=5$

따라서 두 원의 중심의 좌표는 $(1,\ -1)$, $(5,\ -5)$이므로 두 원의 중심 사이의 거리는

$\sqrt{(5-1)^2+(-5+1)^2}=4\sqrt{2}$ 답 ①

Core 특강

x축, y축에 동시에 접하는 원의 방정식

x축, y축에 동시에 접하고 반지름의 길이가 r인 원의 방정식은

① 중심이 제1사분면 위에 있는 경우
→ $(x-r)^2+(y-r)^2=r^2$

② 중심이 제2사분면 위에 있는 경우
→ $(x+r)^2+(y-r)^2=r^2$

③ 중심이 제3사분면 위에 있는 경우
→ $(x+r)^2+(y+r)^2=r^2$

④ 중심이 제4사분면 위에 있는 경우
→ $(x-r)^2+(y+r)^2=r^2$

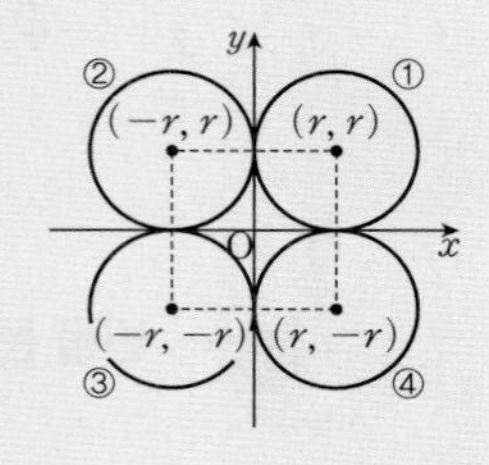

05 $y=x+n$을 $(x-2)^2+y^2=32$에 대입하여 정리하면

$2x^2+2(n-2)x+n^2-28=0$

이 이차방정식의 판별식을 D라 하면

$\dfrac{D}{4}=(n-2)^2-2(n^2-28)=-n^2-4n+60$

원과 직선이 서로 다른 두 점에서 만나려면 $D>0$이어야 하므로

$-n^2-4n+60>0,\ n^2+4n-60<0$

$(n+10)(n-6)<0$

$\therefore\ -10<n<6$

따라서 구하는 정수 n의 최댓값은 5이다. 답 ⑤

다른 풀이 원의 중심 $(2,\ 0)$과 직선 $y=x+n$, 즉 $x-y+n=0$ 사이의 거리를 d라 하면

$d=\dfrac{|2+n|}{\sqrt{1^2+(-1)^2}}=\dfrac{|n+2|}{\sqrt{2}}$

원 $(x-2)^2+y^2=32$의 반지름의 길이는 $4\sqrt{2}$이므로 원과 직선이 서로 다른 두 점에서 만나려면 $d<4\sqrt{2}$이어야 한다. 즉,

$\dfrac{|n+2|}{\sqrt{2}}<4\sqrt{2},\ |n+2|<8$

$-8<n+2<8 \quad \therefore\ -10<n<6$

따라서 구하는 정수 n의 최댓값은 5이다.

06 $x^2+y^2+2x-6y+6=0$에서 $(x+1)^2+(y-3)^2=4$

원의 중심 $(-1,\ 3)$과 직선 $3x+4y+16=0$ 사이의 거리를 d라 하면

$d=\dfrac{|3\times(-1)+4\times3+16|}{\sqrt{3^2+4^2}}=5$

원의 반지름의 길이가 2이므로 원 위의 점과 직선 사이의 거리의 최댓값과 최솟값은

(최댓값)$=d+2=7$, (최솟값)$=d-2=3$

따라서 최댓값과 최솟값의 합은 $7+3=10$ 답 ②

Core 특강

원 위의 점과 직선 사이의 거리의 최댓값, 최솟값

원의 반지름의 길이를 r, 원의 중심과 직선 사이의 거리를 d라 하면 $d>r$일 때, 원 위의 점과 직선 사이의 거리의 최댓값과 최솟값은

→ (최댓값)$=d+r$, (최솟값)$=d-r$

07 원 $x^2+y^2=13$ 위의 점 $(2,\ 3)$에서의 접선의 방정식은

$2x+3y=13$

이 직선이 점 $(k,\ 1)$을 지나므로

$2k+3=13 \quad \therefore\ k=5$ 답 ⑤

08 직선 $2x-y+3=0$, 즉 $y=2x+3$에 평행한 직선의 기울기는 2이고, 원 $x^2+y^2=16$의 반지름의 길이는 4이므로 접선의 방정식은

$y=2x\pm4\sqrt{2^2+1} \quad \therefore\ y=2x\pm4\sqrt{5}$

따라서 $m=2,\ n=\pm4\sqrt{5}$이므로

$m^2+n^2=2^2+(4\sqrt{5})^2=84$ 답 ③

다른 풀이 1 접선의 기울기가 2이므로 $m=2$

즉, 접선의 방정식은 $y=2x+n$

이 직선이 원 $x^2+y^2=16$에 접하므로 이차방정식

$x^2+(2x+n)^2=16$, 즉 $5x^2+4nx+n^2-16=0$의 판별식을 D라 하면

$\dfrac{D}{4}=(2n)^2-5(n^2-16)=0,\ n^2=80$

$\therefore\ m^2+n^2=2^2+80=84$

다른 풀이 2 접선의 기울기가 2이므로 $m=2$

접선의 방정식은

$y=2x+n$, 즉 $2x-y+n=0$

원의 중심 $(0,\ 0)$과 접선 사이의 거리는 원의 반지름의 길이 4와 같으므로

$\dfrac{|n|}{\sqrt{2^2+(-1)^2}}=4,\ |n|=4\sqrt{5}$

$\therefore\ m^2+n^2=2^2+(4\sqrt{5})^2=84$

09 접점을 $P(x_1,\ y_1)$이라 하면 접선의 방정식은 $x_1x+y_1y=4$

이 직선이 점 $A(2,\ 6)$을 지나므로

$2x_1+6y_1=4 \quad \therefore\ x_1+3y_1=2$ …… ㉠

한편, 점 $P(x_1, y_1)$은 원 $x^2+y^2=4$ 위의 점이므로

$x_1^2+y_1^2=4$ …… ㉡

㉠, ㉡을 연립하여 풀면 $x_1=-\frac{8}{5}$, $y_1=\frac{6}{5}$ 또는 $x_1=2$, $y_1=0$

따라서 접선의 방정식은

$4x-3y+10=0$ 또는 $x=2$이므로

두 점 B, C를 $B\left(-\frac{5}{2}, 0\right)$,

$C(2, 0)$이라 하면

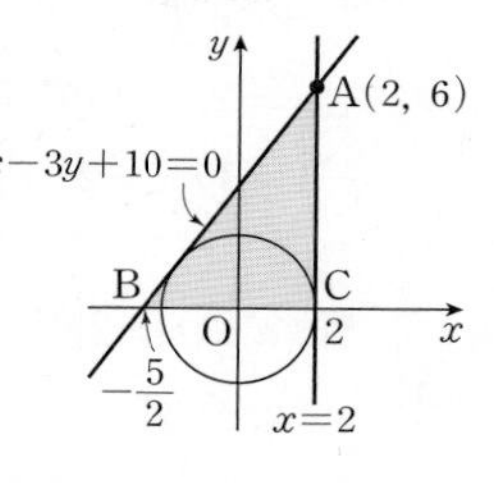

$\triangle ABC=\frac{1}{2}\times\overline{BC}\times\overline{AC}$

$=\frac{1}{2}\times\left\{2-\left(-\frac{5}{2}\right)\right\}\times 6=\frac{27}{2}$

답 $\frac{27}{2}$

10 원점을 지나는 접선의 기울기를 m이라 하면 접선의 방정식은

$y=mx$, 즉 $mx-y=0$

원 $x^2+y^2+6x+2y+9=0$에서 $(x+3)^2+(y+1)^2=1$

원의 중심 $(-3, -1)$과 직선 $mx-y=0$ 사이의 거리가 원의 반지름의 길이 1과 같으므로

$\frac{|-3m-1\times(-1)|}{\sqrt{m^2+(-1)^2}}=1$, $|-3m+1|=\sqrt{m^2+1}$

양변을 제곱하여 정리하면

$8m^2-6m=0$, $2m(4m-3)=0$

$\therefore m=0$ 또는 $m=\frac{3}{4}$

따라서 구하는 두 접선의 기울기의 합은 $\frac{3}{4}$

답 ③

11 $x^2+y^2-4x+6y+9=0$에서

$(x-2)^2+(y+3)^2=4$

원의 중심 $(2, -3)$과 직선

$3x-4y+7=0$ 사이의 거리는

$\frac{|3\times2+(-4)\times(-3)+7|}{\sqrt{3^2+(-4)^2}}=5$

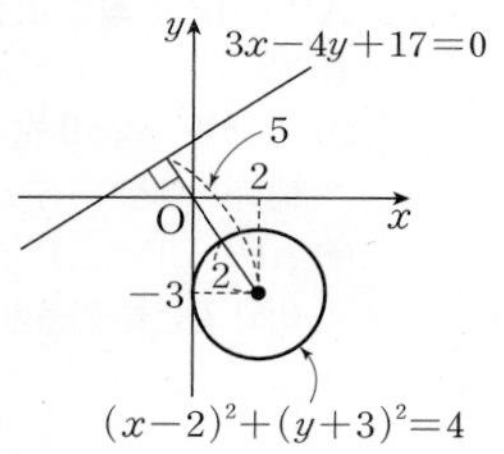

원의 반지름의 길이가 2이므로 원 위의 점 P와 직선

$3x-4y+7=0$ 사이의 거리를 d라 하면

$5-2\le d\le 5+2$ $\therefore 3\le d\le 7$

따라서 정수 d는 3, 4, 5, 6, 7이고 거리가 3, 7인 점 P는 각각 1개씩 존재하고, 거리가 4, 5, 6인 점 P는 각각 2개씩 존재하므로 구하는 점의 개수는

$1+1+2+2+2=8$

답 8

12 정삼각형 ABC는 높이가 최대일 때 그 넓이가 최대이다.

즉, 원 $x^2+y^2=2$ 위의 점 A에서 직선 $y=x-6$에 내린 수선의 발을 H라 하면 선분 AH의 길이가 최대일 때 정삼각형 ABC의 넓이가 최대가 된다.

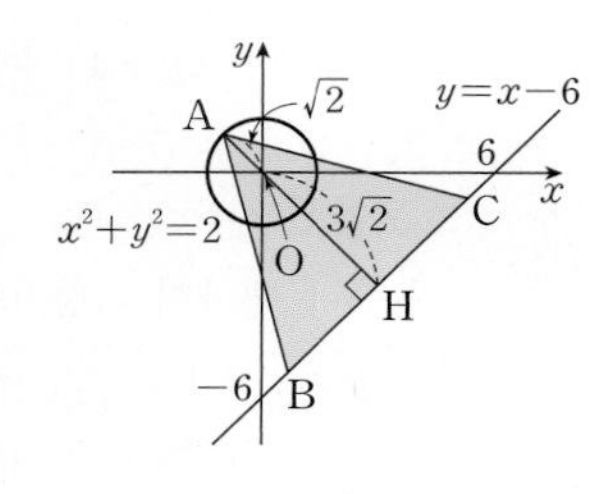

원의 중심 $(0, 0)$과 직선 $y=x-6$, 즉 $x-y-6=0$ 사이의 거리는

$\frac{|-6|}{\sqrt{1^2+(-1)^2}}=3\sqrt{2}$

원의 반지름의 길이가 $\sqrt{2}$이므로 정삼각형 ABC의 넓이가 최대일 때의 높이는

$3\sqrt{2}+\sqrt{2}=4\sqrt{2}$

높이가 $4\sqrt{2}$인 정삼각형 ABC의 한 변의 길이를 a라 하면

$\frac{\sqrt{3}}{2}a=4\sqrt{2}$ $\therefore a=\frac{8\sqrt{6}}{3}$

즉, 높이가 최대일 때 정삼각형 ABC의 한 변의 길이는 $\frac{8\sqrt{6}}{3}$이다.

따라서 정삼각형 ABC의 넓이의 최댓값은

$\frac{1}{2}\times\overline{BC}\times\overline{AH}=\frac{1}{2}\times\frac{8\sqrt{6}}{3}\times4\sqrt{2}=\frac{32\sqrt{3}}{3}$

답 $\frac{32\sqrt{3}}{3}$

Core 특강

정삼각형의 높이와 넓이

한 변의 길이가 a인 정삼각형 ABC의 높이 h와 넓이 S는 다음과 같다.

(1) $h=\frac{\sqrt{3}}{2}a$ (2) $S=\frac{\sqrt{3}}{4}a^2$

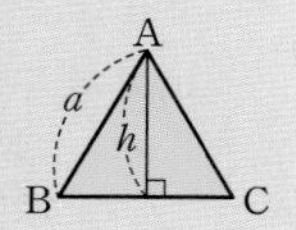

13 두 원의 중심을 O, O′이라 할 때, 주어진 직선이 두 원과 접하는 점을 각각 T, T′이라 하고 x축과 만나는 점을 A라 하면 삼각형 AO′T′과 삼각형 AOT는 닮음이고, 닮음비는

$\overline{O'T'}:\overline{OT}=2:3$이다.

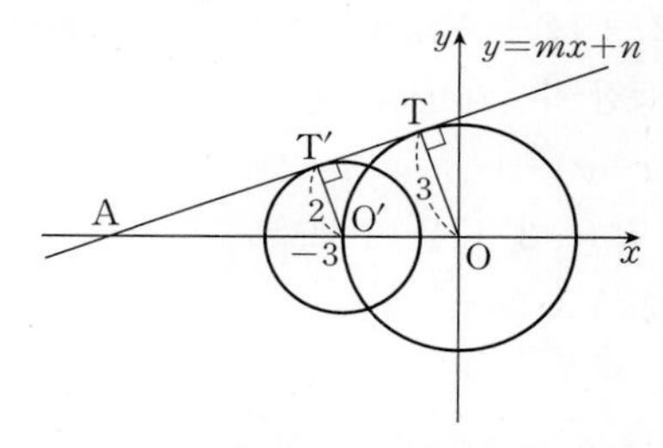

즉, $\overline{AO'}:\overline{AO}=2:3$에서 $\overline{AO'}:(\overline{AO'}+3)=2:3$

$3\overline{AO'}=2\overline{AO'}+6$

$\therefore \overline{AO'}=6$

따라서 $\overline{AO}=6+3=9$이므로 점 A의 좌표는 $(-9, 0)$이다.

이때 점 $A(-9, 0)$은 직선 $y=mx+n$ 위의 점이므로

$0=-9m+n$

$\therefore n=9m$

원점과 직선 $y=mx+n$, 즉 $mx-y+n=0$ 사이의 거리는 원 $x^2+y^2=9$의 반지름의 길이 3과 같으므로

$\frac{|n|}{\sqrt{m^2+(-1)^2}}=3$

$|9m|=3\sqrt{m^2+1}$ ($\because n=9m$)

양변을 제곱하여 정리하면 $m^2=\frac{1}{8}$

$\therefore 32mn=32\times m\times 9m=32\times 9m^2=36$

답 36

10강 도형의 이동

교과서 필수 개념 1 점의 평행이동

본문 ☞ 66쪽

대표예제 ① 점 $(-1,\ 2)$를 x축의 방향으로 a만큼, y축의 방향으로 b만큼 평행이동한 점의 좌표는 $(-1+a,\ 2+b)$
이 점이 점 $(3,\ -2)$와 일치하므로 $-1+a=3,\ 2+b=-2$
$\therefore a=4,\ b=-4$ 답 $a=4,\ b=-4$

유제 1-1 점 $(0,\ 0)$을 x축의 방향으로 a만큼, y축의 방향으로 b만큼 평행이동한 점의 좌표는 $(a,\ b)$
이 점의 좌표가 $(3,\ -3)$이므로 $a=3,\ b=-3$
이 평행이동에 의하여 점 $(-1,\ 2)$로 옮겨지는 점의 좌표를 $(x,\ y)$라 하면
$x+3=-1,\ y-3=2 \quad \therefore x=-4,\ y=5$
따라서 구하는 점의 좌표는 $(-4,\ 5)$ 답 $(-4,\ 5)$

교과서 필수 개념 2 도형의 평행이동

본문 ☞ 66쪽

대표예제 ② (1) $2(x-2)-3(y+3)+5=0 \quad \therefore 2x-3y-8=0$
(2) $\{(x-2)+1\}^2+\{(y+3)-2\}^2=2$
$\therefore (x-1)^2+(y+1)^2=2$
답 (1) $2x-3y-8=0$ (2) $(x-1)^2+(y+1)^2=2$

유제 2-1 직선 $y=2x+1$을 x축의 방향으로 a만큼, y축의 방향으로 2만큼 평행이동한 직선의 방정식은
$y-2=2(x-a)+1 \quad \therefore y=2x-2a+3$
이 직선이 점 $(-3,\ 1)$을 지나므로
$1=-6-2a+3,\ 2a=-4$
$\therefore a=-2$ 답 -2

유제 2-2 $x^2+y^2+4x-2y+1=0$에서 $(x+2)^2+(y-1)^2=4$
이 원을 x축의 방향으로 a만큼, y축의 방향으로 b만큼 평행이동한 원의 방정식은
$(x-a+2)^2+(y-b-1)^2=4 \quad \cdots\cdots ㉠$
원 ㉠의 중심 $(a-2,\ b+1)$이 원점과 일치하므로
$a-2=0,\ b+1=0 \quad \therefore a=2,\ b=-1$
또, 원 ㉠의 반지름의 길이는 2이므로 $r=2$
답 $a=2,\ b=-1,\ r=2$

다른 풀이 $x^2+y^2+4x-2y+1=0$에서 $(x+2)^2+(y-1)^2=4$
이 원의 중심 $(-2,\ 1)$을 x축의 방향으로 a만큼, y축의 방향으로 b만큼 평행이동한 점이 점 $(0,\ 0)$과 일치하므로
$-2+a=0,\ 1+b=0 \quad \therefore a=2,\ b=-1$
또, 원을 평행이동하여도 원의 반지름의 길이는 변하지 않으므로
$r=2$

교과서 필수 개념 3 점의 대칭이동

본문 ☞ 67쪽

대표예제 ③ 점 $(-2,\ 1)$을 x축에 대하여 대칭이동한 점의 좌표는 $(-2,\ -1)$
점 $(-2,\ -1)$이 직선 $y=3x+k$ 위의 점이므로
$-1=3\times(-2)+k \quad \therefore k=5$ 답 5

유제 3-1 점 $(a,\ 3)$을 원점에 대하여 대칭이동한 점의 좌표는 $(-a,\ -3)$
이 점과 점 $(-4,\ b)$가 일치하므로 $-a=-4,\ -3=b$
따라서 $a=4,\ b=-3$이므로 $a+b=1$ 답 1

유제 3-2 오른쪽 그림과 같이 점 $B(1,\ -5)$를 x축에 대하여 대칭이동한 점을 B'이라 하면
$B'(1,\ 5)$
이때 $\overline{BP}=\overline{B'P}$이므로
$\overline{AP}+\overline{BP}=\overline{AP}+\overline{B'P}\ge\overline{AB'}$
즉, $\overline{AP}+\overline{BP}$의 최솟값은
$\overline{AB'}=\sqrt{(1+2)^2+(5+1)^2}$
$=\sqrt{45}=3\sqrt{5}$
따라서 구하는 최솟값은 $3\sqrt{5}$이다. 답 $3\sqrt{5}$

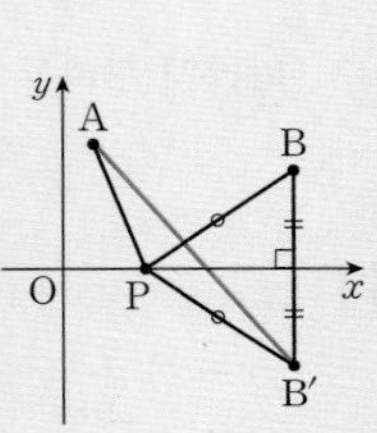

Core 특강

대칭이동을 이용한 거리의 최솟값
두 점 A, B가 x축(또는 y축 또는 직선 $y=x$)에 대하여 같은 쪽에 있을 때, x축(또는 y축 또는 직선 $y=x$) 위를 움직이는 점 P에 대하여 $\overline{AP}+\overline{BP}$의 최솟값은 다음과 같은 순서로 구한다.
(i) 점 B를 x축(또는 y축 또는 직선 $y=x$)에 대하여 대칭이동한 점 B'의 좌표를 구한다.
(ii) $\overline{AP}+\overline{BP}=\overline{AP}+\overline{B'P}\ge\overline{AB'}$이므로 구하는 최솟값은 선분 AB'의 길이와 같음을 이용한다.

교과서 필수 개념 4 도형의 대칭이동

본문 ☞ 67쪽

대표예제 ④ 원 $(x+3)^2+(y-1)^2=9$를 직선 $y=x$에 대하여 대칭이동한 원의 방정식은
$(x-1)^2+(y+3)^2=9$
이 원을 x축의 방향으로 2만큼, y축의 방향으로 -1만큼 평행이동한 원의 방정식은
$\{(x-2)-1\}^2+\{(y+1)+3\}^2=9$
$\therefore (x-3)^2+(y+4)^2=9$ 답 $(x-3)^2+(y+4)^2=9$

유제 4-1 (1) 포물선 $y=x^2+1$을
x축에 대하여 대칭이동한 도형의 방정식은
$-y=x^2+1 \quad \therefore y=-x^2-1$
y축에 대하여 대칭이동한 도형의 방정식은
$y=(-x)^2+1 \quad \therefore y=x^2+1$

원점에 대하여 대칭이동한 도형의 방정식은

$-y=(-x)^2+1 \qquad \therefore y=-x^2-1$

직선 $y=x$에 대하여 대칭이동한 도형의 방정식은

$x=y^2+1 \qquad \therefore y^2=x-1$

(2) 원 $(x-2)^2+(y-1)^2=1$을

x축에 대하여 대칭이동한 도형의 방정식은

$(x-2)^2+(-y-1)^2=1 \qquad \therefore (x-2)^2+(y+1)^2=1$

y축에 대하여 대칭이동한 도형의 방정식은

$(-x-2)^2+(y-1)^2=1 \qquad \therefore (x+2)^2+(y-1)^2=1$

원점에 대하여 대칭이동한 도형의 방정식은

$(-x-2)^2+(-y-1)^2=1 \qquad \therefore (x+2)^2+(y+1)^2=1$

직선 $y=x$에 대하여 대칭이동한 도형의 방정식은

$(y-2)^2+(x-1)^2=1 \qquad \therefore (x-1)^2+(y-2)^2=1$

답 (1) $y=-x^2-1$, $y=x^2+1$, $y=-x^2-1$, $y^2=x-1$
(2) $(x-2)^2+(y+1)^2=1$, $(x+2)^2+(y-1)^2=1$, $(x+2)^2+(y+1)^2=1$, $(x-1)^2+(y-2)^2=1$

유제 4-2 직선 $3x-2y+1=0$을 직선 $y=x$에 대하여 대칭이동한 직선의 방정식은

$3y-2x+1=0 \qquad \therefore 2x-3y-1=0$

이 직선이 원 $(x-a)^2+(y-3)^2=4$의 넓이를 이등분하려면 원의 중심 $(a, 3)$을 지나야 하므로

$2a-9-1=0 \qquad \therefore a=5$

답 5

핵심 개념 & 공식 리뷰

본문 ☞ 68쪽

01 (1) ○ (2) × (3) ○ (4) × (5) × (6) ○ (7) × (8) ○

02 (1) $a=3$, $b=-2$ (2) $a=-6$, $b=14$
(3) $a=2$, $b=3$ (4) $a=-2$, $b=-6$

03 (1) $y=3x+2$ (2) $x^2+y^2+6x-2y+3=0$

04 (1) 3 (2) -4 (3) -4, -2 (4) -1

05 (1) $7\sqrt{2}$ (2) 10

02 평행이동 $(x, y) \longrightarrow (x+a, y+b)$에 의하여

(1) 점 $(0, 6)$을 평행이동한 점의 좌표는

$(0+a, 6+b)$

이 점이 점 $(3, 4)$와 일치하므로

$0+a=3$, $6+b=4$

$\therefore a=3$, $b=-2$

(2) 점 $(-1, -4)$를 평행이동한 점의 좌표는

$(-1+a, -4+b)$

이 점이 점 $(-7, 10)$과 일치하므로

$-1+a=-7$, $-4+b=10$

$\therefore a=-6$, $b=14$

(3) 점 $(-3, -2)$를 평행이동한 점의 좌표는

$(-3+a, -2+b)$

이 점이 점 $(-1, 1)$과 일치하므로

$-3+a=-1$, $-2+b=1$

$\therefore a=2$, $b=3$

(4) 점 $(5, 4)$를 평행이동한 점의 좌표는 $(5+a, 4+b)$

이 점이 점 $(3, -2)$와 일치하므로

$5+a=3$, $4+b=-2$

$\therefore a=-2$, $b=-6$

03 평행이동 $(x, y) \longrightarrow (x-2, y+1)$에 의하여 ($x$축의 방향으로 -2만큼, y축의 방향으로 1만큼 평행이동)

(1) 직선 $y=3x-5$를 평행이동한 직선의 방정식은

$y-1=3(x+2)-5$

$\therefore y=3x+2$

(2) 원 $x^2+y^2+2x-6=0$을 평행이동한 원의 방정식은

$(x+2)^2+(y-1)^2+2(x+2)-6=0$

$\therefore x^2+y^2+6x-2y+3=0$

다른 풀이 (2) $x^2+y^2+2x-6=0$에서 $(x+1)^2+y^2=7$

이 원의 중심 $(-1, 0)$을 x축의 방향으로 -2만큼, y축의 방향으로 1만큼 평행이동한 점의 좌표는 $(-3, 1)$이고, 원을 평행이동하여도 원의 반지름의 길이는 변하지 않으므로 구하는 원의 방정식은

$(x+3)^2+(y-1)^2=7 \qquad \therefore x^2+y^2+6x-2y+3=0$

04 (1) 직선 $y=-4x+7$을 x축에 대하여 대칭이동한 직선의 방정식은

$-y=-4x+7$, 즉 $y=4x-7$

이 직선이 점 $(a, 5)$를 지나므로

$5=4a-7$, $4a=12$

$\therefore a=3$

(2) 포물선 $y=-x^2+3x$를 y축에 대하여 대칭이동한 포물선의 방정식은

$y=-(-x)^2+3\times(-x)$, 즉 $y=-x^2-3x$

이 포물선이 점 $(1, a)$를 지나므로

$a=-1^2-3\times1=-4$

(3) 원 $(x-3)^2+(y+2)^2=1$을 원점에 대하여 대칭이동한 원의 방정식은

$(-x-3)^2+(-y+2)^2=1$, 즉 $(x+3)^2+(y-2)^2=1$

이 원이 점 $(a, 2)$를 지나므로

$(a+3)^2+(2-2)^2=1$, $(a+3)^2=1$

$a+3=-1$ 또는 $a+3=1$

$\therefore a=-4$ 또는 $a=-2$

(4) 원 $x^2+y^2+2x-3=0$을 직선 $y=x$에 대하여 대칭이동한 원의 방정식은

$y^2+x^2+2y-3=0$, 즉 $x^2+y^2+2y-3=0$

이 원이 점 $(2, a)$를 지나므로

$2^2+a^2+2a-3=0$, $a^2+2a+1=0$, $(a+1)^2=0$

$\therefore a=-1$

05 (1) 오른쪽 그림과 같이 점 B(5, 4)를 x축에 대하여 대칭이동한 점을 B′이라 하면

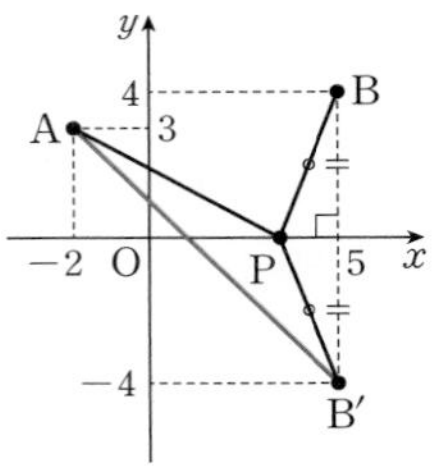

B′(5, -4)

이때 $\overline{\text{BP}}=\overline{\text{B'P}}$이므로

$\overline{\text{AP}}+\overline{\text{BP}}=\overline{\text{AP}}+\overline{\text{B'P}}$

$\geq\overline{\text{AB'}}$

즉, $\overline{\text{AP}}+\overline{\text{BP}}$의 최솟값은

$\overline{\text{AB'}}=\sqrt{(5+2)^2+(-4-3)^2}=\sqrt{98}=7\sqrt{2}$

(2) 오른쪽 그림과 같이 점 B(2, -6)을 y축에 대하여 대칭이동한 점을 B′이라 하면

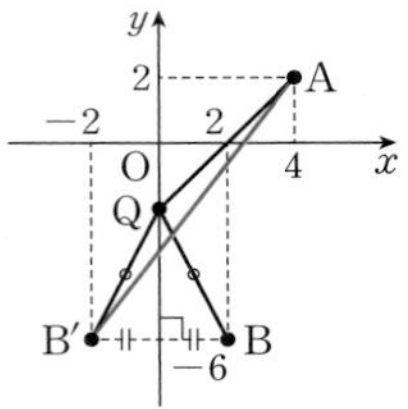

B′(-2, -6)

이때 $\overline{\text{BQ}}=\overline{\text{B'Q}}$이므로

$\overline{\text{AQ}}+\overline{\text{BQ}}=\overline{\text{AQ}}+\overline{\text{B'Q}}$

$\geq\overline{\text{AB'}}$

즉, $\overline{\text{AQ}}+\overline{\text{BQ}}$의 최솟값은

$\overline{\text{AB'}}=\sqrt{(-2-4)^2+(-6-2)^2}=\sqrt{100}=10$

빈출 문제로 실전 연습

본문 ☞ 69쪽

01 2 **02** ② **03** ③ **04** 13 **05** ④ **06** $\frac{14\sqrt{5}}{5}$
07 ①

01 점 $(a, 5)$를 x축의 방향으로 2만큼, y축의 방향으로 -1만큼 평행이동한 점의 좌표는 $(a+2, 5-1)$, 즉 $(a+2, 4)$

이 점이 직선 $y=2x-4$ 위의 점이므로

$4=2(a+2)-4$, $2a=4$ $\therefore a=2$

답 2

02 $x^2+y^2-4x+10y+13=0$에서 $(x-2)^2+(y+5)^2=16$

이 원을 x축의 방향으로 a만큼, y축의 방향으로 b만큼 평행이동한 원의 방정식은

$(x-a-2)^2+(y-b+5)^2=16$

이 원이 원 $(x+1)^2+(y-3)^2=c$와 일치하므로

$-2-a=1$, $-b+5=-3$, $c=16$

따라서 $a=-3$, $b=8$, $c=16$이므로

$a+b+c=21$

답 ②

03 점 $(a+1, 3)$을 x축에 대하여 대칭이동한 점의 좌표는

$(a+1, -3)$

이 점을 직선 $y=x$에 대하여 대칭이동한 점의 좌표는

$(-3, a+1)$

이 점과 점 $(b, 4)$가 일치하므로 $b=-3$, $a+1=4$

따라서 $a=3$, $b=-3$이므로 $a+b=0$

답 ③

04 A(2, -3), B(-2, 3), C(3, 2)이므로

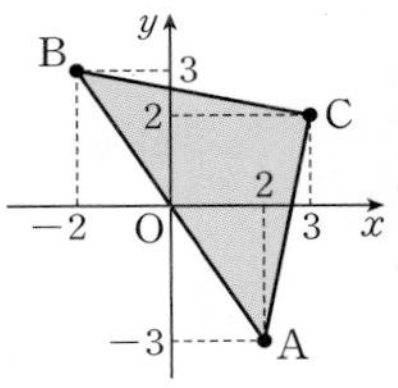

(직선 AC의 기울기)$=\frac{2-(-3)}{3-2}=5$,

(직선 BC의 기울기)$=\frac{2-3}{3-(-2)}=-\frac{1}{5}$

(직선 AC의 기울기)×(직선 BC의 기울기)

$=5\times\left(-\frac{1}{5}\right)$

$=-1$

이므로 $\angle\text{C}=90°$

$\overline{\text{AC}}=\sqrt{(3-2)^2+(2+3)^2}=\sqrt{26}$,

$\overline{\text{BC}}=\sqrt{(3+2)^2+(2-3)^2}=\sqrt{26}$

$\therefore \triangle\text{ABC}=\frac{1}{2}\times\overline{\text{AC}}\times\overline{\text{BC}}$

$=\frac{1}{2}\times\sqrt{26}\times\sqrt{26}=13$

답 13

다른 풀이 A(2, -3), B(-2, 3), C(3, 2)이므로

$\overline{\text{AB}}=\sqrt{(-2-2)^2+(3+3)^2}=\sqrt{52}$,

$\overline{\text{BC}}=\sqrt{(3+2)^2+(2-3)^2}=\sqrt{26}$,

$\overline{\text{AC}}=\sqrt{(3-2)^2+(2+3)^2}=\sqrt{26}$

이때 $\overline{\text{AB}}^2=\overline{\text{BC}}^2+\overline{\text{AC}}^2$이므로 $\angle\text{C}=90°$

$\therefore \triangle\text{ABC}=\frac{1}{2}\times\overline{\text{AC}}\times\overline{\text{BC}}$

$=\frac{1}{2}\times\sqrt{26}\times\sqrt{26}=13$

05 직선 $x+2y=-3$을 x축의 방향으로 -2만큼 평행이동한 직선의 방정식은

$(x+2)+2y=-3$ $\therefore x+2y+5=0$

이 직선을 직선 $y=x$에 대하여 대칭이동한 직선의 방정식은

$2x+y+5=0$ …… ㉠

직선 ㉠이 원 $(x-2)^2+(y-1)^2=k$에 접하므로 원의 중심 (2, 1)과 직선 ㉠ 사이의 거리는 원의 반지름의 길이 $\sqrt{k}$와 같아야 한다.

$\frac{|2\times2+1+5|}{\sqrt{2^2+1^2}}=\sqrt{k}$, $\sqrt{k}=2\sqrt{5}$ $\therefore k=20$

답 ④

06 포물선 $y=x^2-4x$를 x축의 방향으로 m만큼, y축의 방향으로 n만큼 평행이동한 포물선의 방정식은

$y-n=(x-m)^2-4(x-m)$

$\therefore y=x^2-2(m+2)x+m^2+4m+n$

이 포물선이 포물선 $y=x^2+8x+16$과 일치하므로

$-2(m+2)=8$, $m^2+4m+n=16$

$-2(m+2)=8$에서 $m=-6$

$m^2+4m+n=16$에서 $m=-6$이므로

$36-24+n=16$ $\therefore n=4$

직선 l: $x-2y+1=0$을 x축의 방향으로 -6만큼, y축의 방향으로 4만큼 평행이동한 직선의 방정식은

$(x+6)-2(y-4)+1=0$

$\therefore l'$: $x-2y+15=0$

두 직선 l과 l' 사이의 거리는 직선 l: $x-2y+1=0$ 위의 점 $(-1, 0)$과 직선 l': $x-2y+15=0$ 사이의 거리와 같으므로

$\frac{|-1+15|}{\sqrt{1^2+(-2)^2}}=\frac{14\sqrt{5}}{5}$ 답 $\frac{14\sqrt{5}}{5}$

다른 풀이 포물선 $y=x^2-4x=(x-2)^2-4$의 꼭짓점의 좌표는 $(2, -4)$

포물선 $y=x^2+8x+16=(x+4)^2$의 꼭짓점의 좌표는 $(-4, 0)$

점 $(2, -4)$를 x축의 방향으로 m만큼, y축의 방향으로 n만큼 평행이동한 점의 좌표는 $(2+m, -4+n)$

이 점이 점 $(-4, 0)$과 일치하므로

$2+m=-4$, $-4+n=0$

$\therefore m=-6$, $n=4$

07 오른쪽 그림과 같이 점 $A(2, 3)$을 y축에 대하여 대칭이동한 점을 A'이라 하면 $A'(-2, 3)$

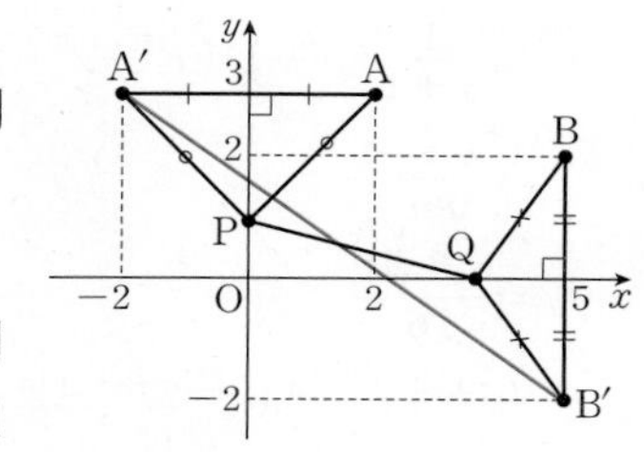

점 $B(5, 2)$를 x축에 대하여 대칭이동한 점을 B'이라 하면 $B'(5, -2)$

$\overline{AP}=\overline{A'P}$, $\overline{QB}=\overline{QB'}$이므로

$\overline{AP}+\overline{PQ}+\overline{QB}=\overline{A'P}+\overline{PQ}+\overline{QB'}$

이고, 두 점 P, Q가 $\overline{A'B'}$ 위에 있을 때 그 값이 최소이므로

$\overline{AP}+\overline{PQ}+\overline{QB}\ge\overline{A'B'}=\sqrt{(5+2)^2+(-2-3)^2}=\sqrt{74}$

따라서 $\overline{AP}+\overline{PQ}+\overline{QB}$의 최솟값은 $\sqrt{74}$이다. 답 ①

실전 모의고사 1회

본문 ☞ 70~74쪽

01 ②	02 ③	03 ②	04 ③	05 ②	06 ⑤
07 ⑤	08 ④	09 ①	10 ③	11 ①	12 ⑤
13 ⑤	14 ④	15 ④	16 ①	17 ③	18 72
19 84	20 40	21 12	22 −18	23 10	24 64
25 5					

01 $2A-3B=2(x^2+3xy-y^2)-3(3x^2-4xy+2y^2)$

$=2x^2+6xy-2y^2-9x^2+12xy-6y^2$

$=-7x^2+18xy-8y^2$

따라서 $a=-7$, $b=18$, $c=-8$이므로

$a+b-c=19$ 답 ②

02 $(x^2-3x+a)(x^3+x^2-x-1)$의 전개식에서 x^2항은

$x^2\times(-1)+(-3x)\times(-x)+a\times x^2=(-1+3+a)x^2$

$=(a+2)x^2$

이므로 x^2의 계수는 $a+2$이고, x^3항은

$x^2\times(-x)+(-3x)\times x^2+a\times x^3=(-1-3+a)x^3$

$=(a-4)x^3$

이므로 x^3의 계수는 $a-4$이다.

x^2의 계수와 x^3의 계수의 합이 4이므로

$(a+2)+(a-4)=4$ $\therefore a=3$ 답 ③

03 $a^2+b^2=(a+b)^2-2ab$에서

$5=9-2ab$ $\therefore ab=2$

$\therefore a^4b+ab^4=ab(a^3+b^3)$

$=ab\{(a+b)^3-3ab(a+b)\}$

$=2\times(3^3-3\times2\times3)$

$=2\times9=18$ 답 ②

다른 풀이 $a^4b+ab^4=ab(a^3+b^3)=ab(a+b)(a^2-ab+b^2)$

$=2\times3\times(5-2)=18$

04 $(x+2yi)+y(2+i)=(x+2y)+3yi=9i$

복소수가 서로 같을 조건에 의하여

$x+2y=0$, $3y=9$ $\therefore x=-6$, $y=3$

$\therefore x^2+y^2=(-6)^2+3^2=45$ 답 ③

05 이차함수 $y=f(x)$의 그래프가 x축과 두 점 $(-1, 0)$, $(3, 0)$에서 만나므로 $f(x)=a(x+1)(x-3)$ $(a\ne0)$으로 놓을 수 있다.

이때 이차함수 $y=f(x)$의 그래프가 점 $(4, 10)$을 지나므로

$f(4)=a\times5\times1=10$ $\therefore a=2$

따라서 $f(x)=2(x+1)(x-3)$이므로

$f(5)=2\times6\times2=24$ 답 ②

06 $A+B=4x^2-3x+2$ …… ㉠

$A-B=x^2+2x+3$ …… ㉡

㉠+㉡을 하면

$2A=5x^2-x+5$ $\therefore A=\frac{5}{2}x^2-\frac{1}{2}x+\frac{5}{2}$

㉠−㉡을 하면

$2B=3x^2-5x-1$ $\therefore B=\frac{3}{2}x^2-\frac{5}{2}x-\frac{1}{2}$

$\therefore (2A-3B)-(3B-2A)$

$=2A-3B-3B+2A$

$=4A-6B$

$=4\left(\frac{5}{2}x^2-\frac{1}{2}x+\frac{5}{2}\right)-6\left(\frac{3}{2}x^2-\frac{5}{2}x-\frac{1}{2}\right)$

$=10x^2-2x+10-9x^2+15x+3$

$=x^2+13x+13$ 답 ⑤

07 $k^2x^2+2kx-ky-k^2=0$에서

$(x^2-1)k^2+(2x-y)k=0$

이 등식이 k에 대한 항등식이므로

$x^2-1=0$ ······ ㉠

$2x-y=0$ ······ ㉡

㉠에서 $(x+1)(x-1)=0$

$\therefore x=-1$ 또는 $x=1$

㉡에서 $y=2x$이므로

$x=-1$일 때 $y=-2$이고 $x+y=-3$

$x=1$일 때 $y=2$이고 $x+y=3$

따라서 $x+y$의 최댓값 $M=3$, 최솟값 $m=-3$이므로

$Mm=-9$

답 ⑤

08 나머지정리에 의하여 $f(3)=3$, $f(4)=4$

$xf(x+1)$을 $(x-2)(x-3)$으로 나누었을 때의 몫을 $Q(x)$라 하면

$xf(x+1)=(x-2)(x-3)Q(x)+g(x)$

이 등식의 양변에 $x=2$를 대입하면

$2f(3)=g(2)$

또, 양변에 $x=3$을 대입하면

$3f(4)=g(3)$

$\therefore g(2)+g(3)=2f(3)+3f(4)$

$=2\times3+3\times4=18$

답 ④

09 $b-c=3$, $c-a=-1$에서 각 변끼리 더하면

$b-a=2$, 즉 $a-b=-2$

$\therefore 3a^2+3b^2+3c^2-3ab-3bc-3ca$

$=3(a^2+b^2+c^2-ab-bc-ca)$

$=\frac{3}{2}(2a^2+2b^2+2c^2-2ab-2bc-2ca)$

$=\frac{3}{2}\{(a^2-2ab+b^2)+(b^2-2bc+c^2)+(c^2-2ca+a^2)\}$

$=\frac{3}{2}\{(a-b)^2+(b-c)^2+(c-a)^2\}$

$=\frac{3}{2}\{(-2)^2+3^2+(-1)^2\}=\frac{3}{2}\times14=21$

답 ①

10 복소수 $z=a+bi$ (a, b는 실수)라 하면 $\bar{z}=a-bi$

ㄱ. $z\bar{z}=(a+bi)(a-bi)=a^2+b^2$

이때 a, b가 실수이므로 $z\bar{z}$는 항상 실수이다.

ㄴ. $z^2+\bar{z}^2=(a+bi)^2+(a-bi)^2$

$=(a^2-b^2+2abi)+(a^2-b^2-2abi)$

$=2(a^2-b^2)$

이때 a, b가 실수이므로 $z^2+\bar{z}^2$은 항상 실수이다.

ㄷ. $z-\bar{z}=(a+bi)-(a-bi)=2bi$

ㄱ에서 $z\bar{z}=a^2+b^2$

ㄴ에서 $z^2+\bar{z}^2=2(a^2-b^2)$

$\therefore z^3-\bar{z}^3=(z-\bar{z})(z^2+z\bar{z}+\bar{z}^2)$

$=2bi\{2(a^2-b^2)+(a^2+b^2)\}$

$=2b(3a^2-b^2)i$

이때 $b\neq0$이고 $3a^2-b^2\neq0$이면 $z^3-\bar{z}^3$은 실수가 아니다.

따라서 항상 실수인 것은 ㄱ, ㄴ이다.

답 ③

11 이차함수 $y=-x^2+5x$의 그래프와 직선 $y=3x+k$가 만나려면 이차방정식 $-x^2+5x=3x+k$, 즉 $x^2-2x+k=0$의 판별식을 D라 할 때 $D\geq0$이어야 하므로

$\frac{D}{4}=(-1)^2-k\geq0 \quad \therefore k\leq1$

따라서 실수 k의 최댓값은 1이다.

답 ①

12 $x=5$로 놓으면

$(5^2-5+1)(5^6-5^3+1)(5^{18}-5^9+1)$

$=(x^2-x+1)(x^6-x^3+1)(x^{18}-x^9+1)$

$=\frac{1}{x+1}(x+1)(x^2-x+1)(x^6-x^3+1)(x^{18}-x^9+1)$

$=\frac{1}{x+1}(x^3+1)(x^6-x^3+1)(x^{18}-x^9+1)$

$=\frac{1}{x+1}(x^9+1)(x^{18}-x^9+1)$

$=\frac{x^{27}+1}{x+1}$

$=\frac{5^{27}+1}{6}$

따라서 $m=6$, $n=27$이므로 $m+n=33$

답 ⑤

13 $f(x)=x^5+x^4+x^3+x^2+x+1$로 놓으면 나머지정리에 의하여 $f(x)$를 $x-2$로 나누었을 때의 나머지 R_1은

$R_1=f(2)=2^5+2^4+2^3+2^2+2+1$

또한, 나머지정리에 의하여 $f(x)$를 $2x-1$로 나누었을 때의 나머지 R_2는

$R_2=f\left(\frac{1}{2}\right)=\frac{1}{2^5}+\frac{1}{2^4}+\frac{1}{2^3}+\frac{1}{2^2}+\frac{1}{2}+1$

$\therefore \frac{R_1}{R_2}=\frac{2^5+2^4+2^3+2^2+2+1}{\frac{1}{2^5}+\frac{1}{2^4}+\frac{1}{2^3}+\frac{1}{2^2}+\frac{1}{2}+1}$

$=\frac{2^5+2^4+2^3+2^2+2+1}{\frac{1}{2^5}(1+2+2^2+2^3+2^4+2^5)}=2^5=32$

따라서 $R_1=32R_2$이므로 $k=32$

답 ⑤

14 $\left(\frac{1+i}{\sqrt{2}}\right)^2=\frac{1+2i+i^2}{2}=i$

$\left(\frac{1+i}{\sqrt{2}}\right)^3=\left(\frac{1+i}{\sqrt{2}}\right)^2\times\frac{1+i}{\sqrt{2}}=i\times\frac{1+i}{\sqrt{2}}=\frac{i+i^2}{\sqrt{2}}=\frac{-1+i}{\sqrt{2}}$

$\left(\frac{1+i}{\sqrt{2}}\right)^4=\left\{\left(\frac{1+i}{\sqrt{2}}\right)^2\right\}^2=i^2=-1$

$\left(\frac{1+i}{\sqrt{2}}\right)^5=\left(\frac{1+i}{\sqrt{2}}\right)^4\times\frac{1+i}{\sqrt{2}}=-\frac{1+i}{\sqrt{2}}$

$\left(\frac{1+i}{\sqrt{2}}\right)^6=\left(\frac{1+i}{\sqrt{2}}\right)^4\left(\frac{1+i}{\sqrt{2}}\right)^2=-i$

$\left(\frac{1+i}{\sqrt{2}}\right)^7=\left(\frac{1+i}{\sqrt{2}}\right)^4\left(\frac{1+i}{\sqrt{2}}\right)^3=\frac{1-i}{\sqrt{2}}$

$\left(\frac{1+i}{\sqrt{2}}\right)^8=\left\{\left(\frac{1+i}{\sqrt{2}}\right)^4\right\}^2=(-1)^2=1$

$\left(\frac{1+i}{\sqrt{2}}\right)^9=\left(\frac{1+i}{\sqrt{2}}\right)^8\left(\frac{1+i}{\sqrt{2}}\right)=\frac{1+i}{\sqrt{2}}$

$\left(\frac{1+i}{\sqrt{2}}\right)^{10}=\left(\frac{1+i}{\sqrt{2}}\right)^{8}\left(\frac{1+i}{\sqrt{2}}\right)^{2}=i$

⋮

따라서 $\left(\frac{1+i}{\sqrt{2}}\right)^{2}=\left(\frac{1+i}{\sqrt{2}}\right)^{10}=\left(\frac{1+i}{\sqrt{2}}\right)^{18}=\cdots=i$이므로 등식 $\left(\frac{1+i}{\sqrt{2}}\right)^{n}=i$를 만족시키는 두 자리 자연수 n의 값은 10, 18, 26, ⋯, 98이다.

즉, $M=98$, $m=10$이므로 $M+m=108$

답 ④

15 $P(x)=x^3-13x+12$로 놓으면 $P(1)=0$이므로 $P(x)$는 $x-1$을 인수로 갖는다.

조립제법을 이용하여 $P(x)$를 인수분해하면

1	1	0	−13	12
		1	1	−12
	1	1	−12	0

$P(x)=(x-1)(x^2+x-12)$

$=(x-1)(x-3)(x+4)$

즉, $(x-1)(x-3)(x+4)=(x-\alpha)(x-\beta)(x-\gamma)$이고

$\alpha<\beta<\gamma$이므로 $\alpha=-4$, $\beta=1$, $\gamma=3$

이차함수 $y=f(x)$가 최고차항의 계수가 1이고

$f(\alpha)=f(\beta)=0$, 즉 $f(-4)=f(1)=0$이므로

$f(x)=(x+4)(x-1)=x^2+3x-4=\left(x+\frac{3}{2}\right)^2-\frac{25}{4}$

따라서 $0\le x\le\gamma$, 즉 $0\le x\le 3$에서 함수 $f(x)$의 최댓값은 $f(3)=14$이고, 최솟값은 $f(0)=-4$이므로 최댓값과 최솟값의 차는

$14-(-4)=18$

답 ④

16 $\frac{1}{i}=\frac{i}{i^2}=-i$, $-\frac{1}{i}=-(-i)=i$이므로

$f(n)=\left(\frac{1}{i}\right)^n+\left(-\frac{1}{i}\right)^{n+2}=(-i)^n+i^{n+2}$

$f(1)=(-i)^1+i^3=-i-i=-2i$

$f(2)=(-i)^2+i^4=-1+1=0$

$f(3)=(-i)^3+i^5=i+i=2i$

$f(4)=(-i)^4+i^6=1+(-1)=0$

$f(5)=(-i)^5+i^7=-i-i=-2i$

⋮

$\therefore f(1)=f(5)=f(9)=-2i$

$f(2)=f(4)=f(6)=f(8)=f(10)=0$

$f(3)=f(7)=2i$

$\therefore f(1)+f(2)+f(3)+\cdots+f(10)$

$=3\times(-2i)+5\times0+2\times2i$

$=-2i$

따라서 $a=0$, $b=-2$이므로 $a+b=-2$

답 ①

17 직선 $x=t$와 두 곡선 $y=-x^2+8x$, $y=x^2-10x+16$이 만나는 점 A, B의 좌표는

$\mathrm{A}(t,\ -t^2+8t)$, $\mathrm{B}(t,\ t^2-10t+16)$

$\therefore \overline{\mathrm{AB}}=(-t^2+8t)-(t^2-10t+16)=-2t^2+18t-16$

또한, 직선 $x=t+3$과 두 곡선 $y=x^2-10x+16$, $y=-x^2+8x$가 만나는 점 C, D의 좌표는

$\mathrm{C}(t+3,\ (t+3)^2-10(t+3)+16)$, 즉 $\mathrm{C}(t+3,\ t^2-4t-5)$

$\mathrm{D}(t+3,\ -(t+3)^2+8(t+3))$, 즉 $\mathrm{D}(t+3,\ -t^2+2t+15)$

$\therefore \overline{\mathrm{CD}}=(-t^2+2t+15)-(t^2-4t-5)=-2t^2+6t+20$

사다리꼴 ABCD의 넓이 $f(t)$는

$f(t)=\frac{1}{2}\times(\overline{\mathrm{AB}}+\overline{\mathrm{CD}})\times 3$ ← $(t+3)-t=3$

$=\frac{3}{2}\{(-2t^2+18t-16)+(-2t^2+6t+20)\}$

$=\frac{3}{2}(-4t^2+24t+4)=-6(t-3)^2+60$

따라서 $1<t<5$에서 함수 $f(t)$는 $t=3$일 때 최댓값 60을 가지므로 $a=3$, $M=60$

$\therefore a+M=63$

답 ③

18 직육면체의 가로의 길이, 세로의 길이, 높이를 각각 a, b, c라 하면 모든 모서리의 길이의 합이 40이므로

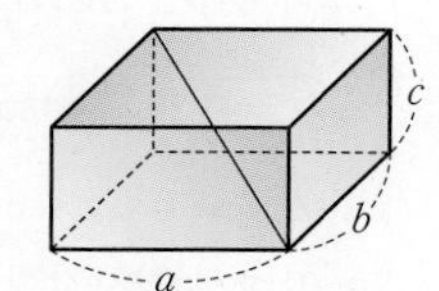

$4(a+b+c)=40$ $\quad\therefore a+b+c=10$

또, 직육면체의 겉넓이가 28이므로

$2(ab+bc+ca)=28$ $\quad\therefore ab+bc+ca=14$

이때 직육면체의 대각선의 길이는 $l=\sqrt{a^2+b^2+c^2}$이므로

$l^2=a^2+b^2+c^2$

$=(a+b+c)^2-2(ab+bc+ca)$

$=10^2-2\times14=72$

답 72

19 $P(x)=24x^3+2x^2-5x-1$로 놓으면

$P\left(\frac{1}{2}\right)=3+\frac{1}{2}-\frac{5}{2}-1=0$이므로 $P(x)$는 $x-\frac{1}{2}$을 인수로 갖는다.

조립제법을 이용하여 $P(x)$를 인수분해하면

$\frac{1}{2}$	24	2	−5	−1
		12	7	1
	24	14	2	0

$P(x)$

$=\left(x-\frac{1}{2}\right)(24x^2+14x+2)$

$=(2x-1)(12x^2+7x+2)$

따라서 $a=12$, $b=7$, $c=1$이므로

$abc=84$

답 84

20 $b^2+(a+c)c-ab-2bc=0$에서

$b^2+ac+c^2-ab-2bc=0$

$(b^2-2bc+c^2)-a(b-c)=0$

$(b-c)^2-a(b-c)=0$

$(b-c)(b-c-a)=0$

$\therefore b=c$ 또는 $b=a+c$

이때 a, b, c는 삼각형의 세 변의 길이이므로 $b<a+c$

$\therefore b=c$

또한, $a^2=b^2+c^2$이므로 삼각형 ABC는 $\angle A=90°$인 직각이등변삼각형이다.

삼각형 ABC의 넓이가 8이므로

$\frac{1}{2}\times b\times b=8,\ b^2=16 \qquad \therefore b=4\ (\because b>0)$

$c=b=4$이므로 $a^2=b^2+c^2=32$

$\therefore a^2+b+c=32+4+4=40$

답 40

21 오른쪽 그림과 같이 $\overline{EB}=x$, $\overline{ED}=y$라 하면

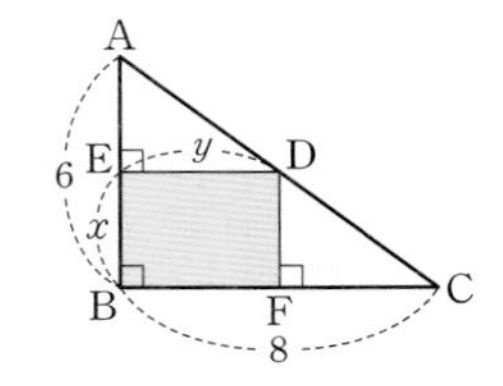

$\triangle AED \backsim \triangle ABC$ (AA 닮음)

이므로 $\overline{AE}:\overline{AB}=\overline{ED}:\overline{BC}$

$(6-x):6=y:8$

$6y=48-8x \qquad \therefore y=8-\frac{4}{3}x\ (0<x<6)$

직사각형 BFDE의 넓이를 S라 하면

$S=xy=x\left(8-\frac{4}{3}x\right)=-\frac{4}{3}(x-3)^2+12$

이므로 $0<x<6$에서 S는 $x=3$일 때 최댓값 12를 갖는다.

따라서 직사각형 BFDE의 넓이의 최댓값은 12이다.

답 12

22 이차방정식 $x^2+4x-1=0$의 두 실근이 α, β이므로

$\alpha^2+4\alpha-1=0,\ \beta^2+4\beta-1=0$

또한, 근과 계수의 관계에 의하여

$\alpha+\beta=-4,\ \alpha\beta=-1$

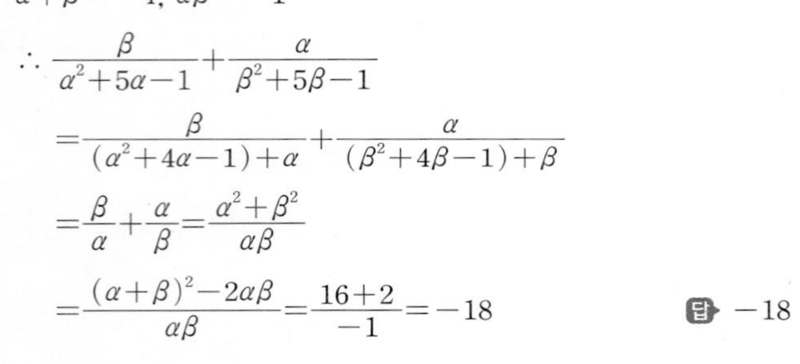

$\therefore \frac{\beta}{\alpha^2+5\alpha-1}+\frac{\alpha}{\beta^2+5\beta-1}$

$=\frac{\beta}{(\alpha^2+4\alpha-1)+\alpha}+\frac{\alpha}{(\beta^2+4\beta-1)+\beta}$

$=\frac{\beta}{\alpha}+\frac{\alpha}{\beta}=\frac{\alpha^2+\beta^2}{\alpha\beta}$

$=\frac{(\alpha+\beta)^2-2\alpha\beta}{\alpha\beta}=\frac{16+2}{-1}=-18$

답 -18

23 최고차항의 계수가 1인 삼차식 $f(x)$를

$f(x)=x^3+ax^2+bx+c$ (a, b, c는 상수)라 하면 조건 (가)에 의하여

$-x^3+ax^2-bx+c=-x^3-ax^2-bx-c,\ 2ax^2+2c=0$

이 등식이 x에 대한 항등식이므로 $a=c=0$

$\therefore f(x)=x^3+bx$

또한, 최고차항의 계수가 1인 이차식 $g(x)$를

$g(x)=x^2+px+q$ (p, q는 상수)라 하면 조건 (나)에 의하여

$x^2-px+q=x^2+px+q,\ 2px=0$

이 등식이 x에 대한 항등식이므로 $p=0$

$\therefore g(x)=x^2+q$

다항식 $f(x)-g(x)=x^3-x^2+bx-q$가 $x-1$, $x-2$로 모두 나누어떨어지므로

$f(1)-g(1)=1-1+b-q=0$

$\therefore b=q \qquad \cdots\cdots$ ㉠

$f(2)-g(2)=8-4+2b-q=0$

$\therefore 2b-q=-4 \qquad \cdots\cdots$ ㉡

㉠, ㉡을 연립하여 풀면

$b=-4,\ q=-4$

따라서 $f(x)-g(x)=x^3-x^2-4x+4$이므로

$f(3)-g(3)=27-9-12+4=10$

답 10

24 이차방정식 $x^2-2(a-1)x+a(a+1)=0$이 두 실근을 가지므로 이 이차방정식의 판별식을 D라 하면 $D\ge 0$이어야 한다.

$\frac{D}{4}=\{-(a-1)\}^2-a(a+1)\ge 0$

$-3a+1\ge 0 \qquad \therefore a\le\frac{1}{3}$

이차방정식 $x^2-2(a-1)x+a(a+1)=0$의 두 실근이 α, β이므로 근과 계수의 관계에 의하여

$\alpha+\beta=2(a-1),\ \alpha\beta=a(a+1)$

$\therefore 9(\alpha-2)(\beta-2)=9\{\alpha\beta-2(\alpha+\beta)+4\}$

$=9\{a(a+1)-4(a-1)+4\}$

$=9(a^2-3a+8)$

$=9\left(a-\frac{3}{2}\right)^2+\frac{207}{4}$

따라서 $a\le\frac{1}{3}$에서 $9(\alpha-2)(\beta-2)$의 최솟값은 $a=\frac{1}{3}$일 때

$9\left(\frac{1}{3}-\frac{3}{2}\right)^2+\frac{207}{4}=64$

답 64

25 $1\le x\le 3$에서 함수 $f(x)=(x-a)^2+b$의 최댓값을 a의 값의 범위에 따라 나누면 다음과 같다.

(i) $a\le 2$일 때

오른쪽 그림에서 함수 $f(x)=(x-a)^2+b$는 $x=3$일 때 최댓값을 가지므로

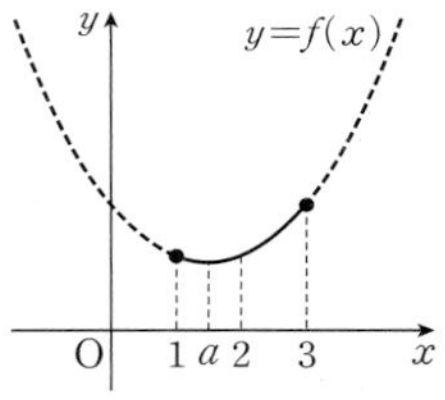

$f(3)=(3-a)^2+b=2$

$a^2-6a+b+7=0$

$\therefore b=-a^2+6a-7$

$2a+b=2a+(-a^2+6a-7)=-a^2+8a-7$

$=-(a-4)^2+9$

이므로 $a\le 2$에서 $2a+b$의 최댓값은 $a=2$일 때 5이다.

(ii) $a>2$일 때

오른쪽 그림에서 함수 $f(x)=(x-a)^2+b$는 $x=1$일 때 최댓값을 가지므로

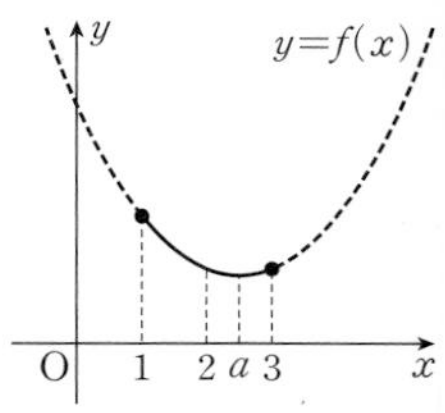

$f(1)=(1-a)^2+b=2$

$a^2-2a+b-1=0$

$\therefore b=-a^2+2a+1$

$2a+b=2a+(-a^2+2a+1)=-a^2+4a+1$

$=-(a-2)^2+5$

이므로 $a>2$에서 $2a+b$의 함숫값은 5보다 작다.

(i), (ii)에 의하여 $2a+b$의 최댓값은 5이다.

답 5

실전 모의고사 2회

본문 ☞ 75~79쪽

01 ⑤	02 ②	03 ④	04 ④	05 ③	06 ②
07 ⑤	08 ④	09 ①	10 ②	11 ③	12 ②
13 ③	14 ①	15 ①	16 ③	17 ③	18 4
19 2	20 -2	21 $\frac{31}{5}$	22 25	23 5	24 24
25 76					

01 $x^2=X$로 놓으면 $4X^2+11X-3=0$

$(X+3)(4X-1)=0$ $\quad\therefore X=-3$ 또는 $X=\frac{1}{4}$

(i) $X=-3$일 때, $x^2=-3$에서 $x=\pm\sqrt{3}i$

(ii) $X=\frac{1}{4}$일 때, $x^2=\frac{1}{4}$에서 $x=\pm\frac{1}{2}$

(i), (ii)에 의하여 모든 실근의 곱은

$\left(-\frac{1}{2}\right)\times\frac{1}{2}=-\frac{1}{4}$ 답 ⑤

02 점 P의 좌표를 $(0, y)$라 하면

$\overline{AP}=\sqrt{(0-1)^2+(y-2)^2}=\sqrt{y^2-4y+5}$

$\overline{BP}=\sqrt{(0-4)^2+(y+1)^2}=\sqrt{y^2+2y+17}$

$\overline{AP}=\overline{BP}$이므로 $\overline{AP}^2=\overline{BP}^2$에서

$y^2-4y+5=y^2+2y+17$

$6y=-12$ $\quad\therefore y=-2$

$\therefore \overline{AP}=\sqrt{(0-1)^2+(-2-2)^2}=\sqrt{17}$ 답 ②

03 선분 AB를 $2:1$로 내분하는 점의 좌표는

$\left(\frac{2\times2+1\times(-4)}{2+1}, \frac{2\times3+1\times0}{2+1}\right)$, 즉 $(0, 2)$

따라서 점 $(0, 2)$가 직선 $y=2x+k$ 위의 점이므로

$2=2\times0+k$ $\quad\therefore k=2$ 답 ④

04 $x^2-7x+6\le0$에서 $(x-1)(x-6)\le0$

$\therefore 1\le x\le6$ $\quad\cdots\cdots$ ㉠

$x^2-2x-3\le0$에서 $(x+1)(x-3)\le0$

$\therefore -1\le x\le3$ $\quad\cdots\cdots$ ㉡

㉠, ㉡을 수직선 위에 나타내면 오른쪽 그림과 같으므로 구하는 연립부등식의 해는 $1\le x\le3$

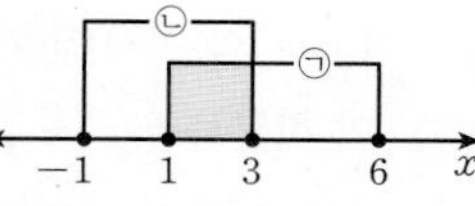

따라서 정수 x는 1, 2, 3이므로 그 합은 $1+2+3=6$ 답 ④

05 $P(0, b)$에서 두 직선 $2x+5y=1$, $5x-2y=6$, 즉

$2x+5y-1=0$, $5x-2y-6=0$에 이르는 거리가 같으므로

$\frac{|5b-1|}{\sqrt{2^2+5^2}}=\frac{|-2b-6|}{\sqrt{5^2+(-2)^2}}$

$|5b-1|=|-2b-6|$, $5b-1=\pm(-2b-6)$

$5b-1=-2b-6$ 또는 $5b-1=2b+6$

$\therefore b=-\frac{5}{7}$ 또는 $b=\frac{7}{3}$

그런데 $b>0$이므로 $b=\frac{7}{3}$ 답 ③

06 이차방정식 $x^2+x+1=0$의 한 허근이 ω이면 $\overline{\omega}$도 근이므로 근과 계수의 관계에 의하여

$\omega+\overline{\omega}=-1$

한편 $\omega^2+\omega+1=0$의 양변에 $\omega-1$을 곱하면

$(\omega-1)(\omega^2+\omega+1)=0$, $\omega^3-1=0$ $\quad\therefore \omega^3=1$

마찬가지 방법으로 $\overline{\omega}^3=1$

$\therefore \frac{1}{\omega^2}+\frac{1}{\overline{\omega}^2}=\frac{\omega}{\omega^3}+\frac{\overline{\omega}}{\overline{\omega}^3}=\omega+\overline{\omega}=-1$ 답 ②

07 $\overline{AB}=\sqrt{(-1-a)^2+(2-1)^2}=\sqrt{a^2+2a+2}$,

$\overline{BC}=\sqrt{(3+1)^2+(4-2)^2}=\sqrt{20}$,

$\overline{CA}=\sqrt{(a-3)^2+(1-4)^2}=\sqrt{a^2-6a+18}$

삼각형 ABC가 $\angle A=90°$인 직각삼각형이 되려면

$\overline{AB}^2+\overline{CA}^2=\overline{BC}^2$이어야 하므로

$(a^2+2a+2)+(a^2-6a+18)=20$, $a^2-2a=0$

$a(a-2)=0$ $\quad\therefore a=0$ 또는 $a=2$

따라서 모든 a의 값의 합은 $0+2=2$ 답 ⑤

08 직선 $x+2y-2=0$이 직선 $ax+4y-3=0$에 평행하므로

$\frac{a}{1}=\frac{4}{2}\ne\frac{-3}{-2}$ $\quad\therefore a=2$

직선 $x+2y-2=0$이 직선 $2x+by+8=0$에 수직이므로

$1\times2+2\times b=0$ $\quad\therefore b=-1$

$\therefore a+b=1$ 답 ④

09 선분 AB를 $2:1$로 내분하는 점의 좌표는

$\left(\frac{2\times5+1\times(-1)}{2+1}, \frac{2\times1+1\times(-2)}{2+1}\right)$, 즉 $(3, 0)$

선분 AB를 $2:1$로 외분하는 점의 좌표는

$\left(\frac{2\times5-1\times(-1)}{2-1}, \frac{2\times1-1\times(-2)}{2-1}\right)$, 즉 $(11, 4)$

구하는 원의 중심은 두 점 $(3, 0)$, $(11, 4)$를 양 끝 점으로 하는 선분의 중점이므로 원의 중심의 좌표는

$\left(\frac{3+11}{2}, \frac{0+4}{2}\right)$, 즉 $(7, 2)$

또한, 원의 반지름의 길이는

$\frac{1}{2}\sqrt{(11-3)^2+(4-0)^2}=2\sqrt{5}$

따라서 원의 방정식은

$(x-7)^2+(y-2)^2=(2\sqrt{5})^2$, 즉 $(x-7)^2+(y-2)^2=20$

이 원이 점 $(k, 0)$을 지나므로

$(k-7)^2+(0-2)^2=20$, $k^2-14k+33=0$

$(k-3)(k-11)=0$ $\quad\therefore k=11$ $(\because k>10)$ 답 ①

10 직선 $2x-y+12=0$을 x축의 방향으로 k만큼 평행이동한 직선의 방정식은 $2(x-k)-y+12=0$, 즉 $2x-y+12-2k=0$

이 직선을 y축에 대하여 대칭이동한 직선의 방정식은

$2\times(-x)-y+12-2k=0$, 즉 $2x+y+2k-12=0$

이 직선이 점 $(3, k)$를 지나므로

$2\times3+k+2k-12=0$

$3k=6 \quad \therefore k=2$

답 ②

11 $x\neq0$이므로 주어진 방정식의 양변을 x^2으로 나누면

$x^2-2x+3-\frac{2}{x}+\frac{1}{x^2}=0$

$\left(x^2+\frac{1}{x^2}\right)-2\left(x+\frac{1}{x}\right)+3=0$

$\left(x+\frac{1}{x}\right)^2-2-2\left(x+\frac{1}{x}\right)+3=0$

$\left(x+\frac{1}{x}\right)^2-2\left(x+\frac{1}{x}\right)+1=0$

$x+\frac{1}{x}=X$로 놓으면 $X^2-2X+1=0$

$(X-1)^2=0 \quad \therefore X=1$ (중근)

$x+\frac{1}{x}=1$에서 $x^2-x+1=0 \quad \therefore x=\frac{1\pm\sqrt{3}i}{2}$

따라서 $a=\frac{1}{2}$, $b=\pm\frac{\sqrt{3}}{2}$이므로

$a^2+b^2=\left(\frac{1}{2}\right)^2+\left(\pm\frac{\sqrt{3}}{2}\right)^2=1$

답 ③

12 해가 $\frac{1}{8}<x<\frac{1}{2}$이고 x^2의 계수가 1인 이차부등식은

$\left(x-\frac{1}{8}\right)\left(x-\frac{1}{2}\right)<0 \quad \therefore x^2-\frac{5}{8}x+\frac{1}{16}<0$ …… ㉠

부등식 ㉠의 해가 $ax^2+bx+c<0$의 해와 같으므로 $a>0$

㉠의 양변에 a를 곱하면

$ax^2-\frac{5}{8}ax+\frac{1}{16}a<0$

$\therefore b=-\frac{5}{8}a,\ c=\frac{1}{16}a$ …… ㉡

㉡을 부등식 $cx^2+bx+a\leq0$에 대입하면

$\frac{1}{16}ax^2-\frac{5}{8}ax+a\leq0$

$\frac{1}{16}a(x^2-10x+16)\leq0$

$\frac{1}{16}a(x-2)(x-8)\leq0$

$\therefore 2\leq x\leq8\ (\because a>0)$

따라서 정수 x는 2, 3, 4, …, 8의 7개이다.

답 ②

다른 풀이 이차부등식 $ax^2+bx+c<0$의 해가 $\frac{1}{8}<x<\frac{1}{2}$이고

$x\neq0$이므로 $\frac{1}{x}=t$로 놓으면 이차부등식

$a\left(\frac{1}{t}\right)^2+b\times\frac{1}{t}+c<0$의 해는

$\frac{1}{8}<\frac{1}{t}<\frac{1}{2}$, 즉 $2<t<8$

$a\left(\frac{1}{t}\right)^2+b\times\frac{1}{t}+c<0$의 양변에 t^2을 곱하면

$ct^2+bt+a<0$

이차부등식 $ct^2+bt+a<0$의 해가 $2<t<8$이므로 이차부등식 $cx^2+bx+a\leq0$의 해는 $2\leq x\leq8$

따라서 정수 x는 2, 3, 4, …, 8의 7개이다.

13 (i) $x<-1$일 때, $-(x+1)-2\{-(x-2)\}\geq1$에서

$x\geq6$

그런데 $x<-1$이므로 x의 값은 존재하지 않는다.

(ii) $-1\leq x<2$일 때, $(x+1)-2\{-(x-2)\}\geq1$에서

$3x\geq4 \quad \therefore x\geq\frac{4}{3}$

그런데 $-1\leq x<2$이므로 $\frac{4}{3}\leq x<2$

(iii) $x\geq2$일 때, $(x+1)-2(x-2)\geq1$에서

$-x\geq-4 \quad \therefore x\leq4$

그런데 $x\geq2$이므로 $2\leq x\leq4$

(i), (ii), (iii)에 의하여

$\frac{4}{3}\leq x\leq4$

따라서 정수 x는 2, 3, 4이므로 그 합은

$2+3+4=9$

답 ③

14 원 $(x-a)^2+(y+b)^2=2$의 반지름의 길이는 $\sqrt{2}$이므로 원의 중심 $(a, -b)$와 직선 $y=x+1$, 즉 $x-y+1=0$ 사이의 거리를 d라 하면 원과 직선이 만나기 위해서는 $d\leq\sqrt{2}$이어야 한다.

$d=\frac{|a-(-b)+1|}{\sqrt{1^2+(-1)^2}}=\frac{|a+b+1|}{\sqrt{2}}\leq\sqrt{2}$

$|a+b+1|\leq2$, $-2\leq a+b+1\leq2$

$\therefore -3\leq a+b\leq1$

따라서 $a+b$의 최댓값은 1이다.

답 ①

15 점 $(3, 1)$을 지나는 접선의 기울기를 m이라 하면 접선의 방정식은

$y-1=m(x-3)$, 즉 $mx-y+1-3m=0$ …… ㉠

직선 ㉠이 원 $(x-1)^2+(y-2)^2=5$에 접하려면 원의 중심 $(1, 2)$와 직선 ㉠ 사이의 거리가 원의 반지름의 길이 $\sqrt{5}$와 같아야 하므로

$\frac{|m-2+1-3m|}{\sqrt{m^2+(-1)^2}}=\sqrt{5}$

$|-2m-1|=\sqrt{5(m^2+1)}$

양변을 제곱하여 정리하면

$m^2-4m+4=0$, $(m-2)^2=0 \quad \therefore m=2$

$m=2$를 ㉠에 대입하면 접선의 방정식은

$2x-y-5=0 \quad \therefore y=2x-5$

이 직선이 점 $(8, k)$를 지나므로

$k=2\times8-5=11$

답 ①

16 직선 $4x+3y+1=0$을 x축의 방향으로 k만큼 평행이동한 직선의 방정식은

$4(x-k)+3y+1=0$

$\therefore 4x+3y-4k+1=0$ ...... ㉠

직선 ㉠이 원 $(x-1)^2+y^2=9$에 접하려면 원의 중심 $(1, 0)$과 직선 ㉠ 사이의 거리가 원의 반지름의 길이 3과 같아야 하므로

$\frac{|4-4k+1|}{\sqrt{4^2+3^2}}=3$, $\frac{|-4k+5|}{5}=3$, $|-4k+5|=15$

$-4k+5=15$ 또는 $-4k+5=-15$

$\therefore k=-\frac{5}{2}$ 또는 $k=5$

그런데 $k>0$이므로 $k=5$

답 ③

17 직선 $(2+k)x+(1-k)y-5-k=0$을 직선 l이라 하자.

ㄱ. $k=1$이면 직선 l의 방정식은 $3x-6=0$ $\therefore x=2$

따라서 직선 l을 y축에 평행한 직선으로 나타낼 수 있다. (참)

ㄴ. 직선 l의 방정식은 $2x+y-5+k(x-y-1)=0$이므로 k의 값에 관계없이 두 직선 $2x+y-5=0$, $x-y-1=0$의 교점 $(2, 1)$을 항상 지난다.

이때 원 $(x-1)^2+y^2=4$는 중심이 점 $(1, 0)$이고 반지름의 길이가 2인 원이므로 직선 l이 k의 값에 관계없이 항상 지나는 점 $(2, 1)$은 오른쪽 그림과 같이 원의 내부에 있다.

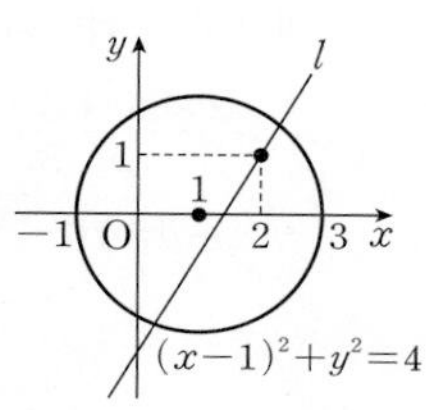

따라서 직선 l은 항상 원 $(x-1)^2+y^2=4$와 서로 다른 두 점에서 만난다. (참)

ㄷ. 직선 l이 원 $(x-1)^2+y^2=4$의 넓이를 이등분하기 위해서는 원의 중심 $(1, 0)$을 지나야 한다.

그런데 $(2+k)\times1+(1-k)\times0-5-k=-3\neq0$이므로 직선 l은 점 $(1, 0)$을 지나지 않는다.

따라서 직선 l은 원 $(x-1)^2+y^2=4$의 넓이를 이등분할 수 없다. (거짓)

그러므로 옳은 것은 ㄱ, ㄴ이다.

답 ③

18 $P(x)=x^3+3x^2+(a-4)x-a$로 놓으면 $P(1)=0$이므로 $P(x)$는 $x-1$을 인수로 갖는다.

조립제법을 이용하여 $P(x)$를 인수분해하면

1	1	3	$a-4$	$-a$
		1	4	a
	1	4	a	0

$P(x)=(x-1)(x^2+4x+a)$

이때 주어진 방정식의 근이 모두 실수가 되려면 이차방정식 $x^2+4x+a=0$이 실근을 가져야 한다.

이차방정식 $x^2+4x+a=0$의 판별식을 D라 하면 $D\geq0$이어야 하므로

$\frac{D}{4}=2^2-a\geq0$ $\therefore a\leq4$

따라서 자연수 a는 1, 2, 3, 4의 4개이다.

답 4

19 $-5t^2+30t\geq40$에서 $5t^2-30t+40\leq0$

$5(t-2)(t-4)\leq0$ $\therefore 2\leq t\leq4$

따라서 이 공이 지면으로부터 40 m 이상 공중에 머무는 시간은

$4-2=2$(초) $\therefore a=2$

답 2

20 $f(x)=x^2+2ax-2a+3$으로 놓을 때, 이차함수 $y=f(x)$의 그래프에서 $y\geq0$인 x의 값이 모든 실수가 되려면 이 함수의 그래프는 오른쪽 그림과 같이 x축과 접하거나 x축과 만나지 않아야 한다.

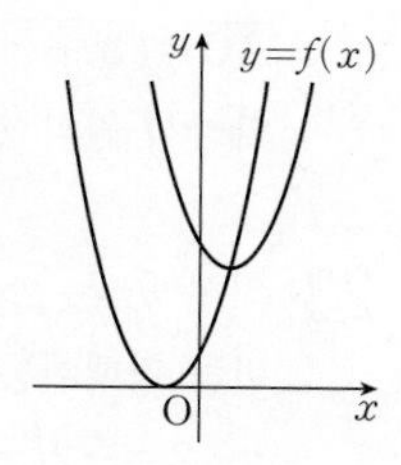

즉, 이차방정식 $x^2+2ax-2a+3=0$이 중근 또는 허근을 가져야 한다.

이차방정식 $x^2+2ax-2a+3=0$의 판별식을 D라 하면 $D\leq0$이어야 하므로

$\frac{D}{4}=a^2-(-2a+3)\leq0$

$a^2+2a-3\leq0$, $(a+3)(a-1)\leq0$

$\therefore -3\leq a\leq1$

따라서 $M=1$, $m=-3$이므로

$M+m=-2$

답 -2

21 $\overline{AB}=\sqrt{(-1-3)^2+(-4-1)^2}=\sqrt{41}$

직선 AB의 방정식은

$y-1=\frac{-4-1}{-1-3}(x-3)$

$\therefore y=\frac{5}{4}x-\frac{11}{4}$, 즉 $5x-4y-11=0$

점 $C(a, 0)$과 직선 AB 사이의 거리는

$\frac{|5a-11|}{\sqrt{5^2+(-4)^2}}=\frac{|5a-11|}{\sqrt{41}}$

이때 삼각형 ABC의 넓이가 10이므로

$\frac{1}{2}\times\sqrt{41}\times\frac{|5a-11|}{\sqrt{41}}=10$

$|5a-11|=20$, $5a-11=\pm20$

$\therefore a=\frac{31}{5}$ ($\because a>0$)

답 $\frac{31}{5}$

22 원의 중심의 좌표를 $(a, 0)$, 반지름의 길이를 r라 하면 원의 방정식은

$(x-a)^2+y^2=r^2$

이 원이 두 점 $(0, 4)$, $(7, 3)$을 지나므로

$(0-a)^2+4^2=r^2$ $\therefore a^2+16=r^2$ ...... ㉠

$(7-a)^2+3^2=r^2$ $\therefore (7-a)^2+9=r^2$ ...... ㉡

㉠을 ㉡에 대입하면

$(7-a)^2+9=a^2+16$ $\therefore a=3$

$a=3$을 ㉠에 대입하면

$r^2=3^2+16=25$

따라서 구하는 원의 방정식은 $(x-3)^2+y^2=25$이고 그 넓이는 25π이므로 $p=25$

답 25

다른 풀이 A(0, 4), B(7, 3)이라 하고 원의 중심을 점 C$(a, 0)$이라 하면 $\overline{AC}=\overline{BC}$이므로 $\overline{AC}^2=\overline{BC}^2$에서

$a^2+(-4)^2=(a-7)^2+(-3)^2$ └ 원의 반지름의 길이

$14a=42$ $\therefore a=3$

즉, C(3, 0)이므로 원의 반지름의 길이는

$\overline{AC}=\sqrt{3^2+(-4)^2}=5$

따라서 원의 넓이는 $\pi\times5^2=25\pi$이므로 $p=25$

23 직선 $y=-2x+1$을 x축의 방향으로 1만큼, y축의 방향으로 2만큼 평행이동한 직선의 방정식은

$y-2=-2(x-1)+1$ $\therefore y=-2x+5$

이 직선이 원 $(x-m)^2+(y+m)^2=4$의 넓이를 이등분하므로 원의 중심 $(m, -m)$을 지난다. 즉,

$-m=-2m+5$ $\therefore m=5$

답 5

24 직각삼각형에서 직각을 낀 두 변의 길이를 x, y $(x>y)$라 하면 직각삼각형의 둘레의 길이가 60이므로

$x+y=60-26=34$, 즉 $y=34-x$ …… ㉠

또한, 직각삼각형의 빗변의 길이가 26이므로

$x^2+y^2=26^2$ …… ㉡

㉠을 ㉡에 대입하면 $x^2+(34-x)^2=26^2$

$x^2-34x+240=0$, $(x-10)(x-24)=0$

$\therefore x=10$ 또는 $x=24$ …… ㉢

㉢을 ㉠에 대입하여 해를 구하면

$\begin{cases}x=10\\y=24\end{cases}$ 또는 $\begin{cases}x=24\\y=10\end{cases}$

이때 $x>y$이므로 $x=24$, $y=10$

따라서 직각삼각형에서 직각을 낀 두 변의 길이 중 긴 변의 길이는 24이다.

답 24

25 다음 그림과 같이 오각형 ABCDE의 두 꼭짓점 A, C는 각각 y축, x축 위에, 점 B는 원점에 오도록 오각형을 좌표평면에 놓으면 점 A, B, C, D, E, P의 좌표는 각각

A(0, 50), B(0, 0), C(60, 0), D(60, 20), E(20, 50), P(a, b)

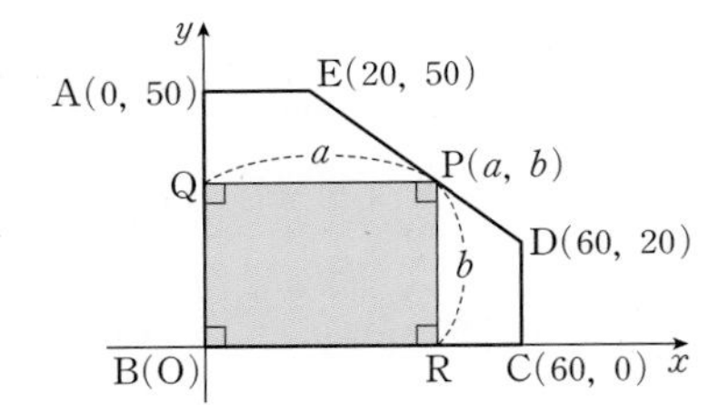

$\overline{PD}=20$, $\overline{PE}=30$이므로 점 P(a, b)는 선분 DE를 2 : 3으로 내분하는 점이다. 즉,

$a=\dfrac{2\times20+3\times60}{2+3}=44$, $b=\dfrac{2\times50+3\times20}{2+3}=32$

$\therefore a+b=76$

답 76

단기핵심공략서
START CORE
스코어

START
스타트
고등 수학(상)

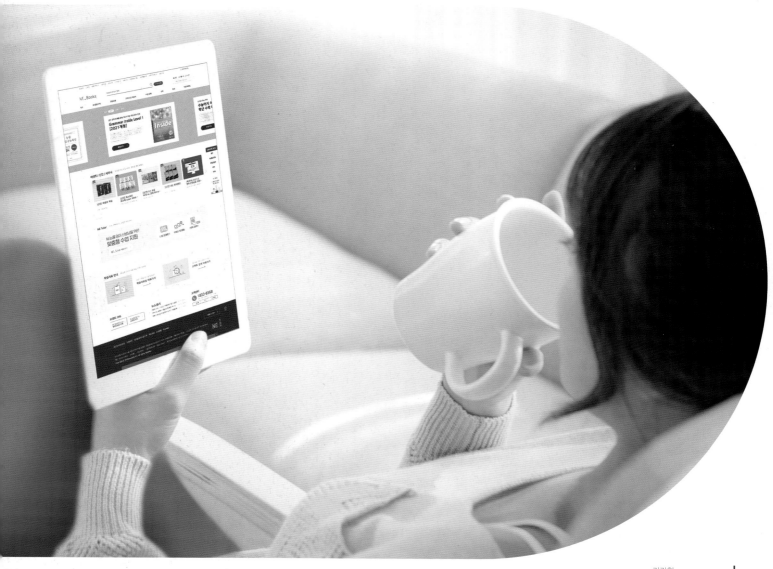